机器人创新与实践

毛丽民　朱培逸　主　编

北京理工大学出版社
BEIJING INSTITUTE OF TECHNOLOGY PRESS

内 容 简 介

机器人学科竞赛作为机器人教育的重要形式之一,是技术含量高、实践与理论深度融合的实践活动,要求参赛人员具有很强的实践能力,能有效激发学生的求知欲,是提升学生创新能力的有效途径。

目前大多数相关教材讲述的机器人创新内容,对学生进行创新实践的要求太高。本书编写的目的是让学生认识机器人、熟悉机器人,培养具有创新精神的应用型人才,将机器人的相关知识通过实践项目的形式展示出来,让学生能够掌握机器人创新设计的方法,将单片机、传感器等技术通过机器人平台有机融合在一起,培养学生发现问题、分析问题和解决问题的能力,以及实施项目和撰写技术文档的能力。

本书适合作为普通高等院校机器人工程和其他相关专业的教材,也可供相关从业人员参考学习。

图书在版编目(CIP)数据

机器人创新与实践 / 毛丽民,朱培逸主编. --北京:
北京理工大学出版社,2022.12
ISBN 978-7-5763-1974-3

Ⅰ. ①机… Ⅱ. ①毛… ②朱… Ⅲ. ①机器人-教材
Ⅳ. ①TP242

中国版本图书馆 CIP 数据核字(2022)第 258683 号

出版发行 / 北京理工大学出版社有限责任公司
社　　址 / 北京市海淀区中关村南大街 5 号
邮　　编 / 100081
电　　话 / (010)68914775(总编室)
　　　　　 (010)82562903(教材售后服务热线)
　　　　　 (010)68944723(其他图书服务热线)
网　　址 / http://www.bitpress.com.cn
经　　销 / 全国各地新华书店
印　　刷 / 唐山富达印务有限公司
开　　本 / 787 毫米×1092 毫米　1/16
印　　张 / 24.5　　　　　　　　　　　　　　责任编辑 / 陆世立
字　　数 / 531 千字　　　　　　　　　　　　文案编辑 / 李　硕
版　　次 / 2022 年 12 月第 1 版　2022 年 12 月第 1 次印刷　　责任校对 / 刘亚男
定　　价 / 96.00 元　　　　　　　　　　　　责任印制 / 李志强

前　言

随着时代的发展、科技的进步，机器人技术的应用领域越来越广。机器人学科集合了人工智能、控制工程、机械自动化和仿生学等多种学科知识。机器人学科竞赛作为机器人教育的重要形式之一，是技术含量高、实践与理论深度融合的实践活动。机器人学科竞赛要求参赛人员具有很强的实践能力，能有效激发学生的求知欲，是提升学生创新能力的有效途径。机器人学科竞赛的开展显著提升了我国高等学校工科学生的科学素质，增强了学生的科学兴趣，并在选拔和培养科技创新后备人才方面取得了一定成果。

目前很多高校已将机器人相关专业课程纳入大学生必修课，在学好机器人相关的理论基础之上，培养学生的动手实践能力和创新应用能力。但目前大多数教材讲述的机器人创新内容，对学生进行创新实践的要求太高。本书编写的目的是让学生认识机器人、熟悉机器人，培养具有创新精神的应用型人才，将机器人的相关知识通过实践项目的形式展示出来，让学生能够掌握机器人创新设计的方法，将单片机、传感器等技术通过机器人平台有机融合在一起，培养学生发现问题、分析问题和解决问题的能力，以及实施项目和撰写技术文档的能力，提高学生的应用能力和科学素养，以期达到提升学生综合素质的效果。

机器人创新教育不仅仅要培养学生的动手能力，更重要的是培养出一批具有创新思维和创新能力的人，要求学生具备多学科的理论知识和很强的实践能力，在社会生活中推广应用机器人并设计制作新型机器人。

本书由常熟理工学院毛丽民、朱培逸主编。编写分工如下：朱培逸编写第 1~4 章，毛丽民编写第 5~13 章，全书由毛丽民统稿。在本书的编写过程中，得到了江南大学熊伟丽教授的大力帮助和支持。同时，也感谢北京理工大学出版社在本书出版过程中所付出的努力。

本书参考了大量国内外文献，在此对参考文献的作者表示衷心感谢。

由于编者水平和资料有限，书中难免存在疏漏和不妥之处，恳请广大读者批评指正。

编　者

目　录

第1章
绪　论

由于我国经济社会对高层次创新型人才的迫切需求，因此大学生不仅需要具有多学科知识、良好的综合素质，还需要具备较强的工程实践能力和创新能力。教育部提出，高校需要进一步加强大学生实践教育，注重培养大学生的创新意识和实践能力。我国已启动以国家级、省级实验教学示范中心为代表的"质量工程"项目，不断提升高校实验室的建设水平；近年来，又启动了国家双创示范基地、省级创新创业基地等项目，旨在进一步提高大学生工程实践能力和创新创业能力。随着我国创新创业教育的持续推进，大学生培养规格不断提高，如何提升大学生工程实践能力和创新能力成为高校教育工作者普遍关注的研究项目。

1.1　我国高校创新实践教育的现状

我国高校早期创新实践教育立足于实验、实习、课程设计和毕业设计等实验教学活动，主要培养学生发现、分析和解决问题的能力。后来，在国家级实验教学示范中心等一系列项目建设的带动下，实验教学的地位得到了迅速提升，项目式教学、创新实验、科研训练等教学模式得到广泛探索与实践，对培养大学生的工程实践能力发挥了积极作用。丰富多彩的创新实验室、创新实践基地、工程训练中心等高校创新实践教育平台，能够有效地促进对大学生创新能力的培养。

随着国家、各省市教育主管部门对创新、创业的持续推动，我国高校各类大学生创新实践教育平台建设取得了丰硕成果，但是也存在一些问题，例如：课外创新教育经费投入严重不足；侧重实验室硬件建设，忽略教学模式、教学体系、教学内容等软件方面的建设；缺乏专业化指导教师，学生创新实践项目层次较低；创新实践活动不够丰富，学生参与率低；仅以竞赛为教育手段，忽视创新实践教育内容、模式、体系、方法等深层次理论问题。

1.2　机器人竞赛对大学生创新实践能力培养的促进作用

目前，我国高校普遍举办或参与的理工科竞赛有"互联网+"竞赛、电子设计竞赛、智能汽车竞赛、机器人竞赛、"挑战杯"竞赛等。近年来，机器人竞赛从无到有、从简单到复杂、从单一到综合快速地发展，已经成为赛事类别最多、覆盖学科最多、参与最广泛、影响力最大的学科竞赛之一。机器人竞赛的独特优势及对大学生创新实践能力培养的促进作用主要体现在如下方面。

1. 机器人竞赛具备创新实践教育优良载体的独特优势

国际具有较大影响力的机器人竞赛是 FIRA 和 RoboCup,中国有全国大学生机器人大赛、中国机器人大赛、中国青少年机器人竞赛等赛事。这些竞赛涵盖足球机器人、灭火机器人、助残机器人、医疗机器人、水下机器人、无人驾驶机器人、无人机、机器人对抗、机器人舞蹈等 30 多个分项目赛。2018 年,中国在北京举办世界机器人大会,迎来了全球近 150 家知名机器人企业、近 10 万人参会,影响力空前。与大学生电子设计竞赛、智能汽车竞赛等赛事相比,机器人竞赛层次全、规模大、影响力广等优势是其他学科竞赛无法相比的,是创新实践教育最理想的载体。

2. 机器人竞赛多学科交叉,有助于深化高等教育改革

机器人竞赛涉及机械工程、光学工程、电子科学与技术、控制科学与工程、计算机科学与技术等多个学科。高校可以跨学科、跨专业开设机器人相关专业必修或选修课程,如机器人学、机电一体化、自动控制原理、图像识别、单片机开发等。以机器人研究为主线,能够有效促进学科之间的交叉与融合,形成系统性、系列化、特色化专业知识技术体系,并持续带动课程体系、工程实践等方面的深刻变革和实践。

3. 机器人竞赛专业覆盖面广,有助于提高大学生知识覆盖面

机器人竞赛覆盖机械、光学、计算机、电子、通信、自动化等 20 多个理工科专业,是专业覆盖面广、各层次大学生均可参与的大学生学科竞赛。在素质教育深入发展的今天,促进大学生知识融合和综合素质发展是创新实践教育的目标之一。学生通过参与机器人的研究、分析、设计、调试和竞技,可以获得丰富的知识储备、技能训练和科研体验。

4. 机器人竞赛代入感强,有助于激发大学生科技创新积极性

与部分枯燥或高尖的竞赛相比,机器人竞赛更能够吸引大学生主动参与工程实践活动,更能够营造浓郁的科技创新文化氛围。美国哈佛大学霍华德·加德纳教授曾说:"一个人主动地去问、去想、去寻找答案,是知识积累的最佳途径,被动地接受不能产生持久的影响"。机器人是极具趣味与挑战的领域,学生通过参加机器人竞赛能够激发创新创造的热情,培养协同创新与团结合作的精神。可见,机器人竞赛对创新型人才培养具有重要作用。

1.3 本书的特色和价值

本书内容与机器人竞赛紧密相关,从实践方面给学生最直接的指导,使学生全面认识机器人竞赛,提高参赛学生的竞赛成绩。主要内容包括:机器人竞赛中常采用的各种设计方案、运动系统的选择、各种类型的机器人运动控制方案等;竞赛中电控、传感器部分的设计与制作,常用的驱动方式及电动机的选择,竞赛的控制平台;多种机器人的制作实例。

本书与实际联系紧密,在提高学生的机器人竞赛成绩、综合素质与创新能力的同时,还能巩固学生的基本理论和基本知识,开阔学生思路。具体特色如下。

1)本书作为高校自动化类专业主干课程的创新教材,包含了多年来参赛学生及指导教师在竞赛过程中积累的大量创新思想、创新方法，对参赛学生具有一定的启发作用；通过与实践教学相结合，培养学生的工程实践能力与创新能力。

2）本书的内容与机器人竞赛、机械竞赛紧密结合，包含大量的简图、实物照片和三维仿真图形，以及竞赛作品实例等，可以增强学生的感性认识，扩大学生的知识面，激发学生对机器人的兴趣，让学生主动投入各类机器人竞赛中，从而锻炼学生的创新能力。

本书第2~4章所介绍的机器人为当前热门且较成熟的竞赛类机器人，故以相关竞赛内容引入；本书第5~13章介绍创新型机器人，具体竞赛内容尚未成熟，故以研究背景与意义引入。

第2章
寻宝旅游机器人

2.1 寻宝旅游机器人竞赛项目简介

中国机器人大赛是目前中国影响力最大、综合技术水平最高、参与学校最多、规模最大的机器人学科竞赛之一，是提高大学生动手实践能力，培养机器人、自动化等领域优秀人才的重要平台。该项赛事从1999年开始到2021年，共举办了22届。它也是中国高等教育学会发布的《2015—2020年全国普通高校学科竞赛排行榜》榜单赛事。

寻宝旅游机器人竞赛项目是中国机器人大赛的子项目，起源于2003年的"机器人游北京"及随后的"机器人游江苏""机器人游中国"。由于项目的特色与优势明显，因此得到了广泛好评，参赛队伍也逐年增加并逐渐成为大学生在动手能力与创新方面较量的舞台。

2.2 寻宝旅游机器人竞赛项目目标

寻宝旅游机器人竞赛要求机器人在规定时间内，穿越险境去随机指定的宝物所在景点寻宝，同时游历尽量多的景点，获得尽量多的得分，并在时间结束前回到出发地。

该竞赛的目的是引导参赛队研究、设计并制作具有优秀硬件与软件系统的移动机器人，逐步提高机器人多方面的能力与智能，具体如下。

1）系统规划与优化能力：在设定的时间内不可能游历全部景点，应该有选择地完成计划中的旅游活动，并回到出发地点，需要有一定的系统规划与优化能力。想得高分，就要游历尽量多的景点和分值高的景点，且优先寻找宝物，但存在来不及在规定的时间内回家的危险。每轮比赛中走两次，在第一次经验的基础上，第二次可更好地体现优化和智能。

2）应变能力：旅游路线可能在比赛开始前很短的时间内正式公布；有些可移动景点与路障的摆放数量与位置，在机器人放进出发区后，随机确定。这在一定程度上可控制竞赛的难度，并使旅游路线有一定的不确定性。

3）视力与定位能力：考验机器人辨别景点（或险境）数字、二维码、文字、形状和色彩的能力，引导机器人视力及定位能力的提高。

4）爬坡能力：机器人应具有一定的爬坡能力。

5）跨越门槛的能力：机器人应能跨越一定高度的门槛。

6）快速性与稳定性的抉择能力：机器人在整个旅游过程中，始终要在快速性与稳定性之间求得平衡，否则难以取得好的成绩。

2.3　寻宝旅游机器人的工作原理

寻宝旅游机器人制作的关键是机器人的自主行驶能力、宝物（数字）识别能力及良好的机械结构。寻宝旅游机器人的自主行驶能力，基本上取决于传感器采集回来的数据的质量，这要求传感器要有提前检测白线的能力和防止外界因素干扰的能力。寻宝旅游机器人采用线性 CCD 作为路径识别传感器，通过线性 CCD 反馈的数据，判断偏移引导线的程度，控制直流电动机差速运行，保证稳定行驶。线性 CCD 在寻宝旅游机器人前、后各安装一个，保证前进、后退的功能，避免180°转向，节省比赛所用时间。

数字识别系统采用数字摄像头 OV7670。由于寻宝旅游机器人在行进的时候速度比较快，并且只有碰撞到目标景点才能得分，为了在碰撞到目标景点之前提前减速，采用红外避障传感器，使其在距离目标景点25 cm 处提前减速。这样，既能保证直线行驶速度，又能在很大程度上减小因为速度过快而造成的损坏，保护了寻宝旅游机器人的硬件部分。在软件方面，寻宝旅游机器人通过差速调节算法实现自主巡线，能够很好地解决行进过程中的抖动、加速慢和易丢掉路口等问题。在数字识别方面，采用基于统计法的数字识别算法，此方法可以减少干扰信号的影响，过程简单，速度较快，和标准库一致的信息识别率高。

2.4　寻宝旅游机器人的总体方案设计

机器人主要由执行机构、检测装置、驱动装置和控制系统等组成。这几个部分之间是彼此关联的，执行机构必须符合机器人的结构和物理量要求；检测装置对外界环境进行检测以判断自身的工作状态，把检测到的信息反馈给微控制器；微控制器将接收到的信息和设定的标准量进行对比，然后对执行机构进行控制，确保机器人能够按照规定的动作进行执行；驱动装置是用来驱动执行机构动作的装置，根据微控制器给出的控制信号，利用驱动器件来驱使机器人动作；控制系统即后文介绍的单片机控制系统。

2.4.1　机器人总体设计

机器人由单片机最小系统、动力系统、传感器及显示系统等基本部分构成，如图2.1所示。本项目的微控制器采用基于 Cortex-M3 内核的 STM32F103ZET6 低功耗控制器。

动力系统主要由直流电动机、驱动电路和电源组成。一般使用直流电动机驱使机器人动作，在条件允许的情况下可以采用无刷直流电动机来驱动机器人行进；直流电动机的驱动使用全桥驱动电路进行驱动；电源可以使用充电电池组。

传感器部分主要包括路径识别传感器、数字识别传感器、红外避障传感器和陀螺仪等。路径识别传感器使用的是线性 CCD，主要用来识别赛道中央的白线，实现机器人的自主行驶；数字识别传感器用于识别目标景点上的宝物（数字）；红外避障传感器用来对道路上的路障进行识别；陀螺仪用于对不同坡道的路面进行识别，使机器人能顺利通过不同的坡道。

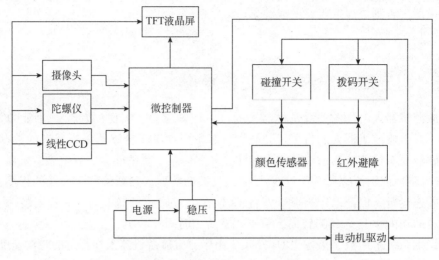

图 2.1　机器人总体设计框图

显示系统主要是为了方便机器人的调试，通过 TFT 液晶屏进行实时显示，并可以通过液晶屏显示的参数对机器人进行调整。

机器人的控制核心为 STM32F103ZET6，Flash 为大容量，最高工作频率为 72 MHz，可以进行更多更快的数据处理，其性能可以满足机器人自主巡线和识别数字的需求。机器人的驱动电路主要由信号处理电路、全桥驱动电路和逻辑转换电路组成，用来驱动直流电动机或者驱动一些大功率器件。人机交互主要由串口通信、液晶显示和按键等组成，主要用于机器人的调试和状态的指示等。

2.4.2　机器人车轮驱动配置方案的设计

机器人的运行方式可以分为轮式、履带式与步行方式。轮式机器人行驶较平稳、速度快，履带式机器人行驶最为平稳，但速度较慢，而步行机器人的要求比较高。本小节主要探讨三种车轮驱动配置方式的特点，并选择一种适合本项目的车轮驱动配置方式。

1. 机器人常用车轮驱动配置方式介绍

（1）两轮驱动配置方式

两轮驱动配置示意图如图 2.2 所示。

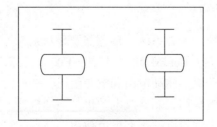

图 2.2　两轮驱动配置示意图

很早以前就有把自行车或者摩托车用来做机器人的试验。这种两轮机器人主要凭借手的控制与躯体的动作来实现稳定行进，根据机器人的倾斜角度，控制作用在轴系上的力矩，使用陀螺原理将机器人稳定。但是，此种机械结构的机器人的加速度、倾斜度等物理量的测量及精度的控制都很难提高。另外，在此种结构的机器人上使用比较简单、稳定性较高的传感器也比较困难，并且制动时或低速行驶时的机器人的稳定性很差。因此，现在的研究大多数都停留在如何提高机器人稳定性能力的试验上面。

（2）三轮驱动配置方式

从理论上来说，三点确定一个平面，所以轮式机器人最少需要3个轮子的支撑才能保证平稳运行。三轮驱动配置方式是保证轮式机器人平稳运动的基本机械机构，但是要解决移动方向与速度之间的问题。三轮驱动配置示意图如图2.3所示。

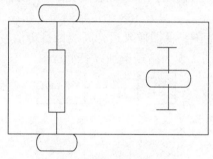

图2.3 三轮驱动配置示意图

（3）四轮驱动配置方式

四轮驱动配置方式的机械结构稍微比三轮驱动配置方式复杂一些，但是能够解决移动方向与移动速度的控制问题。四轮驱动配置示意图如图2.4所示。

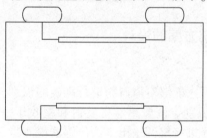

图2.4 四轮驱动配置示意图

2. 本项目所采用的车轮驱动配置方式

在这三种车轮驱动配置方式的基础上，根据具体的实际情况选出一种最适合本项目的车轮驱动配置方式。这种驱动配置方式并不是只考虑单方面的最优，还得考虑到多种实际情况，如机器人的质量、材料、控制方法和其他各种因素等。在本项目中，机器人需要转90°、180°或者其他角度，所以转弯是选择车轮驱动配置方式的另一个重要因素。结合实际情况，本项目采用如图2.4所示的四轮驱动配置方式，既避免了机器人所有质量作用在一个轮子上，又有效防止了三轮配置转弯时所带来的侧翻问题，还解决了机器人行进的速度与转弯之间的矛盾。

2.4.3 路径识别方案的设计

为了能够让机器人在绿色地毯上沿着白色赛道以比较快的速度自主行驶，本项目采用线性 CCD 作为机器人的路径识别传感器。当线性 CCD 检测到引导白线后，将采集到的信息反馈给微控制器，微控制器对反馈回来的信息进行处理后控制左右两侧直流电动机的转速，从而达到自主行驶的效果。从不同传感器实验的效果来看，线性 CCD 不管是在速度方面还是在稳定性方面都优于其他光电传感器，使得机器人具有良好的前瞻性、稳定性和速度快的优点。

以往的自主行驶机器人大多数采用光敏管或激光管作为路径识别传感器，由于光敏管检测的距离有限，当到达一定高度的时候就检测不到信号，因此降低了机器人的前瞻性，从而使得机器人的速度加不上去。尽管激光管检测的距离相对较远，但是对电路的制作要求比较高并且容易损坏，且适应能力不强易受外界的干扰。综上考虑，本项目使用线性 CCD 实现路径识别。

线性 CCD 采用 TSL1401 型号，具有 128 个传感器单元组织，分辨率达 400 DPI，还具有高线性度、均匀度，宽动态范围，低图像延迟，高线性稳定信号等优点。经过实验测试，线性 CCD 的前瞻可达 1.2 m。图 2.5 为路径识别方案示意图。

图 2.5　路径识别方案示意图

2.4.4　障碍识别系统方案的设计

1. 障碍识别方案的设计

在比赛过程中，需要机器人能够对障碍物进行准确的识别，本项目采用 E3F-DS30C4 红外避障传感器对障碍物进行识别。该传感器集发射和接收于一体，红外光线经过调制后发出，接收管对反射回来的光线进行解调输出。该传感器检测障碍物的距离可以根据需要进行调节，不易受可见光干扰且价格便宜，满足本项目的设计要求。红外避障传感器的实物图和结构示意图如图 2.6 所示。

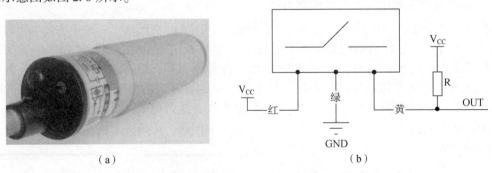

（a）　　　　　　　　　　　　　（b）

图 2.6　红外避障传感器的实物图和结构示意图

（a）实物图；（b）结构示意图

2. 坡度识别方案的设计

在比赛过程中，机器人需要通过不同的坡道，在上坡和下坡的过程中，需要对坡道进行检测。为使机器人能平稳、快速地通过坡道，本项目采用 ENC-03MMA7361 陀螺仪进行坡道检测。机器人根据陀螺仪输出模拟量的大小来判断自身的状态，不同的模拟量大小直接反映出机器人所处坡道的位置，因此机器人可以根据所在坡道位置调节直流电动机的转速，从而平稳、快速地通过坡道。陀螺仪结构示意图如图 2.7 所示。

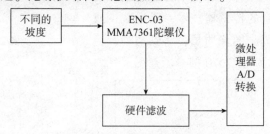

图 2.7　陀螺仪结构示意图

3. 颜色识别方案的设计

在比赛过程中，机器人需要通过识别不同的颜色，来通过相应的路障——桥。图 2.8 为桥的示意图，要求机器人能够区别出红色和灰色，只有识别出这两种颜色机器人才能顺利通过此障碍物。颜色传感器可以识别出不同的颜色，所以本项目中采用了颜色传感器进行颜色的识别。

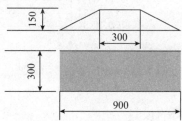

图 2.8　桥的示意图

本项目选用 TCS230 作为颜色识别传感器，该传感器输出的信号是数字量，并且可以实现每个彩色通道 10 位以上的转换精度。微控制器可以直接对 TCS230 采集回来的信息进行处理，而且不需要 A/D 转换，从而简化了电路。图 2.9 是 TCS230 的引脚封装和功能图。

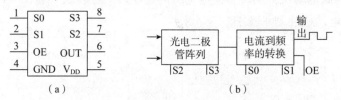

图 2.9　TCS230 的引脚封装和功能图

（a）引脚封装；（b）功能图

2.4.5　数字识别方案的设计

在比赛的过程中，机器人需要准确、快速地识别出宝物，宝物即用 90 号正文宋体打印出来的 0 ~ 9 阿拉伯数字。本小节以宝物"5"为例进行分析,如图 2.10 所示。

本项目选用 OV7670 数字摄像头作为图像传感器进行宝物(数字)的识别。OV7670 体积小、工作电压低,通过 SCCB 接口编程,将图像转换成微控制器能直接处理的数字信号。该传感器的视频传输速度最高可达 30 帧/秒,采用独有的传感器技术,通过减少或消除光学或电子缺陷,提高图像质量,得到清晰、稳定的彩色图像。图 2.11 为 OV7670 信号示意图。

图 2.10　宝物图

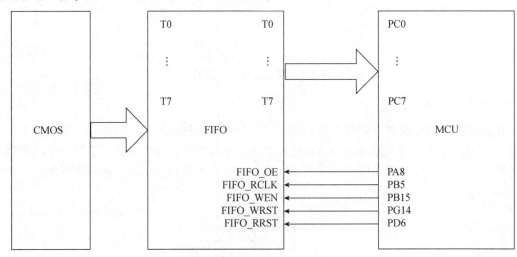

图 2.11　OV7670 信号示意图

2.4.6　电动机控制方案的设计

由于微控制器的驱动能力不够,不能直接对直流电动机进行控制,因此本项目针对直流电动机设计了一种直流电动机驱动。此驱动使用 8 个 MOS 管和 4 片 IR2104S 驱动芯片,组成两路 H 桥驱动。该直流电动机驱动的驱动能力强,可以通过微控制器产生 PWM 信号和基本 I/O 端口信号控制电动机,实现直流电动机的正反转、停止及调速,可以满足驱动设计的要求。图 2.12 为电动机控制示意图。

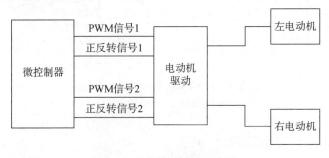

图 2.12　电动机控制示意图

2.4.7 系统供电方案的设计

本项目中重要的一个步骤就是电源系统的设计。由于微控制器和一些比较容易受干扰的传感器(如线性 CCD、数字摄像头、陀螺仪等)对电源的要求较高，而电动机对电源系统的干扰又较大，一般的稳压、滤波电路不能达到要求，因此系统采用双电源供电，用一个小容量 7.4 V 的锂电池给微控制器和容易受干扰的传感器单独供电，而电动机和其他功率较大、不易受干扰的传感器用大容量 18.5 V 的锂电池供电，从而解决了电动机对电源系统的干扰。双电源供电方案如图 2.13 所示。

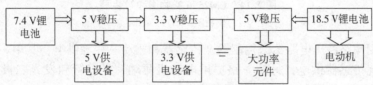

图 2.13 双电源供电方案

2.5 寻宝旅游机器人的硬件设计

在机器人的设计中，机械结构是最基础的，从机器人模型的选型到直流电动机的安装，再到碰撞开关的改装，都是关系到后期机器人性能的重要因素。设计性能良好的机械结构，将有利于机器人的精准控制。

2.5.1 电源电路的分析与设计

1. 电源系统设计要点分析

稳定的电源系统是机器人稳定工作的前提，所以必须要有一个良好的电源设计。对于本项目来说，电源系统的设计应注意以下两点。

1)与其他的电源系统不同，本项目的电池电压有两种，分别是 7.4 V 和 18.5 V，因为 7805 稳压芯片最高输入电压为 15 V，所以 78 系列稳压芯片已经达不到本项目的要求。本项目采用输入压差较大的稳压芯片 LM2596，输入电压高达 40 V，其作为 18.5 V 的稳压源完全满足本项目的要求。

2)必须把大电流器件与微控制器和易受干扰的传感器分开供电，避免大电流器件对微控制器和易受干扰的传感器造成干扰，影响机器人的稳定运行。

2. 电源电路设计

LM2596 为输出电流 3 A 的降压开关型稳压芯片，内部自带完善的保护电路，而且外围电路简单、输出电压高效，可以稳压输出多个不同的电压值。同时，LM2596 价格适中而且较容易购买，非常适合在本项目中使用。LM2596 实物图和封装图如图 2.14 所示。

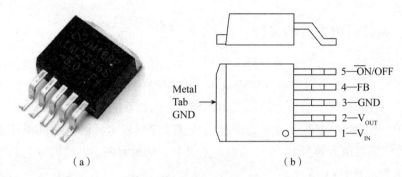

（a）　　　　　　　　　　　（b）

图 2.14　LM2596 实物图和封装图

（a）实物图；（b）封装图

本项目采用两路稳压电路给微控制器、传感器和驱动芯片等供电，其中一路单独为微控制器和易受干扰传感器供电，另外一路提供电动机驱动、光电管和发光二极管等的工作电压，直流电动机驱动电压由 18.5 V 电池直接供给，如图 2.15 所示。

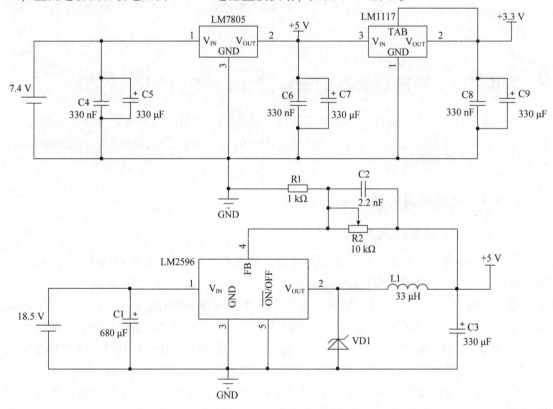

图 2.15　系统电源电路

在图 2.15 中 7.4 V 直流电源通过固定式稳压芯片 LM7805 输出稳定的 5 V 电压，LM7805 输出的 5 V 电压再经过 LM1117 稳压输出 3.3 V 的电压给微控制器供电，其中 C4、C5、C6、C7、C8、C9 是滤波电容。18.5 V 的电压通过 LM2596 稳压到 5 V，输出电压 V_{OUT} 为

$$V_{\text{OUT}} = V_{\text{REF}} \left(1 + \frac{R_2}{R_1} \right) \tag{2.1}$$

其中，$V_{REF} = 1.23$ V。

通过调节滑动变阻器 R2 调节输出电压的大小。VD1 为续流二极管，为 L1、C3 储能原件续流。C2 为前馈电容，当输出电压大于 10 V 时，需要一个补偿电容对电路进行补偿。LM2596 的 V_{IN} 引脚为输入端，GND 引脚为接地端，V_{OUT} 引脚为输出端，FB 引脚为反馈端，ON/OFF 引脚利用逻辑电平把 LM2596 切断，使输入电流降到大约 80 μA。

2.5.2　控制电路的分析与设计

单片机控制电路主要由电源电路、复位电路、时钟源电路及下载电路等部分组成。

1. 电源电路的设计

STM32 单片机的主频值高达 72 MHz，易受外界电路的影响，出现程序跑飞的现象，设计一个稳定的供电系统能有效减少外界的影响。最小系统电源电路电路如图 2.16 所示。

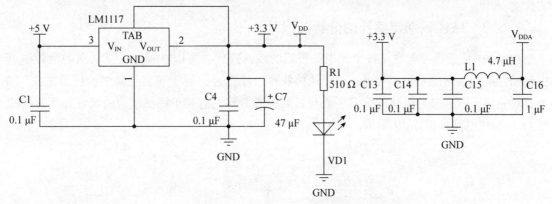

图 2.16　最小系统电源电路

在图 2.16 中，通过 LM1117 把 5 V 电压稳压到 3.3 V 给微控制器供电，供电电路中接入了电源指示灯 VD1，图中 R1 为 VD1 的限流电阻，电路中的电容与电感主要起到滤波的作用。

2. 复位电路的设计

复位电路主要由上电复位与手动复位两部分组成，复位电路如图 2.17 所示。

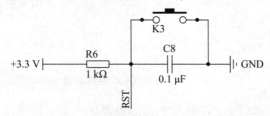

图 2.17　复位电路

在图 2.17 中，微控制器通过电容 C8 实现上电复位，通过按键 K3 实现手动复位，复位电平为低电平。

3. 时钟源电路的设计

本项目采用的微控制器内部自带 RC 振荡器，可以作为控制器的时钟信号，由于自带

RC 振荡器产生的时钟信号不稳定，因此本项目使用外部晶振电路给控制器提供时钟信号。时钟源电路如图 2.18 所示。

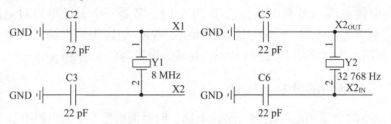

图 2.18　时钟源电路

微控制器需要两个时钟源，分别使用一个 8 MHz 晶振电路和一个 32 768 Hz 晶振电路作为时钟信号。

2.5.3　路径识别传感器的分析与设计

TSL1401 传感器是包含 128 个光电二极管的线性阵列，可以直接与任意系列的微控制器相连接并进行数据的采集和处理。该模块体积小、质量轻，便于安装与调试，可以采集 128 个有效的像素点，并且模块的像素中心与封装中心对称，有利于机械结构的设计。具体的线性 CCD 处理电路如图 2.19 所示。

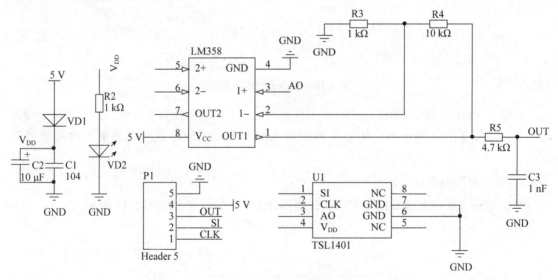

图 2.19　线性 CCD 处理电路

在图 2.19 中，VD1 可防止电源接反把传感器烧坏。供给传感器 5 V 电压，当外界没有光照输入时 AO 输出引脚为 0 V；正常光照时 AO 输出引脚为 2 V；当 AO 输出引脚为 4.8 V 时，传感器处于饱和光照水平。当没有信号输出时，AO 处在一个高阻抗的状态下。因为 TSL1401 输出的信号比较弱，所以在 AO 后面加了一个运算放大器，把输出的信号放大后再传送给微控制器处理。

2.5.4 红外避障传感器的分析与设计

红外避障传感器主要由发射部分和接收部分组成。发射部分发射出固定频率的红外线，当传感器检测到障碍物时，接收管接收到具有固定频率的红外线，指示灯被点亮。接收管接收到的红外信号被电路处理过后，OUT 引脚输出相对应的数字信号，可以通过传感器后端的电位器旋钮调节检测障碍物的距离，最远距离可达 40 cm。红外线避障电路如图 2.20 所示。

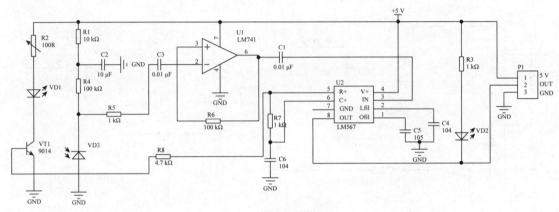

图 2.20　红外避障电路

在图 2.20 中 VD1 为发射管，VD3 为接收管。可以通过 LM567 的 5、6 脚设定该传感器的译码中心频率，通常通过改变外接滑动变阻器阻值的大小来改变捕捉的中心频率。红外载波信号通过 LM567 的 5 引脚输入，当接收管接收到的红外载波信号与捕捉中心频率一样时，证明不是外界干扰信号，此时 LM567 的 OUT 端输出低电平，指示灯 VL1 被点亮，增强了红外避障的抗干扰能力。

2.5.5 陀螺仪的分析与设计

对机器人方位、姿态的确定与预判是完成设计的关键。通常使用陀螺仪对机器人的姿态进行测量。陀螺仪主要由敏感器件与基本电路两部分组成，敏感器件是一根贴有压电晶体的金属梁，其工作原理如图 2.21 所示。

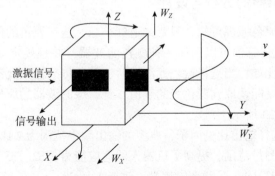

图 2.21　陀螺仪工作原理

驱动电路使金属梁沿 Y 轴按照下式振动：

$$Y(t) = Y_c \sin f_c t \qquad (2.2)$$

式中，f_c 为驱动频率；Y_c 为振幅。

因为敏感器件在驱动电路的作用下，将使金属梁发出一定频率与幅度的振动，当检测到有输入信号时，压电片产生的信号通过放大器进行放大，再通过解调器进行解调之后，就能测出由惯性力产生的信号，并获得和输入角速度成正比的电压信号。陀螺仪电路原理图如图 2.22 所示。

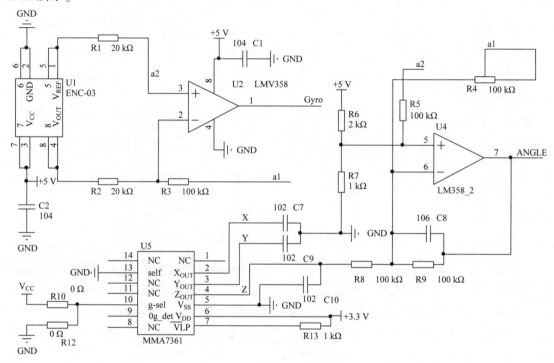

图 2.22　陀螺仪的电路原理图

图 2.22 中，ENC - 03 是角速度传感器，输出与角速度成正比的模拟电压信号；MMA7361 是 3 轴小量程加速度传感器，可以根据物体运动与方向改变输出信号的电压值，然后通过 U4、U2 分别组成的积分电路和反馈电路输出角速度及角度。

2.5.6　颜色传感器的分析与设计

通过红、绿、蓝三原色原理可知，只要知道红、绿、蓝三原色的值，便可以得知所测物体的颜色。TCS230 颜色传感器可以选择一种颜色滤波器，并且规定只能通过一种原色，滤除掉其他所有的原色。比如：当选择蓝色滤波器时，颜色传感器只允许蓝色光通过，其他原色就被阻止在外，由此就能读取到蓝色光的数值；红、绿滤波器的原理也是如此。颜色传感器的电路原理图如图 2.23 所示。

通过 S0、S1 可以选择输出比例因子，典型的输出频率范围为 2 Hz ～ 500 kHz，不同的输出比例因子对应不同的测量范围，提高了机器人的适应能力；S2、S3 可以选择滤波器类型；OE 是输出频率的使能端；OUT 是频率输出端。表 2.1 是 S0、S1 及 S2、S3 的可用组合。

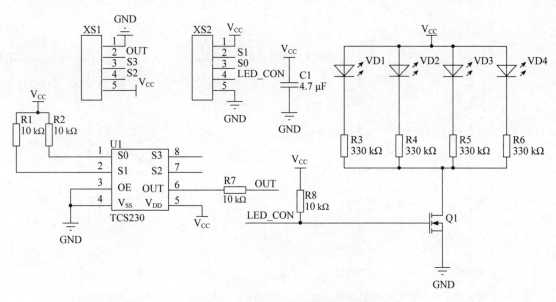

图 2.23 颜色传感器的电路原理图

表 2.1 S0、S1 及 S2、S3 的可用组合

S0	S1	输出频率定标	S2	S3	滤波器类型
L	L	关断电源	L	L	红色
L	H	20%	L	H	蓝色
H	L	20%	H	L	无
H	H	100%	H	H	绿色

2.5.7 电动机驱动的分析与设计

直流电动机的驱动芯片多种多样，本项目使用两片 IR2104 芯片组成一路 H 桥驱动电路。H 桥驱动电路是一种比较典型的驱动电路，如图 2.24 所示。

H 桥驱动电路主要由四个 MOS 管与一个直流电动机组成。工作过程中，必须使 Q1、Q4 或者 Q2、Q3 中的任意一对 MOS 管同时导通。不同 MOS 管对的导通使得通过直流电动机的电流方向也不一样，因此可以通过控制不同 MOS 管对的导通控制直流电动机的转向。

如图 2.25 所示，当 Q1 与 Q4 同时导通时，电流的流向是：从 V_{CC} 通过 Q1 到直流电动机，再通过 Q4 回到地。如图 2.25 中所标的电流箭头所示，可以通过 Q1、Q4 驱动直流电动机顺时针转动，从而实现直流电动机正转。

图 2.26 为 Q2、Q3 同时导通的情况，原理和 Q1、Q4 同时导通一样，只是电流的方向改变了，电流是从右往左逆时针流过直流电动机，从而实现直流电动机

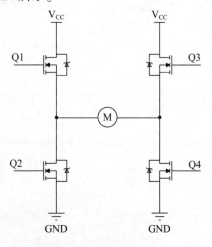

图 2.24 H 桥驱动电路

反转。

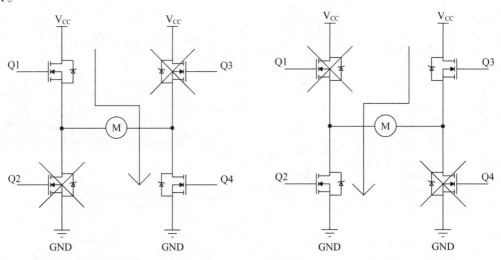

图 2.25　H 桥驱动电动机正转　　　　　图 2.26　H 桥驱动电动机反转

通过 H 桥驱动电路驱动直流电动机时，一定不能使 H 桥同侧的两个 MOS 管同时导通。如果同侧的 MOS 管同时导通，则电源和地将会通过两个 MOS 管直接连接。因为 MOS 管阻值很小，可以忽略不计，所以流过两个 MOS 管的电流很大，甚至会烧坏 MOS 管和其他电路器件。基于上述原因，在实际的应用中通常要加一些保护电路。图 2.27 所示是改进后的电动机驱动电路，在 H 桥驱动电路的基础上添加了一些电阻、二极管和两片 IR2104S 芯片。Q1、Q2、Q3、Q4 上的二极管为 MOS 管自带寄生二极管，为感性负载提供反向通路。IR2104S 的高位和低位是一对互补的信号，这样就不会出现同侧 MOS 管同时导通的情况，从而保护了驱动电路。

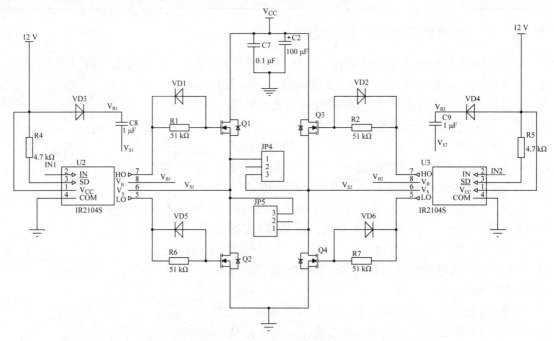

图 2.27　改进后的电动机驱动电路

2.6　寻宝旅游机器人的软件设计

2.6.1　系统程序设计

寻宝旅游机器人控制主程序的主要任务是完成系统的初始化、数字的识别、液晶显示、路径的识别、路障的检测、电动机的控制及其他传感器的控制等。当接收到外部指令时，执行相应指令程序，如没有接收到指令，则运行转弯和景点检测程序，如检测到前方没有转弯和景点时，机器人向目标点行进；当检测到前方有转弯和景点时，则进入相应处理服务子程序，机器人完成碰撞不同的景点和宝物的寻找。本系统的主程序流程如图 2.28 所示。

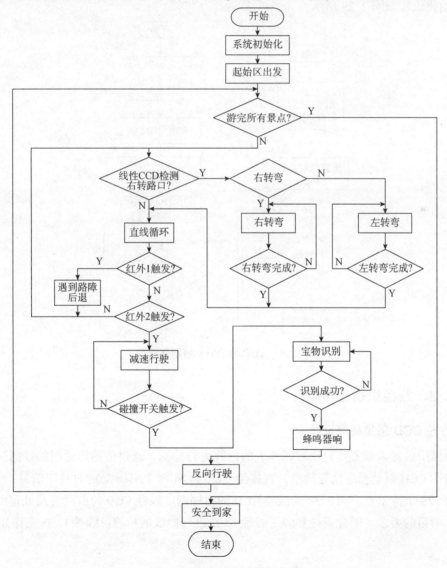

图 2.28　本系统的主程序流程

2.6.2 ADC 程序的设计

本项目中系统需要对线性 CCD 和陀螺仪的模拟数据进行采集,并且对数据采集的精度和速度也有较高的要求。因为主控制器提供了 12 位的逐次逼近型模拟/数字转换器(ADC),所以使用内部 ADC 是满足要求的。除此之外,系统需要处理的数据比较多,而微控制器的资源有限,这就要求微控制器有较强的数据处理能力。微控制器提供了直接通过存储器访问控制器的方式,DMA(直接内存存取)传输方式无须 MCU 直接控制传输,也没有像中断处理方式那样保留现场与恢复现场的过程,而是通过硬件的方式为 RAM 与 I/O 设备开辟一条直接传送数据的通路,大大提高了微控制器的效率,从而提高系统处理的速度。要使用主控制器内部自带 ADC 和 DMA 控制器,必须对内部 ADC 和 DMA 进行初始化。主控制器 ADC 和 DMA 初始化流程如图 2.29 所示。

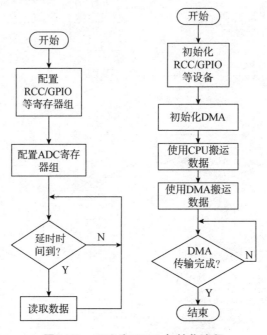

图 2.29 ADC 和 DMA 初始化流程

2.6.3 路径识别程序设计

1. 线性 CCD 采集程序设计

本项目中机器人需要实时地对场地上的白线进行检测,通过传感器返回的数据进行路径识别。线性 CCD 驱动程序比较简单,直接给 CLK 和 SI 两个引脚特定的时序信号,AO 引脚便会输出 128 个像素点。图 2.30 为线性 CCD 的时序图。线性 CCD 的前瞻性及处理的速度都能达到本项目的要求,因此系统加装了线性 CCD 进行白线的检测。线性 CCD 流程如图 2.31 所示。

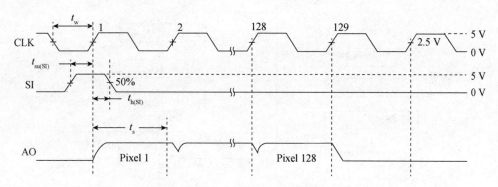

图2.30　线性CCD时序图

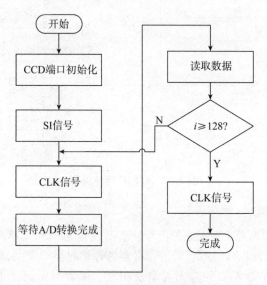

图2.31　线性CCD流程

2. OTSU 程序设计

本项目需要对线性CCD采集回来的图像进行二值化，而二值化效果好坏的关键是阈值的选取。本项目采用计算简单、不受图像亮度与对比度影响的OTSU算法。对于一幅图像，假设前景与背景的分割阈值为 t 时，前景点占图像比例为 ω_0，均值为 μ_0；背景点占图像比例为 ω_1，均值为 μ_1。那么，整个图像的均值为

$$\mu = \omega_0\mu_0 + \omega_1\mu_1 \tag{2.3}$$

建立目标函数：

$$g(t) = \omega_0(\mu_0 - \mu)^2 + \omega_1(\mu_1 - \mu)^2 \tag{2.4}$$

$g(t)$ 就是当分割阈值为 t 时的类间方差表达式。当 $g(t)$ 取得最大值时，对应的 t 值便为最佳阈值。OTSU算法又称为最大类间方差法。OTSU程序流程如图2.32所示。

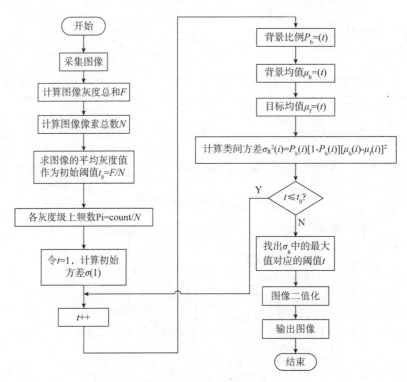

图 2.32　OTSU 程序流程

3. PWM(脉冲宽度调制)程序设计

驱动直流电动机需要两路 PWM 控制信号,本项目通过 STM32 单片机自带通用定时器来输出两路 PWM 调速信号。首先通过设置时钟寄存器选择定时器的类型,再通过设置通用 I/O 口的控制寄存器选择通用 I/O 端口的输出类型及功能;接着对定时器的自动装载寄存器(Auto Reload Register,ARR)和预分频器寄存器(Prescaler,PSC)这两个寄存器赋值,确定 PWM 的输出周期,然后设置定时器 PWM 模式,以及使能定时器通道;最后通过修改定时器中捕获/比较寄存器(CCRx)的值来改变占空比。PWM 初始化流程如图 2.33 所示。

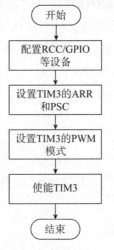

图 2.33　PWM 初始化流程

2.6.4 电动机控制模块程序设计

本项目主要通过调节 PWM 的脉冲宽度来实现左右轮的控制。通过 PWM 初始化函数可知，系统使用通用定时器 TIM3 的两个输出通道 PB0、PB1 输出 PWM 控制电动机的转速，通过 PB10、PB11 给电动机驱动芯片正反转信号，通过调整这两个端口的输出来控制电动机的正转、反转及停止。使用四个基本运动控制函数来控制电动机，具体如下。

1）直走函数：voidwalk_straight(u8 line_No, int speed);

2）小转弯函数：voidT_turn(char dir, int speed);

3）大转弯函数：voidsharp_turn(char dir);

4）停止函数：void stop(void);

通过以上四个基本的运动控制函数就可以实现机器人的巡线、转弯及穿越各种路障，这也是机器人设计最重要的组成部分之一。

2.6.5 图像处理系统程序设计

1. OV7670 程序设计

本项目通过数字摄像头 OV7670 存储和读取图像数据，由于 OV7670 自带 FIFO 数据缓存模块，因此输出的数据首先存储在自带的 FIFO 模块中，然后主控制器从 FIFO 模块中读取数据。OV7670 存储数据主要通过对 FIFO 的写使能来完成每一帧图像数据的存储。在每存储完 1 帧图像以后，开始从 FIFO 模块中读取图像数据。读取数据首先对 FIFO 读指针复位，然后依次给 FIFO 读时钟，读取所有数据。OV7670 采集图像流程如图 2.34 所示。

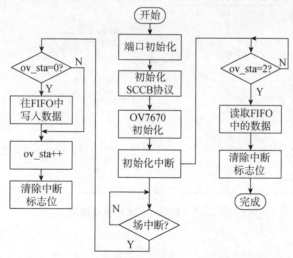

图 2.34　OV7670 采集图像流程

2. Hilditch 细化算法设计

图像的细化是数字图像预处理中的关键步骤之一，对图像的细化过程就是提取目标图像骨架的过程。骨架既能反映出目标图像的基本特征，又能减少信息处理量，提高处理速度。它可以解释为目标图像的中心轴，是反映目标图像几何与拓扑性质的主要特征之一。Hilditch 算法经常用于二值化图像，是一种非常经典的细化算法。

Hilditch 细化算法的具体步骤为：图像一个迭代周期为从左向右、从上向下迭代每个像素点。在每次迭代周期中，如果每个像素 p 在同一时间满足六个条件，就标记这个像素 p。如果当前迭代周期结束，就将全部标记的像素的值置为背景值。假如在某一次迭代周期中没有标记点，则算法结束。Hilditch 细化算法流程如图 2.35 所示。

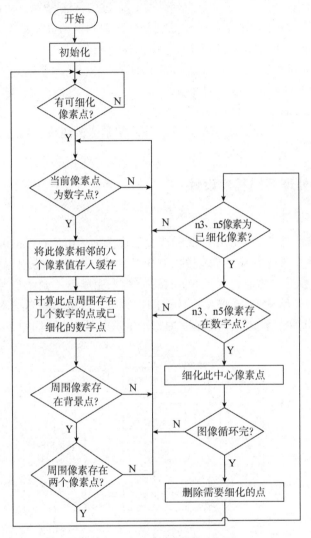

图 2.35　Hilditch 细化算法流程

3. 数字识别程序设计

本程序主要是对数字识别流程的论述，数字图像识别的主要流程主要是以下四个步骤。

1）对采集到的图像进行二值化处理。

2）对二值化后的图像进行预处理，首先对目标图像进行滤波，滤出一些噪声对图像产生的影响，再对目标图像进行闭运算填补数字中的裂缝。

3）得到的某个数字的像素坐标点集合，通过细化算法得到数字的骨架，再把骨架图像映射到某个 10×10 的 0/1 矩阵中。

4）用统计的方法对 10×10 的 0/1 矩阵进行内容分析，并与标准库进行比较，输出识别结果。数字识别流程如图 2.36 所示。

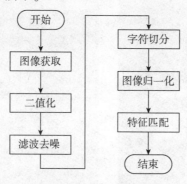

图 2.36　数字识别流程

2.7　寻宝旅游机器人的调试

寻宝旅游机器人主要由路径识别系统、数字识别系统、显示系统、电动机驱动系统、电源系统、微控制器及各类传感器组成。寻宝旅游机器人实物图如图 2.37 所示。

图 2.37　寻宝旅游机器人实物图

2.7.1　线性 CCD 的标定

在使用线性 CCD 作为路径识别传感器时，线性 CCD 的标定是一个关键的步骤，影响着图像的采集、处理及机器人整个系统的稳定性。先用专用的支架将线性 CCD 安装固定好，然后对线性 CCD 进行标定。将机器人放在比赛的场地上，观察液晶屏显示的图像是否为左右对称，如果左右对称，则调整到最佳状态，将线性 CCD 进行固定，线性 CCD 的标定完成。线性 CCD 的标定如图 2.38 所示。

 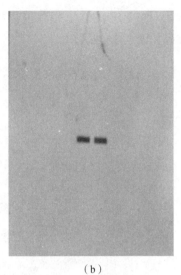

（a） （b）

图 2.38 线性 CCD 的标定

（a）调整线性 CCD 支架；（b）液晶显示图像

2.7.2 线性 CCD 图像二值化

原始图像需要处理的数据量比较大，而且图像的像素点总共有 256 个灰度等级（像素值在 0～255 之间），处理起来较为困难，所以需要对图像进行二值化处理。图像的二值化就是把图像上的所有像素点的灰度置为 0 或 255，即把整个图像区分出明显的黑白效果。也就是将 256 个亮度等级的像素点通过选取合适的阈值而得到依旧能反映出图像整体或局部特点的二值化图像。

二值化处理后的图像数据量小，而且图像像素点的灰度值只有 0 和 255 这两种，既可以提高对图像处理的速度，又可以降低图像处理的难度。图像二值化的效果主要取决于阈值选取。阈值一般分为静态阈值和动态阈值两种，由于静态阈值易受外界光线的干扰，不能适应复杂的场地环境，而且在机器人比赛过程中图像是动态的，因此就要求所选取的阈值既要有时效性又要有较强的适应性和稳定性。最终本项目选用适应性和稳定性比较强的动态阈值，并采用一种简单有效的 OTSU 算法来选取图像的阈值，实现图像二值化处理。

OTSU 算法是图像二值化选取阈值的一种动态阈值算法，由日本学者大津在 1979 年提出。从原理上来讲，OTSU 算法又称作最大类间方差法，因为按照该算法求得的阈值进行图像二值化分割后，前景与背景图像的类间方差最大。

对于图像 $I(x, y)$，前景和背景的分割阈值记作 T，属于前景的像素点数占整幅图像的比例记为 ω_0，其平均灰度为 μ_0；背景像素点数占整幅图像的比例为 ω_1，其平均灰度为 μ_1。图像的总平均灰度记为 μ，类间方差记为 g。

假设图像的背景较暗，并且图像的大小为 $M \times N$，图像中灰度值小于阈值 T 的像素个数记作 N_0，灰度值大于阈值 T 的像素个数记作 N_1，则有：

$$\omega_0 = N_0/(M \times N) \tag{2.5}$$

$$\omega_1 = N_1/(M \times N) \tag{2.6}$$

$$N_0 + N_1 = M \times N \tag{2.7}$$

$$\omega_0 + \omega_1 = 1 \tag{2.8}$$

$$\mu = \omega_0\mu_0 + \omega_1\mu_1 \tag{2.9}$$

$$g = \omega_0(\mu_0 - \mu_1)^2 + \omega_1(\mu_1 - \mu)^2 \tag{2.10}$$

将式（2.8）、式（2.9）代入式（2.10），得到等价公式：

$$g = \omega_0\omega_1(\mu_0 - \mu_1)^2 \tag{2.11}$$

使用遍历的方法获得使类间方差 g 最大的阈值 T，这个 T 就是所求的最佳阈值。

对于直方图有两个峰值的图像，OTSU 算法求得的 T 近似等于两个峰值之间的低谷。图 2.39 为图像直方图。使 OTSU 算法求得的 $T = 0.529\,4$，转换在 $[0, 255]$ 之间为 134.997 0，正好是两个峰值之间低谷的位置。

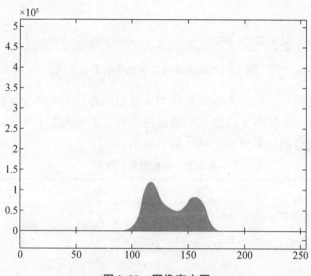

图 2.39　图像直方图

实验结果证明，采用 OTSU 算法二值化后的图像要比静态阈值处理后的图像质量好很多，图 2.40 为静态阈值二值化后的数据图像，图 2.41 为动态阈值二值化后的数据图像。

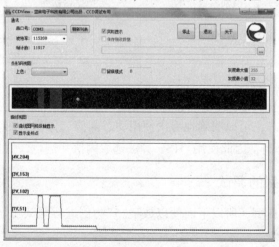

图 2.40　静态阈值二值化后的数据图像

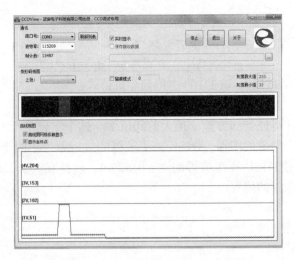

图 2.41　动态阈值二值化后的数据图像

动态阈值二值化提高了机器人的抗光线干扰能力，而且大大减少了机器人过路口时丢掉路口的次数，从而进一步提高了机器人的稳定性。表 2.2 和表 2.3 是机器人分别使用静态阈值和动态阈值二值化后通过不同形状路口的识别率。

表 2.2　静态阈值识别率

路口形状	识别路口次数	丢掉路口次数	识别率
十字路口	98	2	98%
T 形路口	105	1	98.13%
Y 形路口	96	6	94.12%
其他形状路口	98	8	92.45%

表 2.3　动态阈值识别率

路口形状	识别路口次数	丢掉路口次数	识别率
十字路口	100	0	100%
T 形路口	106	0	100%
Y 形路口	100	2	98.04%
其他形状路口	103	3	97.17%

通过表 2.2 和表 2.3，可以明确地看出使用动态阈值二值化后的识别率明显比使用静态阈值二值化后的识别率高，因此使用 OTSU 算法选取阈值并进行二值化是可靠有效的。

2.7.3　宝物识别的调试

因为数字"5"比较典型，所以下面便以数字"5"为例进行调试和分析。

1. 图像二值化

一幅图像主要由目标物体、背景和噪声组成，通过将图像二值化，读取灰度值矩阵，从多级值的图像中直接获得目标物体。该方法通常选取一个阈值 S，将每一个像素点的灰度值

与 S 比较，大于 S 的灰度值置为 0，小于 S 的灰度值置为 255。图 2.42 为采集回来的原始图像，图 2.43 为二值化后的图像。

图 2.42 原始图像

图 2.43 二值化后的图像

2. 图像滤波

图像滤波就是在保留目标图像的基础上把图像中的噪声滤除，是图像处理中关键的步骤之一。

由于外界环境和硬件电路的影响，因此在采集图像信息的时候经常会受到外界因素的干扰而引入一些噪声。另外，在图像处理的过程中也会因为数据的突变使得图像产生噪声。噪声的特点通常表现为在图像中凸显出一些较为孤立的像素点或块。噪声信号和目标图像信号之间互不关联，往往是无用的图像信息，给图像识别带来不必要的干扰，因此需要对采集回来的图像信号进行滤波处理。本项目采用的滤波方法是判断每列黑点的个数，当某一列的黑点个数少于某个数值时就认为该列是杂点，并将该列的杂点滤除，然后采用遍历的方法实现对图像的滤波，效果如图 2.44 所示。

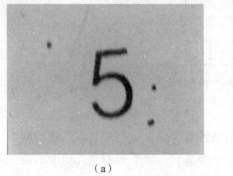

（a）

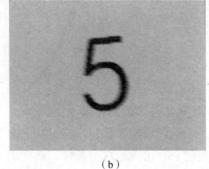

（b）

图 2.44 滤波前后对比图

（a）滤波前图像；（b）滤波后图像

从图 2.44 中可以看出，滤波后很好地滤除了噪声，实现了目标图像与背景图像的分离，并保留了目标图像原有的特征。

3. 图像细化

细化就是一层层剥离二值化后的目标图像点阵轮廓边缘上的点，使目标图像点阵笔划宽度仅有一个 bit 位的骨架图像，如图 2.45 所示。骨架可以理解为图像的中心轴。在二值化点阵图像中，主要的图像特征信息都集中在目标图像骨架上，经过图像细化后的图像骨架既保存了原来目标图像的特征，又方便特征的提取，并且细化后的目标图像信息量比原图像的信息量少得多，提高了处理信息的速度。但需要注意，图像细化经常会使图像产生变形，从而增加对目标图像识别的难度，而且图像细化本身也占用了很多时间。

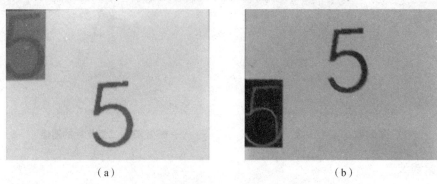

（a）   （b）

图 2.45　数字图像"5"的细化效果对比

（a）细化前的数字图像；（b）细化后的数字图像

细化的基本要求如下：

1）细化后的目标图像要保持原有笔划的连续性，不能有断点；

2）要细化为单线，即笔划宽度仅有一个 bit 位；

3）细化后的骨架位置应保持在原来笔划的中心线上；

4）要保持原有目标图像的特征，尤其是一些比较明显的拐角不应被细化掉。

假设像素 p 的 3×3 邻域结构如图 2.46 所示。

x_4	x_3	x_2
x_5	p	x_1
x_6	x_7	x_8

图 2.46　3×3 邻域结构

Hilditch 细化算法的步骤如下。

图像一个迭代周期为从左向右、从上向下迭代每个像素点。在每次迭代周期中，如果每个像素 p 在同一时间满足六个条件，就标记这个像素 p。如果当前迭代周期结束，就将全部标记的像素的值置为背景值。假如在某一次迭代周期中没有标记点，则算法结束。假设背景值为 0，前景值为 1，则六个条件如下。

1）p 为 1，即 p 不是背景。

2）x_1、x_3、x_5、x_7 不全部为 1。

3）$x_1 \sim x_8$ 中，至少有两个为 1（若只有一个为 1，则是线段的端点；若没有为 1 的，则为孤立点）。

4）p 的 8 连通联结数为 1。

联结数指在像素 p 的 3×3 邻域中，和 p 连接的图形分量的个数，如图 2.47 所示。

图 2.47　连通联结数示意图

图 2.47(a)中，p 的 4 连通联结数是 2，8 连通联结数是 1，而图 2.47(b)中，p 的 4 连通联结数和 8 连通联结数都是 2。

4 连通联结数计算公式是：

$$N_C^4(p) = \sum_{i=1}^{4} (x_{2i-1} - x_{2i-1} x_{2i} x_{2i+1}) \tag{2.12}$$

8 连通联结数计算公式是：

$$N_C^8(p) = \sum_{i=1}^{4} (\bar{x}_{2i-1} - \bar{x}_{2i-1} \bar{x}_{2i} \bar{x}_{2i+1}) \tag{2.13}$$

其中：

$$\bar{x} = 1 - x \tag{2.14}$$

5) 假设 x_3 已经标记删除，那么当 x_3 为 0 时，p 的 8 连通联结数为 1。

6) 假设 x_5 已经标记删除，那么当 x_5 为 0 时，p 的 8 连通联结数为 1。

4. 图像补全

经过字符的截断及细化的图像可能导致图像的变形，当映射到网格上时会出现某一行或某一列出现空白。为了避免这种情况的产生，防止宝物的误识别，将截断后的字符的长宽都拓展到相同的长度，并且使它的长度为映射网格长度的整数倍，以保证字符能成比例地、不变形地缩放到网格中，而且保留字符的基本特征。补全后的数字图像如图 2.48 所示。

图 2.48　补全后的数字图像

5. 图像网格映射

将处理后的图像映射到网格中，为后面的字模匹配做准备。映射的准则就是缩放原始图片，当属于字符的点周围都是字符的点时，则把这些点归为一点，否则该点保留。按缩放的比例继续扫描下面的点，直到整幅图像处理完毕为止。最后网格中的内容就是处理好的图片数据。网格映射后的图像如图 2.49 所示。

图 2.49　网格映射后的图像

6. 数字匹配：综合识别和实验结果

基于统计的模式识别方法是根据系统已有的统计信息，在当前的实例情况下，取概率最大的一个模式。这里的模式是阿拉伯数字。如果设当前的实例为 E，阿拉伯数字为 N，则我们要求的是对所有的 E，条件概率值 $P(N \mid E)$ 最大的一个 N，即：

$$识别结果 = \mathrm{argmax}P(N \mid E) = \mathrm{argmax}\frac{P(E \mid N)P(N)}{P(E)} \tag{2.15}$$

对上式的右端进行化简处理，并假设所有阿拉伯数字出现的概率是相等的，则有：

$$识别结果 = \mathrm{argmax}P(N \mid E) \tag{2.16}$$

对于识别图像 E，是数字 N 的最大概率。当然，对整个图像求概率得到的结果是非常小的，而且求解过程比较困难，我们可以对整个图像进行区域划分，进行粒度计算得出在每个区域中对应的数字出现的概率，并将这些概率值进行平滑处理或放大处理，然后把这些概率值相乘，最后取条件概率最大的一个数字，就是阿拉伯数字的识别结果。具体步骤如下：

1）将 0～9 的各个对应网格数据作为一个判定的标准；

2）对输入的数字进行 10×10 数组的赋值；

3）将这个 10×10 数组中的数值分别和 0～9 标准数据进行比较，取出相似度最大的一个数作为识别的数字，并输出结果。

单字的识别：应用上面的识别方法对单字进行识别，分析方法的效果。把数字摄像头采集回来的数据与自己建的标准库一一进行比较观察。总共选取 1 000 个数字，各个数字的分布情况如表 2.4 所示。

表 2.4　选取数字的分布情况

数字	0	1	2	3	4	5	6	7	8	9	总数
个数	94	104	99	98	109	88	106	107	85	110	1 000

单字的识别结果如表 2.5 所示。

表 2.5　单字的识别结果

数字 0～9	识别数	误识数	准确性
0	87	7	92.55%
1	96	8	92.31%
2	93	6	93.94%
3	91	7	92.86%
4	97	12	88.99%

续表

数字0~9	识别数	误识数	准确性
5	78	10	88.63%
6	97	9	91.51%
7	104	3	97.19%
8	80	5	94.12%
9	103	7	93.64%

2.7.4　机器人现场调试

机器人识别路径如图 2.50 所示。线性 CCD 采集回来的信号送入微控制器，通过差速调节算法来调整姿态。

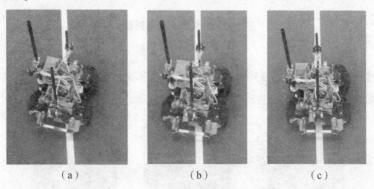

图 2.50　机器人识别路径
(a)机器人往右偏离白色赛道；(b)机器人在往左调整；(c)机器人调整到正常姿态

机器人转弯如图 2.51 所示。由传感器检测到信号并返回给微控制器，微控制器判断前方有路口，如图 2.51(a)所示；随后控制机器人左右轮差速来使机器人向左偏转，如图 2.51(b)所示；最终机器人偏转至正常姿态，如图 2.51(c)所示。

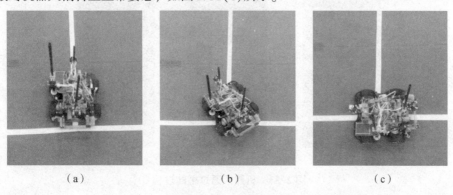

图 2.51　机器人转弯

机器人判断路障如图 2.52 所示。机器人利用红外避障传感器进行路障的识别，如果前方没有路障，如图 2.52(a)所示，红外避障传感器输出高电平，表示此处没有路障，机器人可以通过；如果前方有路障，如图 2.52(b)所示，红外避障传感器输出低电平，表示此处设有路障，机器人返回，选择其他路径进行识别。

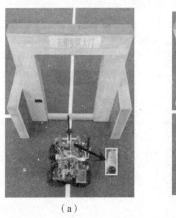

（a）　　　　　　　　　　　　（b）

图 2.52　机器人判断路障

(a)没有路障；(b)有路障

机器人通过桥的过程如图 2.53 所示。机器人利用颜色传感器识别桥两边的红色，通过反馈回来的数据调整左右电动机的转速，从而顺利地通过桥体。

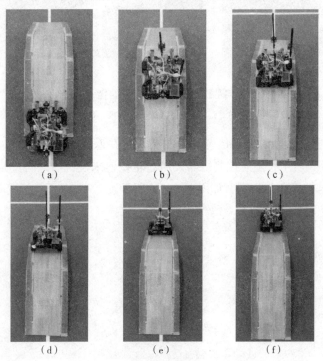

（a）　　　　　　　（b）　　　　　　　（c）

（d）　　　　　　　（e）　　　　　　　（f）

图 2.53　机器人通过桥的过程

图 2.54 为"珠峰"结构示意图，它由平台和坡道两部分组成。坡道与平台表面为绿色地毯，坡道上有白色引导线。平台：550 mm × 550 mm 方形区域，高 800 mm，如图 2.54(a)所示。坡道：高 800 mm，宽 300 mm，长 2 200 mm，为二段坡道，如图 2.54(b)所示。

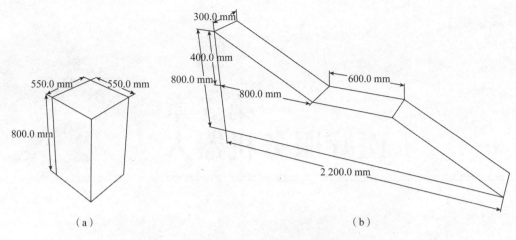

图 2.54 "珠峰"结构示意图

(a)平台；(b)坡道

图 2.55 为机器人攀爬"珠峰"的过程。机器人通过陀螺仪模块对坡度进行识别，根据陀螺仪输出不同的模拟值，微控制器对数据进行处理控制电动机转速，实现机器人爬坡的功能。

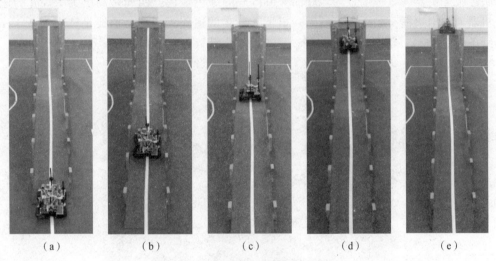

图 2.55 机器人攀爬"珠峰"的过程

宝物的识别是通过数字摄像头 OV7670 实现的，通过对采集的图像数据进行二值化、滤波去噪和图像细化等预处理，然后利用统计的方法进行数据的比较，输出结果。如果宝物识别正确，指示灯亮 5 s 后熄灭，蜂鸣器响 3 s 后静止，表示宝物识别成功。如果宝物识别失败，机器人再次进入宝物识别状态，重新对宝物进行识别。机器人对宝物进行识别如图 2.56 所示。

图 2.56 机器人对宝物进行识别

第3章
医疗服务机器人

3.1 医疗服务机器人竞赛项目简介

医疗服务机器人竞赛场景为 400 cm×300 cm 的绿色地毯，四周是高度为 15 cm 的边框，防止机器人走出边框，如图 3.1 所示。机器人行走的道路为白线，白线是宽度为 2.4 cm 的亚光纸条(双面胶)。部分地段无白线，可借助指南针等传感器导航。

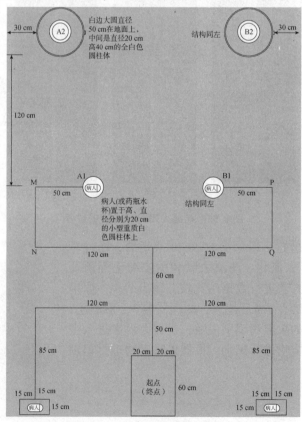

图3.1 竞赛场景示意图

竞赛场景具体介绍如下。

1）病人为白色轻质圆柱体，直径为 6 cm，高度为 10 cm，平放。

2）杯子（药瓶）为白色轻质圆柱体，直径为 6 cm，高度为 10 cm，竖放。

3）甲、乙病床：长 30 cm，宽 15 cm，床面离地面 15 cm，被撞击面有白色挡板，机器人撞击能明显看到挡板晃动（或指示灯亮）。

4）为了避免机器人铲起或抱起病人时病人滚动，可在病人的一侧放置挡板（也可不用挡板）。

5）A1、B1 处为直径 20 cm 的白色圆区域，其上放置高度为 20 cm、直径为 20 cm 的重质全白色圆柱体，病人（或药瓶、水杯）置于圆柱体上。

6）A2、B2 处地面为直径 50 cm 的白色圆环线（白线宽 2.4 cm），圆的中心为直径 20 cm 的白色圆，中心放置高度为 40 cm、直径为 20 cm 的重质全白色圆柱体。病人、杯子（药瓶）必需放在此圆柱体顶部的中心区域内，离中心越近得分越高。

7）起点区（亦为终点区）长 60 cm，宽 40 cm。出发时机器人任何部位投影不得超越边框。

3.2 医疗服务机器人竞赛项目目标

比赛时，机器人需要自主完成所有动作，不能被遥控。需要完成的动作如下。

1）机器人查病房。机器人从起点出发，沿白线查甲床、乙床两病床上的病人。只需与病床前的挡板轻接触，能明显看出挡板晃动（或指示灯亮），即可认为查房成功。

2）机器人转移病人。用铲或抱的方法（不能拖和粘），将 A1 处平躺的病人转移到 A2 处、将 B1 处平躺的病人转移到 B2 处。

3）机器人为病人端茶水（亦可象征为帮病人取药瓶）。机器人必须模拟人手动作竖拿杯子（药瓶）（不能拖和粘），将 A1 处竖放的杯子（药瓶）端到 A2 处、将 B1 处竖放的杯子（药瓶）端到 B2 处。

2）、3）两项任选一项完成，多选不多得分，此两项说明如下。

整个过程中病人必须水平躺着，杯子（药瓶）必须竖直。病人、杯子（药瓶）初始被放置在高度为 20 cm 的平台上，最终要被转移到高度为 40 cm 的平台上。若机器人没有升高的功能，可以完成如下动作得分，但得分酌情减少：在地面上将病人、杯子（药瓶）从 A1 移至A2、从 B1 移至 B2（不可拖和粘），A1、B1 处可以垫放高 2 cm 的薄板。病人、杯子（药瓶）最终放置的位置精度不同则得分不同。一段路程无白线引导，可借助指南针等传感器导航。

3.3 医疗服务机器人的工作原理

医疗服务机器人的工作原理如下。

1）医疗服务机器人的巡线功能：通过机器人底部的灰度传感器接收反馈信号，经过控制器处理后，向电动机驱动模块发出命令来实现。机器人安装了两个红外避障传感器，只要机器人前方有障碍，第一个红外避障传感器接收到信号，则会使机器人减速；第二个红外避障传感器接收到障碍信号，就会让机器人停止，机器人就可以实现防撞功能。

2）医疗服务机器人的机械手抓取物品：本项目为医疗服务机器人安装了机械手，机械手由舵机控制，能够实现张开与闭合，也就实现了抓取物品的功能。

3）医疗服务机器人机械手高度的调节：该机器人能够抓取高度不一样的物体，需要机械手能够调整自身的高度。本项目通过安装在机器人支架上的舵机的转动，牵引皮带带动机械手上下运动。

3.4 医疗服务机器人的总体方案设计

3.4.1 总体方案设计

在平日的日常生活中，老年人经常碰到一些生活上的问题，如无法提起较重的物品、无法拿取在较高位置的物品，这些都可由医疗服务机器人完成。

本项目设计的医疗服务机器人的控制核心是单片机，通过灰度传感器实现巡线前进，通过红外避障传感器实现防撞功能。该机器人还可以根据要求，按照特定的路线前进到达目的地，然后抓取物品并返回。其机械手能够通过舵机进行上下调节，并且能够抓取大小不一的物品。医疗服务机器人设计框图如图3.2所示，医疗服务机器人结构如图3.3所示。

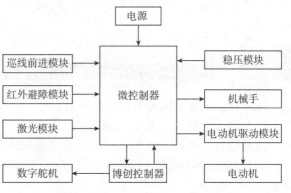

图 3.2 医疗服务机器人设计框图

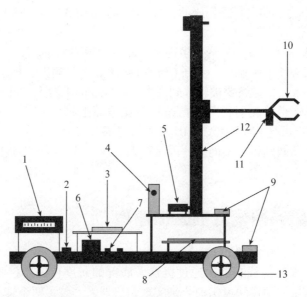

1—控制器；2—稳压电路；3—飞思卡尔单片机；4—激光传感器；5—机械手舵机；6—机器人电源；7—复位开关；
8—电动机驱动电路；9—红外避障传感器；10—机械手；11—机械手驱动舵机；12—牵引皮带；13—电动机车轮。

图 3.3 医疗服务机器人结构

3.4.2 部件选型

1. 微控制器的选择

本项目的医疗服务机器人采用的是飞思卡尔的 MC9S12XS128 单片机。该单片机是一种强化版的 16 位单片机，可运行在 40 MHz 总线频率上，在汽车电子、工业控制、中高档电器等领域有着广泛的应用。

2. 巡线传感器的选择

路径巡线检测传感器可以有很多种选择，如视觉传感器、光电传感器等。但考虑到成本和信号处理的复杂度，本项目选用 RPR220 反射式灰度传感器。该灰度传感器的响应速度快，工作频率高，可以满足本项目的相应要求。RPR220 传感器是一种反射型的光电探测器，发射器是一个红外发光二极管，而接收器是一个光电晶体管。其对周围的环境光线干扰小，灵敏度比较高。

3. 电动机驱动电路的选择

由于本项目中的医疗服务机器人对速度要求并不高，但对扭矩要求较高，因此选用低转速、高扭矩的 RS-380SH 型直流电动机，其额定电压为 7.2 V，最大功率能够达到 26.5 W，选择 L298 作为电动机驱动的芯片。

4. 机器人机械手

本项目中的医疗服务机器人通过机械手实现的物品的抓取，保证其在运送途中不掉下。手爪重 70 g，最大张角宽度 56 mm，整体长度为 110 mm，宽度为 100 mm，可以达到项目的要求。

5. 避障传感器

红外避障模块结构简单，安装也比较便捷，只需将红外避障传感器安装在机器人前方的固定位置即可。红外避障传感器体积较小，安装便捷，且反应灵敏，安全距离可以调节，完全可以达到本项目的设计要求。

3.5 医疗服务机器人的硬件设计

医疗服务机器人的硬件设计部分包括：红外巡线电路设计、激光测距电路设计、电动机驱动电路设计、机械手的设计、红外避障电路的设计。

3.5.1 红外巡线电路设计

行进过程中机器人的底部 LED 点亮，光线照到地上。当遇见白线时，白线将所有的光反射回机器人；而当遇见绿色地面时，绿色地面将所有的光吸收。机器人根据接收到光线的位置判断是否在线路中间。

在此模块中，机器人通过传感器接收到的是模拟量，单片机处理起来比较复杂，所以增加了比较器进行比较。

红外巡线电路采用的是五路循迹，如图 3.4 所示。

本项目设计的红外巡线电路有效距离只有 0.8 cm，在光照较强的环境下存在一定的影响。如果需要更加稳定，则必须对红外光进行一定的调制，也就是对光线进行调制和解调。另外，可以对调制方式进行优化。

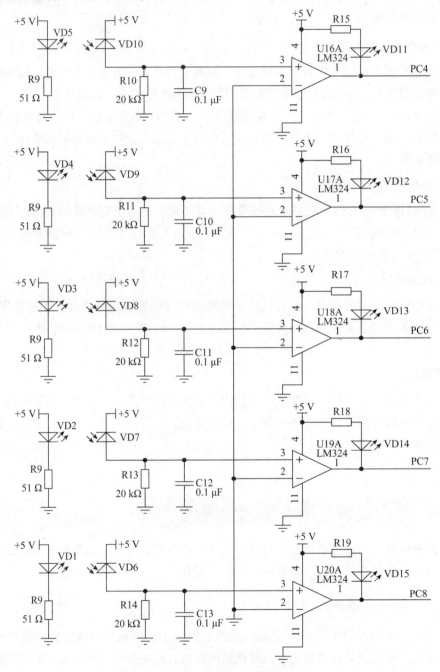

图 3.4　红外巡线电路

3.5.2 激光测距电路设计

为了实现激光测距功能，在进行设计时，分别比较了超声波传感器、红外传感器、激光传感器的效果：超声波传感器检测的范围是一个锥面，没有方向性，无法根据接收到的信号确定障碍物的具体位置；红外传感器受环境干扰的影响较大，无法识别黑色的障碍物而且检测距离有限；激光传感器有良好的方向性和光照强度，检测距离大，受到环境的干扰较小。综合各种传感器的优缺点和设计的需求，在机器人的两侧各安装了一个激光传感器，探测到两侧有转弯路线后，将信号传输给单片机，经过单片机处理后，实行转弯。激光管发射、接收电路如图 3.5 所示。

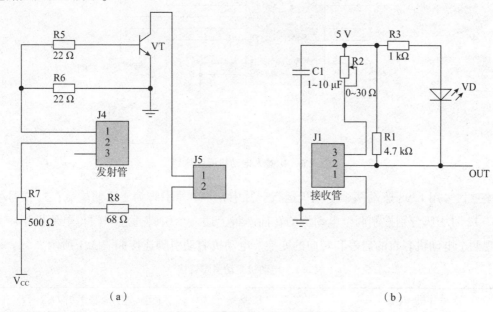

图 3.5 激光管发射、接收电路

(a)发射电路；(b)接收电路

3.5.3 电动机驱动电路设计

1. 电动机驱动芯片的介绍

本项目采用 L298 驱动芯片，该芯片最大工作电流可以达到 2.5 A，该电路具有信号指示，可调转速，有过压过流保护，外界对其影响小，PWM 脉宽调速平滑，可以控制电动机正反转。

L298 内部有两个 H 桥电路，接入的是标准的 TTL 逻辑信号 V_{ss}，可接 4.5 ~ 7 V 的电压。4 号引脚接电源电压，电压最小为 2.5 V，最大为 46 V。输出的电流最高可以达到 2.5 A，这样才能够驱动负载。1 号引脚和 15 号引脚下管的发射极是单独引出的方便介入采样电流的电阻，从而形成电流传感信号。

2. 电动机驱动电路的设计

机器人电动机驱动电路如图 3.6 所示。

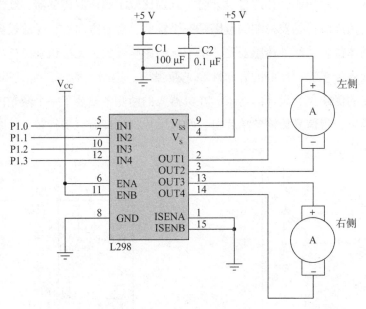

图 3.6　机器人电动机驱动电路

本项目采用 L298 驱动两个电动机运行，其中 6、11 号引脚为 2 个使能端；5、7 号引脚和 10、12 号引脚分别控制两个电动机的转向。将上述六个引脚通过非门与单片机相连，便可实现两个电动机各自的启停和转向的变换。电动机驱动引脚连接如表 3.1 所示。

表 3.1　电动机驱动引脚连接

单片机	L298	功能
P1.0	5	控制左轮转向
P1.1	7	
P1.2	12	控制右轮转向
P1.3	10	

3.5.4　机械手的设计

1. 控制器的介绍

为了便于对机械手的控制，选用了博创控制器。该控制器选用 Cortex-M3 作为核心处理器，有 1 路 RS232 串行接口，12 路 I/O 输出接口，16 路 I/O 输入接口，16 路 12 位精度的 ADC 接口，4 路频率可调、占空比单独可调的 PWM 信号输出接口，8 路 R/C 模拟舵机接口，3 个支持级联的 CDS 系列数字舵机接口和 1 个蓝牙无线传输模块，处理器频率为 72 MHz。机械手部分主要用到了该控制器的 PWM 部分。博创控制器实物图如图 3.7 所示。

正面

背面

1—控制板总线接口；2—4 路电动机接口；3—12 路 PWM 舵机控制；4—16 路 I/O 输入接口。

图 3.7 博创控制器实物图

2. 机械手电路的设计

机械手的张开和闭合使用到了模拟舵机 MG995。舵机齿轮一般采用塑料，而 MG995 舵机齿轮则使用的是全金属结构，所以其耐用性很高。MG995 舵机在无负载的情况下，其速度是 0.17 s/$60°$（4.8 V）。工作扭矩是 127.4 N·m，工作电压是 $3.0 \sim 7.2$ V。

机械手的上下运动采用数字舵机 CDS5500 通过皮带传动实现。CDS5500 舵机由电动机、接口和控制芯片组成。这款舵机特点主要有：扭矩可达到 156.8 N·m，转速最高能够达到 0.16 s/$60°$，电压范围较宽（DC $6.6 \sim 10$ V）。此款舵机可设置成两种模式：位置伺服控制模式，此模式下的转动范围为 $0 \sim 300°$；也可以设置成开环调速模式，该模式下一整周旋转。机械手设计框图如图 3.8 所示。

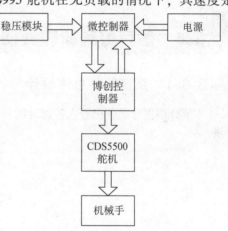

图 3.8 机械手设计框图

3.5.5 红外避障电路的设计

红外避障电路的工作原理：红外避障模块前端拥有一个红外发射管和一个红外接收管。模块通电后红外发射管向前方不断发射一定频率的红外线，红外线遇到前方障碍物时，返回被接收管接收，此时输出端输出低电平；如前方无障碍物，射线未被反射，则输出端输出高电平。

机器人上安装了红外避障发射接收头，当遇到障碍时，前一个红外接收头接收到返回的红外信号，机器人则会立刻减速前进，当另外一个红外传感器再次检测到障碍，则会停止前进。红外避障电路如图 3.9 所示。

通过 LM567 的 5 号引脚输出的方波信号点亮 VD1、VD3。光敏二极管 VD2 就能够接受反射光，信号调制放大后，输入 3 号引脚，经 LM567 内部的电压比较，输出高低电平。电阻 R1 是可调电阻，电路灵敏度可以通过调节电阻 R1 来实现。

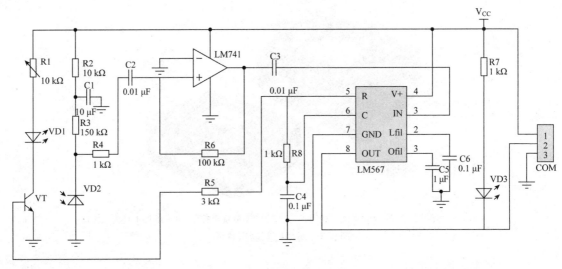

图 3.9　红外避障电路

3.6　医疗服务机器人的软件设计

3.6.1　系统软件总体设计

本节介绍医疗服务机器人各部分的软件设计。医疗服务机器人软件设计流程如图 3.10 所示。

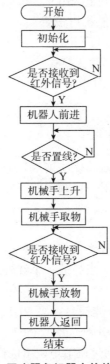

图 3.10　医疗服务机器人软件设计流程

根据比赛规则，进行程序设计：将医疗服务机器人放置在起始位置，打开开关，程序将初始化，该机器人会前进；当机器人底部的灰度传感器检测不到信号时，机器人就会停止，机械手会上升，取物；感应到取好物体，接着会继续运行，当机器人底部的灰度传感器检测到转弯信号时，就会转弯继续前行；当红外避障检测到障碍时就会停止，紧接着机械手会将物体松开，机器人返回，结束运行。

3.6.2 巡线软件设计

红外巡线电路的引脚主要有五个状态输出引脚和两个电源引脚。

红外巡线流程如图 3.11 所示。机器人在绿色地毯上巡白色线前进，当集成红外发射接收管压到白线上时，红外接收管就会将接收到的信号输出。此时，有九种输出状态，当输出状态为 10000 时，向左拐；当输出状态为 11000 时，向左拐；当输出状态为 01000 时，向左拐；当输出状态为 01100 时，向左拐；当输出状态为 00100 时，直行；当输出状态为 00110时，向右拐；当输出状态为 00010 时，向右拐；当输出状态为 00011 时，向右拐；当输出状态为 00001 时，向右拐。

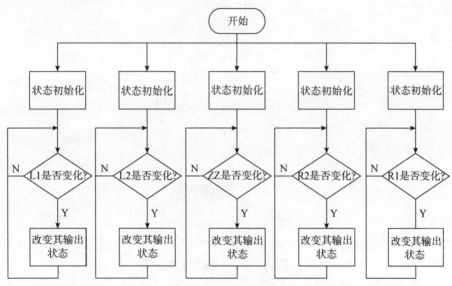

图 3.11 红外巡线流程

3.6.3 机械手功能软件设计

利用博创控制器来控制 MG995 舵机。由于控制器对函数进行了封装，因此在使用过程中，只需要调用函数即可完成对舵机的控制，进而实现机械手的动作。机械手流程如图3.12 所示。

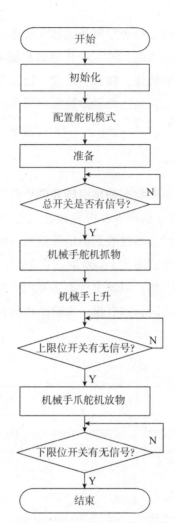

图 3.12　机械手流程

1. 机械手的张合

机械手的张开与闭合是靠模拟舵机 MG995 来控制的。MG995 是凭借控制 PWM 波来实现角度转换的，角度大小和 PWM 波的占空比大小成线性关系。代码如下：

```
while((! QBZ1)&&(! QBZ2))huanch(1，65，6); //取水寻线段9
    while((QBZ1)&&(! QBZ2))huanch(1，55，8); //取水减速
    stop(); delayms(50);
    dj=0; //取水开关
    delayms(500);
while((! QBZ1)&&(! QBZ2)){SetMoto(0，70); SetMoto(1，70);} //放水1
    while((QBZ1)&&(! QBZ2)){SetMoto(0，50); SetMoto(1，47);} //放水1
    stop(); delayms(50);
    dj=1; //放水开关
    delayms(800);
```

2. 机械手的高低调节

机械手的高低调节是通过舵机控制皮带来完成的。代码如下:

```
SetMoto(0, -70); SetMoto(1, -70); delayms(40);  //后退
    while(! bh7){SetMoto(0, -70); SetMoto(1, -70);}  //后退
    while(bh7){SetMoto(0, -70); SetMoto(1, -70);}  //后退
delayms(15);
    while(! bq3){SetMoto(0, 60); SetMoto(1, -70);}  //右转
    while(! bq7)huanch(1, 85, 1);          //前进到路口8
    while(bq7){SetMoto(0, 85); SetMoto(1, 85);}  //过路口8
    while((! QBZ1)&&(! QBZ2))huanch(1, 65, 6);  //取水寻线段10
    while((QBZ1)&&(! QBZ2))huanch(1, 55, 8);  //取水减速
    stop(); delayms(40);
dj=0;      //取水开关
delayms(650);
    while(! bq7)huanch(0, 75, 6); //delayms(3);      //后退过路口8
    while(! bzn)huanch(0, 50, 9);          //后退到d3处
    stop(); delayms(10); //在d3处停止
    while(bzn){SetMoto(0, -55); SetMoto(1, 55);}  //左转
    while(cel){SetMoto(0, -55); SetMoto(1, 55);}  //左转
    stop(); delayms(10);
    while((! QBZ1)&&(! QBZ2)){SetMoto(0, 70); SetMoto(1, 70);}  //放水2
    while((QBZ1)&&(! QBZ2)){SetMoto(0, 50); SetMoto(1, 47);}  //放水2
    stop(); delayms(50);
dj=1;      //放水开关
delayms(800);
```

以上这段代码是取物放物的整个过程，主要功能是机械手上升取物，碰到限位开关，使舵机停止，这时机械手上升过程也随之结束。

3.7 医疗服务机器人的调试

对医疗服务机器人的调试是对机器人的软、硬件进行调试。通过调试的结果对机器人进行改进、完善。医疗服务机器人实物图如图3.13所示。医疗服务机器人场景示意图如图3.14所示。

图 3.13　医疗服务机器人实物图

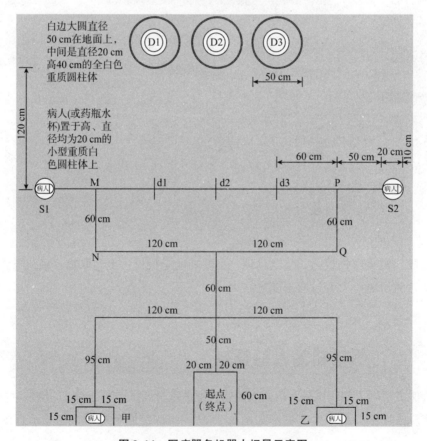

白边大圆直径 50 cm在地面上，中间是直径20 cm 高40 cm的全白色重质圆柱体

病人(或药瓶水杯)置于高、直径均为20 cm的小型重质白色圆柱体上

图 3.14　医疗服务机器人场景示意图

场景概况如下。

1）场地为 400 cm×400 cm 绿色地毯。白线是粗糙的白色纸带。

2）杯子也是白色纸制的圆柱体，直径 6 cm，高 10 cm，一端开口，竖放。

3）甲、乙病床：长 30 cm，宽 15 cm，床面离地面 15 cm，被撞击的一面有白色挡板，当机器人撞击时，可以看到挡板晃动。

4）S1、S2 是直径 20 cm 的白色圆形区域，需要放高 20 cm、直径 20 cm 的白色纸制的圆柱体，杯子放在圆柱体上。

5）D1、D2、D3 是直径 50 cm 的白色圆环线，圆环中心是直径 20 cm 的白色圆，分别放高 40 cm、直径 20 cm 的白色纸制圆柱体，拿取的杯子需放在此圆柱中心位置。

6）M、d1、d2、d3、P 分别相距 60 cm。d1 与 D1 相连、d2 与 D2 相连、d3 与 D3 相连，连线都与 MP 垂直。d1、d2、d3 都贴有 10 cm 的白线，与 MP 垂直。

7）起点是长 60 cm、宽 40 cm 的矩形。机器人的投影不能超出该矩形。

3.7.1 系统总体硬件调试

先按照各个电路图对各个电路进行检查，特别是接线问题，如果没有发现问题，就进行通电测试，可以借助电压表、示波器等工具。所以，可以将整个机器人分开调试，这样既方便又有条理。

3.7.2 巡线电路的调试

对巡线电路的调试其实就是对电动机驱动电路的调试，首先检查输入信号是否准确；输入信号就是灰度传感器的检测信号，若灰度传感器检测到地上的白线，则输出高电平；若检测不到，则输出低电平。通过设置电位器，控制灰度传感器的灵敏度，将高电平保持在 5 V，低电平保持在 0.5 V。将传感器分别放置在绿色场地和白线上检测，直到达到预期要求。机器人起始位置如图 3.15 所示。

对机器人巡线前进功能进行调试，需保证三组中间的灰度传感器同时检测到白线。当出现偏差时，就得改变两侧速度，让它自动调整到沿直线前行，偏差越大，两端的电压差就越大。机器人巡线前进如图 3.16 所示。

图 3.15　机器人起始位置

图 3.16　机器人巡线前进

对机器人巡线拐弯功能进行调试，需控制拐弯的程度，拐弯力度大了或者小了，机器人都到不了准确的位置，会导致接下来机器人不能正常巡线前行。机器人开始拐弯如图 3.17 所示，机器人拐弯完成如图 3.18 所示。

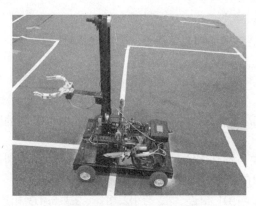 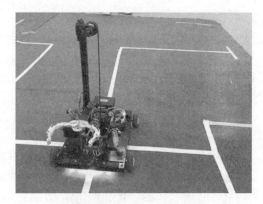

图 3.17　机器人开始拐弯　　　　　　　　图 3.18　机器人拐弯完成

　　机器人查房的整个过程：机器人红外避障头检测到前方的病房，开始减速，撞到房间表示已经查完病房，机器人停止。查完病房后，机器人倒退，当红外避障头检测不到病房时，机器人掉头继续前行。机器人查房开始如图 3.19 所示，机器人正在查房如图 3.20 所示，机器人查房结束如图 3.21 所示。

图 3.19　机器人查房开始

图 3.20　机器人正在查房　　　　　　　　图 3.21　机器人查房结束

3.7.3　机械手的调试

　　机械手的调试即对实物进行的操作情况进行调试，根据实际操作效果，选择最适合的一组数据作为最终方案。机械手取物的调试，主要是调试机械手的抓取幅度，控制舵机，找到一个适合的角度，进行多次的抓取实验。角度过小则机械手抓不住，角度过大则物品会变形，根据所需抓取物品的硬度与质量，规定抓取的物品是饮料瓶，最终将角度调整为12°，可以顺利完成抓取。机械手准备取物如图3.22所示。

图 3.22 机械手准备取物

当机器人到达物品指定放置的位置时，机器人开始减速，机械手快速上升，升到要求的高度停止。机械手上升的高度预先根据要求，通过调节限位开关设定。机械手初始位置如图3.23所示，机械手最终位置如图3.24所示。

图 3.23 机械手初始位置

图 3.24 机械手最终位置

机械手上升到预期的位置前，还是会向前移动的，二者同时进行。当机器人停止前进时，机械手也到达指定高度，所以前者所需时间必定要大于后者，不然机械手就会碰到放置的物品，经过多次的测试调整，最终将1号数字舵机速度设为600。机器人寻找物品放置位置如图3.25所示，机器人找到放置物品高台如图3.26所示，机器人成功放下物品如图3.27所示，机器人返回终点如图3.28所示。

图 3.25 机器人寻找物品放置位置

图 3.26 机器人找到放置物品高台

图 3.27　机器人成功放下物品

图 3.28　机器人返回终点

第4章
骨科手术机器人

4.1 骨科手术机器人竞赛项目简介

骨科手术在辐射环境下进行，医生在手术时极其需要机器人的辅助；同时，脊柱等骨头周边往往布满神经中枢，医生任何一个意外的手指抖动都可能带来巨大风险或严重后果。骨科手术机器人操作的精确性、稳定性超过经验丰富的骨外科医生，已经得到医疗界的认可。因此，骨科手术机器人是当前机器人研究的热点。例如，骨科手术机器人在术前对患者的影像资料如 X 光片、CT、核磁共振等影像进行叠加分析计算，可使手术定位更精准；医生利用手术导航系统制订手术路径，术中根据 C 型臂 X 线机影像调整骨科手术机器人钻头等末端器械的位置和力量，可精确完成打孔等手术动作。

4.2 骨科手术机器人竞赛项目目标

本项目要求参赛队自主设计制作机器人，在组委会提供的模拟折断的骨头上，精确地在指定位置钻三个孔。以手术精准度(看孔直径)、手术熟练程度(看时间)，结合选手现场编程能力，评定参赛队总得分。

模拟折骨上的三个孔是预先由组委会钻好的，位置随机，间距随机。比赛时，机器人机械手上的钻头须依次精准定位到三个孔，并分别完成钻孔动作。钻头上下移动时必须转 4 s以上，且必须边转边上下；钻头水平移动时不能转；整个过程中钻头不能碰到模拟折骨，否则不得分。具体实施细则如下。

1)模拟折骨用一块厚 3 mm 的硬塑料板制成(也可选用现场提供的仿真骨头)，塑料板长200 mm(±10 mm)，宽 40 mm(±10 mm)，不固定在手术台上，以便辨别钻头是否碰到孔使板晃动。手术台自带，用木板等模拟，木板大小不限，塑料板下可垫小块自带材料使钻头能钻进 10 mm 深和上升到塑料板上方 10 mm 以上。

2)为了便于评委看清，机器人机械手上装的钻头直径不得小于 0.8 mm。

3) 模拟折骨上有三个孔，直径相等，均为 2 mm 供选手使用。

本项目研究重点是骨科手术医生主控台与骨科手术台旁系统的精准配合，以及工作时针对骨头的不同部分智能采用不同的钻速、力量进行工作等。

4.3 骨科手术机器人的工作原理

本项目是模拟骨科定位手术进行定点打孔，其主体为三维移动平台(可上下、左右、前后移动)。本项目设计的骨科手术机器人主要由机械结构、传感器部分、下位机、上位机等组成。上位机 LabVIEW 完成复杂的计算，下位机 Arduino 处理接收的信号。骨科手术机器人通过电阻压力传感器测量电钻下钻的力度，传感器将采集到的数据传送给控制器，然后控制器接收并解析指令代码，驱动电动机运行，完成相应的动作。在手术室中，骨科手术机器人身上的摄像头进行实时监测，并同步传送到远程手术中心，也就是 PC 端的上位机，操作者通过上位机 LabVIEW 的前面板对手术进行操作，并进行精准定位手术。此骨科手术机器人可以远程操控，解决特殊情况下的手术决策问题，提高手术质量。

4.4 骨科手术机器人的总体方案设计

4.4.1 骨科手术机器人系统方案选型和设计

根据比赛要求，所需要完成的任务如下：

1) 手动进行对三维平台的操作，使钻头精准地下钻到小孔中，精度定为 1 mm；

2) 自动识别，自动定位并进行下钻；

3) 图像处理与观测现场的画面切换设置。

骨科手术机器人系统方案设计框图如图 4.1 所示。

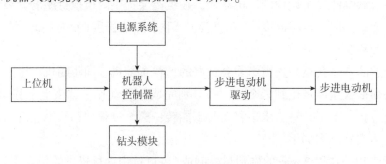

图 4.1　骨科手术机器人系统方案设计框图

由于骨科手术机器人需要经过多重审核、多重测试才能进行使用，因此在安全方面是十分有保障的。骨科手术机器人的产生也加速了医疗行业的发展。由骨科手术机器人总体方案的设计可知，需要以 LabVIEW 为核心进行设计，并不断调试。

4.4.2 控制器选型和设计

本项目机器人上位机采用的是LabVIEW软件，下位机采用Arduino单片机，结合传感器控制三维平台完成一系列动作(左右移动，前后移动，上下移动即钻孔运动)。由于机器人的速度需要由PWM波控制，机器人与上位机的通信需要设置通信协议，压力传感器采集到的数据需要让机器人做出快速反应，因此采用Arduino单片机作为下位机。本项目要求远程操控，采用LabVIEW编程能更加简易直观，能实现满足骨科手术机器人的控制要求。压力传感器主要完成钻头转速的控制，转速的大小通过液晶显示屏显示。

1. 上位机选型与设计

LabVIEW内部具有大量成熟的库，其分析库具有强大的功能、宽广的应用范围，包括概率与统计、微积分、控制和仿真、信号分析、几何等，还有一些特别的功能，如声波分析、视觉与运动、生成报表等，因此功能丰富多样，并且其中的许多案例都可以作为参考，为设计者提供设计思路。本项目的机器人需要做的就是熟悉这些模块并熟练运用，从而达成所需要的设计结果。LabVIEW具有探针功能，其能实时观察运行时每一步所产生的数据，从而能够让工程师们快速分析整个软件编程的问题所在，进而解决问题。并且，LabVIEW采取与实物十分相似的控件作为操作平台，与灵活强大的编程逻辑相结合，能达到意想不到的效果。除此以外，LabVIEW开发速度快并且拥有一个非常直观的前面板，用于显示所需要的数据或者图像。

相对来说，Java语言所需要编写的代码很多，如果中途某个关键点出了程序错误，则需要花费大功夫来修正。由此可知，LabVIEW非常适用于作本项目的上位机。

2. 下位机选型与设计

本项目下位机选择的是Arduino Mega 2560芯片，如图4.2所示。它具有十分便捷的编程平台，丰富的接口，便捷的IO控制，支持基础的SPI、IIC、UART等通信接口，是单片机使用者的首选之一。Arduino具有丰富的功能函数库，对编程者来说容易掌握。Arduino是一款开源平台，论坛学习资料丰富，开发难度低。另外，Arduino平台标准化程度很高，拓展方便，提供了很多外设选择，在模块化编程盛行的今天，这一优点格外显眼。

图4.2 Arduino Mega 2560芯片

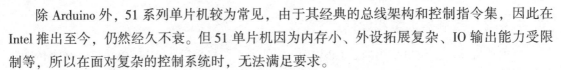

除 Arduino 外，51 系列单片机较为常见，由于其经典的总线架构和控制指令集，因此在 Intel 推出至今，仍然经久不衰。但 51 单片机因为内存小、外设拓展复杂、IO 输出能力受限制等，所以在面对复杂的控制系统时，无法满足要求。

综上所述，本项目下位机选择 Arduino 较为合适。

3. 驱动芯片选型和设计

本项目选择用驱动芯片 A4988 驱动电动机正反转，从而进行钻孔行为，该芯片如图 4.3 所示。

图 4.3 A4988 芯片

图 4.4 是 A4988 芯片的内部结构。A4988 内置驱动程序，所以我们仅需通过芯片外部的两个 I/O 端口即可实现电动机的方向和步数的控制，A4988 有多种步进模式（全、半、1/4、1/8、1/16），同时拥有强大的电动机驱动能力。A4988 通过斩波控制电流输出，以达到控制电动机的目的，只需在步进输入端口输入一个脉冲即可控制电动机实现动作。使用 A4988 可以避免复杂的相序转换的控制及 PWM 波的产生与调制编程，有益于快速实现控制目的。在电流进行混合衰减时，先快速衰减，然后缓慢衰减，这样的好处是可以实现更精确的控制，以及更小的电动机噪声，减少功耗。A4988 内部具备完善的保护，如过压保护、过流保护、过热保护，功能十分完善。

A4988 有一个辅助修复衰减信号的编译器，负责控制器与全桥驱动电路之间的信息传递。设计电路中的电容设计必须参照设计要求，SENSE1 和 SENSE2 两个端口虽然电路上是采集驱动输出的电压值（采样电阻一般为零点几欧姆），但是实际上最后会换算成驱动输出电流值来供电流调节器调节输出的电流，实现闭环控制。

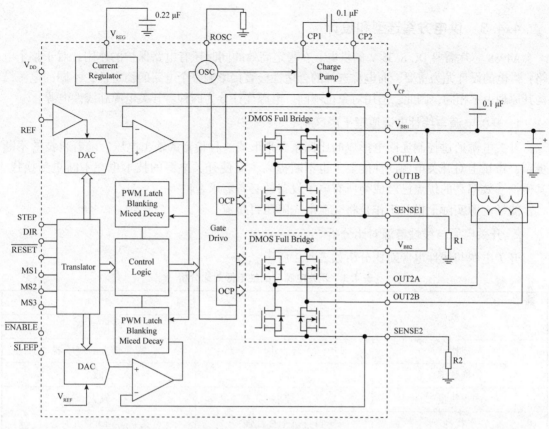

图 4.4　A4988 芯片的内部结构

（1）A4988 芯片的特点

A4988 芯片的特点如表 4.1 所示。

表 4.1　A4988 芯片的特点

特点	叙述
控制简单	只需要控制 STEP 与 DIR 端口
兼容性好	3.3 V 和 5 V 逻辑输入
性价比高	价廉质优
机械结构强	可实现一轴、二轴、三轴的转动
安全性好	短路负载和对地短路保护

（2）A4988 芯片与 L298 芯片对比分析

L298 芯片相较于 A4988 芯片最重要的特征是它需要在高电压下工作，最高工作电压能够达到 46 V。而通常使用的改变 PWM 来改变转速的方式，对于此芯片依旧可行，通过控制 in1、in2 来改变高低电平从而改变电动机的正反转，通过设置改变脉冲周期时长改变转速。但是，L298 芯片输入的 PWM 要区分 AB 相的相序，将引脚输出的使能端与输出端相互对应，而 A4988 芯片不用区分，直接通过控制步数来驱动步进电动机。

综上所述，使用 A4988 芯片较为合适。

4.4.3 供电方案选型和设计

A4988 芯片需要 DC 8.35 V 的供电。在稳定高效的同时还有电路保护的作用。对于整个电路，供电的设计尤为重要，而电源选择的合适性会直接影响整个电路的稳定性，不同的电源结构其原理也不相同，因此，适用对象也不同。电源往往分为两种：开关电源和线性电源。

1. 开关电源与线性电源原理上的区别

开关电源通过控制通断电形成的比例系数来形成一种稳定的输出电压。随着科技的不断更新，市场上对开关电源的性能要求也不断提高，促使开关电源的技术也在不断更新换代，其便携、效率高的优点已经成为所有电子设备的必备需求。

线性电源实际上做的工作是将交流电先降压再整流。

2. 开关电源与线性电源对比分析

开关电源与线性电源对比分析如表4.2所示。

表4.2 开关电源与线性电源对比分析

参数	电源	
	开关电源	线性电源
规格	轻、小	需要较大的变压器
转换效率	高	低
产生热量	较小	较大
干扰性	自身抗干扰性强	高频干扰小

由表4.2可得，最终选择12 V开关电源为电动机驱动供电较合适。

4.4.4 机械结构方案选型与设计

丝杆是一种精度很高的零件，其能够将旋转的不便计算距离的运动转换为普通的直线运动，将转动的力转化为直线的力。丝杆、光杆如图4.5所示。

图4.5 丝杆、光杆

1. 丝杆的分类

机床丝杆按其摩擦特性不同分为滑动丝杆、滚动丝杆及静压丝杆。

滑动丝杆凭借其结构简单、生产便利的优势被广泛应用于机床上，其牙型为传动效果好、精度高的梯形，便于之后的加工。而梯形丝杆按其结构不同又分为两类，一类是丝杆同时进行旋转和轴向的运动；另一类是丝杆只进行旋转运动，而丝杆上的螺母进行轴向运动。本项目采用的是第二类，丝杆旋转、螺母移动。

滚动丝杆摩擦力小、传动效率高、精度高，但制造工艺较为复杂。

静压丝杆常被用于精密机床和数控机床的进给机构中，但调整烦琐、制造工艺复杂、成本较高。

2. 丝杆与皮带的区别

丝杆能够高效率地运动并且发热小，且相对于皮带而言，产生爬滑现象的可能性较小。此外，皮带的耐用度较低，长期使用后会有被拉长的缺点。所以，丝杆相对于皮带来说更经久耐用、稳定性更好。

皮带长期使用后的稳定性会降低，这会对机器的定位、精度产生影响，从而无法保证产品的质量。而丝杆则不会出现长期使用后平台倾斜、滑动的不良现象，在短时间内使用会历经磨合期，反而是最高效时期，尽管机器都免不了长久使用后产生的劳损，但这并不会对质量要求产生威胁。

在价格上，梯形丝杆一般为几百元，相对于滚珠丝杆便宜得多，因此梯形丝杆的性价比相对来说较高些。

4.4.5 电动机的选型

电动机的转速及运动控制不受负载变化的影响，而对步进电动机转动的控制仅仅取决于接收到的脉冲信号，若直接改变脉冲信号的周期即频率，则可以改变步进电动机转动的速度；若改变脉冲信号的脉冲数即周期数，则可以改变步进电动机转动一步的角位移量或线位移量。图4.6为步进电动机实物图。

图4.6 步进电动机实物图

步进电动机与伺服电动机的对比分析如下。

步进电动机根本上从属于直流无刷电动机，而通常所说的直流电动机则是直流有刷电动机，只要给合适的电压就能够转动，但是无法确定它所转的圈数。而步进电动机给它相应的参数设置，以步阶位置为控制变量，就能控制其精度及转速等。

伺服电动机的粗度取决于自带的编码器，编码器的刻度越多，精度就越高。由于伺服电动机及其驱动器的制造成本和技术含量相对较高，因此价格也比步进电动机高很多。

综上所述，本项目选择步进电动机。

4.4.6　压力传感器的选型与设计

电阻式压力传感器和霍尔式压力传感器对比分析如下。

电阻式压力传感器如图4.7所示，被测介质受到的压力作用在传感器薄片表面，使薄片变形而形成与压力成正比的微位移，从而改变传感器上的电阻值并转换为对应的测量信号。电阻式压力传感器常用来测量力、压力、位移等。

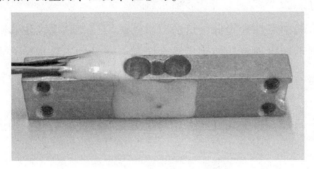

图4.7　电阻式压力传感器

霍尔式压力传感器是基于霍尔效应的压力传感器。它将霍尔元件固定于弹性敏感元件上，在压力的作用下霍尔元件随弹性敏感元件的变形而在磁场中产生位移，从而输出与压力成一定关系的电信号。该信号容易受温度变化影响，不够稳定，并不能成线性关系，不适用于对温度敏感的场合。

因此，本项目选择电阻式压力传感器较为合适。

4.5　骨科手术机器人的硬件设计

4.5.1　上位机设计

1. PC 配置需求

本项目使用的上位机最低配置要求如表4.3所示。

表4.3 上位机最低配置要求

项目	要求
处理器	Pentium 4M(32 位)、Pentium 4 G1(64 位)
内存	1 GB
屏幕分辨率	1024×768 像素
操作系统	Windows 10/8. 11/7 SP12 Windows Server 2012 R21 Windows Server 2008 R2 SP12
磁盘空间	5 GB
颜色选板	16 位彩色
临时文件目录	LabVIEW 使用专用目录存放临时文件

而本机使用的是 Windows 10 版本，i5 处理器，内存是 8 GB，均符合配置要求。

2. 采集摄像头设计

本项目采用的光源为自然光源，相机为 USB 接口的彩色相机。定位相机如图4.8(a)所示，其通过 USB 与计算机相连，连接成功后，在相机下方放置模拟折骨，调节相机参数，使采集的图像呈现最佳效果，从而实现正确的匹配定位。观察相机如图4.8(b)所示，其从侧面对下钻的钻孔行为进行实时监测。

(a)   (b)

图4.8 定位相机和观察相机

(a)定位相机；(b)观察相机

4.5.2 下位机控制器设计

1. Arduino 最小系统

本骨科手术机器人采用 Arduino Mega 2560 作为下位机。上位机分析处理完采集的数据之后，通过串口发送指令到下位机。Arduino 发送 PWM 波给电动机驱动电路来驱动电动机转动。Arduino 最小系统如图4.9所示。

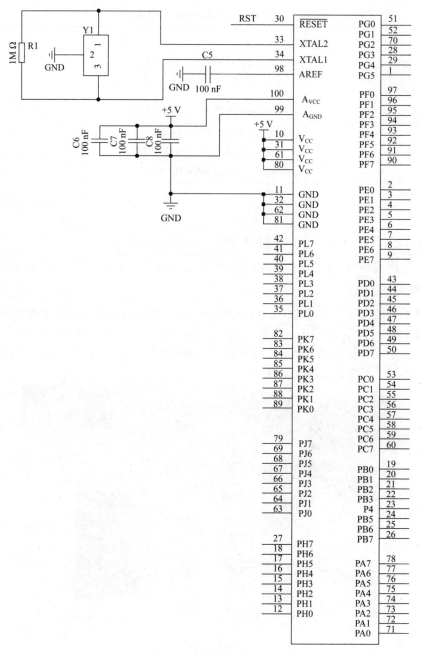

图 4.9　Arduino 最小系统

Arduino 最小系统的主要部分是一个 16 MHz 的晶振电路，该电路为 Arduino 提供时钟频率。单片机运行时，根据时钟频率从 ROM 中读取命令，同时也可以产生比这个时钟频率低的时钟信号来输出 PWM 波。其中，引脚 $\overline{\text{RESET}}$ 是单片机的复位引脚，串口 0 的两个引脚 0 和 1 用于串口通信，接 Arduino 开发板内部的 USB 转 TTL 芯片上。

2. Arduino Mega 2560 的复位电路

如图 4.10 所示，Arduino 是通过高电平来实现复位功能的。该复位电路设计了两种复位功能：自动复位，是上电复位在开机加电的情况下发生的，由系统自动实现；手动复位，发生在系统或者是程序有突发状况的情况下，利用电路中的按键就可以实现复位。

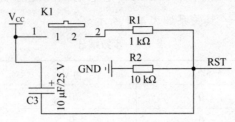

图4.10 复位电路

4.5.3 驱动控制器设计

A4988 驱动控制器的逻辑电压在 3 ~ 5 V 之间，提供每相 1 A 的连续电流，但考虑到会发热，所以当具有散热装置时，其每相的最大电流为 2 A。

A4988 控制逻辑主要分为 5 个模式控制，其中睡眠模式由 $\overline{\text{SLEEP}}$ 引脚进行控制；DIR 引脚控制电动机的转动；$\overline{\text{ENABLE}}$ 引脚控制使能模式。细分模式是极为重要的，其通过 MS1、MS2、MS3 控制细分系数，最小可 16 细分，即最小细分角度是全步进角度的 1/16。A4988 驱动电路如图 4.11 所示。

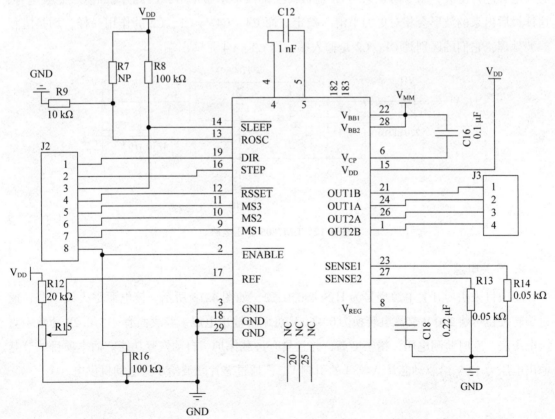

图4.11 A4988 驱动电路

由图 4.11 可知，只需要控制 STEP、DIR 和 $\overline{\text{ENABLE}}$ 引脚，STEP 引脚用于输入脉冲，DIR 引脚用于控制电动机转动方向，$\overline{\text{ENABLE}}$ 是电动机的使能端口。其中，MS1、MS2 和 MS3 是选择步进模式的端子，其关系如表 4.4 所示。

表 4.4　步数细分

MS1	MS2	MS3	Resolution
0	0	0	1
1	0	0	1/2
0	1	0	1/4
1	1	0	1/8
1	1	1	1/16

4.5.4　供电电路设计

1. 驱动芯片供电电路设计

LM7805 稳压电路如图 4.12 所示，首先电流从 +12 V 处经过 VD，流过 VD 之后，需要用滤波电容进行滤波，为了防止只用 C1 滤波产生的波形不够平滑，因此并联了 C2 滤波电容，这样最后出来的波形会相对更加平滑、稳定。而 C3、C4 与 C1、C2 的作用一样，均是进行滤波处理，它们的区别是 C1、C2 是输入端，而 C3、C4 是输出端。

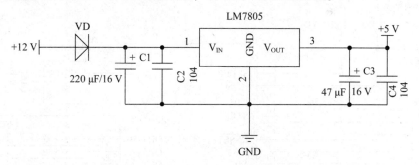

图 4.12　LM7805 稳压电路

2. 开关电源

本项目采用的开关电源型号为 HJS.480.0.12，如图 4.13 所示。该电源零火线不分，通过旋转按钮可将 220 V 交流电转换为 0～60 V 可调节输出电压。其表面有一个 0.28 寸数字直流电压表，实时监测电压，精密度高，并且具有过载保护、自动恢复功能。而本项目调节其输出电压为 12 V 给驱动芯片 A4988 的引脚 V_{DD}，通过芯片斩波给步进电动机供电。

DC输出：0～60 V可调

图4.13 开关电源

4.5.5 骨科手术机器人的三轴结构设计

本项目所设计的机器人需要在一定的空间内准确地移动且有打孔功能，因此采用类似3D打印机的三维平台，其具有三个自由度，使用三个步进电动机分别带动丝杆移动，传动效率更高。丝杆是一种十分常见的传动元件，其元件本身是螺纹状，主要用来将旋转产生的距离转化为可方便计算的直线距离。由于其产生的摩擦力较小，运动时相对平滑，因此产生的误差相对较小，精度较高。使用驱动上的步数16细分，3 200步一转，最小转动角度为0.112 5°，选用2 mm导程的丝杆，设置最小精度为0.01 mm。

由于本项目设计的骨科手术机器人需要进行前后、左右、上下移动，因此采用图4.14所示的三轴联动结构。

图4.14 三轴联动结构

4.5.6 对现有方案进行的改进和创新

1）传统的骨科手术机器人采用的是机械臂的结构，而本项目采用的是三轴结构，只要其丝杆结构足够长，则其所能到达的空间就更大。

2）机械臂的价格昂贵，而本项目所采用的材料性价比高且精度也高。

3）机械臂操作不好时会产生"缠绕"现象，会影响机器的结构稳定性。

4.6 骨科手术机器人的软件设计

4.6.1 上位机程序设计

1. 相机采集图像程序设计

本项目需要用相机实时监控"手术"的进行过程并且采集图像,对图像进行处理,从而进行接下来的操作。图4.15为相机采集图像的流程。

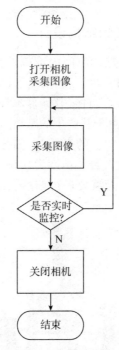

图4.15 相机采集图像流程

如图4.16~图4.18所示,首先运用 IMAQdx Open Camera. VI 打开相机,然后运用 IMAQ Copy. VI 对需要的图像进行采集,即产生两个界面,一个实时监控,一个存储图像以对之操作,最后将相机关闭。

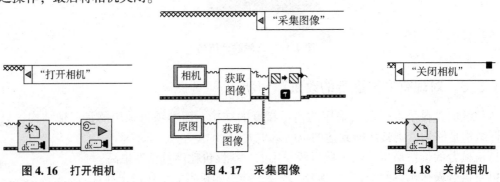

图4.16 打开相机   图4.17 采集图像   图4.18 关闭相机

2. 图像处理程序设计

针对不同场景、不同图片，为了更好地进行模板匹配，有8种颜色模式可供选择，所以第一次可以自己设置选择的颜色平面，所选的颜色平面存储在全局变量里，之后就可以直接调用，不用再次选择。图像处理流程如图4.19所示。

图4.19 图像处理流程

如图4.20所示，首先运用IMAQ Extract Single ColorPlane.VI进行第一次对图像的灰度化，其次进行对第一次所选颜色平面的调用，接着进行学习模板，再进行模板匹配，最后进行集合匹配，保存几何匹配参数。

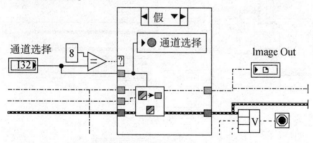

图4.20 彩色图灰度化

1)学习模板：首先定义感兴趣区域的描述符，从灰度化后的图像中标记感兴趣的区域，这里我们标记小孔，利用IMAQ Extract Tetragon.VI单独把感兴趣的区域提取出来，为了模板匹配更加顺利，利用IMAQ ROIToMask2.VI对提取出来的感兴趣区域进行干扰屏蔽，如图4.21所示。然后我们希望在接下来的匹配阶段搜索该模板图像，所以需要将这个区域进行模板学习，再利用IMAQ Write File 2.VI将图像以选定的格式写入文件加以保存。如图4.22所示，最后进行匹配参数的保存，这样，在退出系统前不需要再次进行学习模板、导入模板图等操作了。

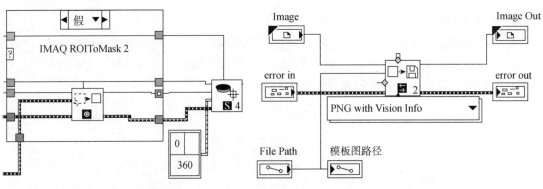

图 4.21 标记感兴趣的区域   图 4.22 保存模板

2）模板匹配：如图 4.23 和图 4.24 所示，利用 IMAQ Match Pattern 4. VI 在检查图像中搜索模板图像，利用 IMAQ Overlay ROI. VI 将匹配到的区域进行覆盖标记。

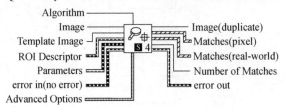

图 4.23 模板匹配

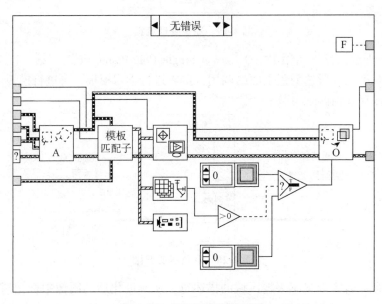

图 4.24 标记匹配到的区域

3）保存几何匹配参数：如图 4.25 所示，由于调试的时候钻孔点已经趋于无偏差，因此将其参数进行保存。如果摄像头角度有变化则需要重新选择模板，此时模板路径也会发生变化。

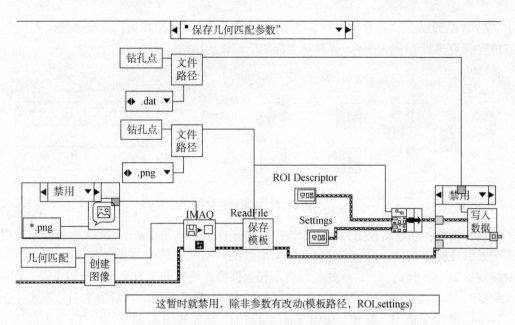

图 4.25　保存几何匹配参数

3. 路径移动算法

比例标定：首先采集一张照片获得其像素点 $A(x, y)$，向前或者向后（X 方向）移动一定距离 m，再拍摄一张照片获得其像素点 $B(x', y')$，则像素点 B 与像素点 A 之间 X 方向上有一个差值 z，则 X 方向比例系数为 $\dfrac{m}{z}$，表示 z 个像素点移动了 m 的距离。同理可得 Y 方向比例系数。因此，只要得知像素点差值即可知道需要移动多少距离。

首先获取相机采集图像的中心点 (x, y)，再进行模板匹配，找到目标位置的中心点，然后运用比例标定算出两个点之间的距离，发送给下位机，让步进电动机判断需要转的圈数，从而到达目标点。图 4.26 为一键标定运行流程。

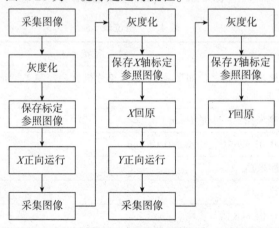

图 4.26　一键标定运行流程

4. 手动钻孔程序设计

如图 4.27 所示，对于手动钻孔设置"步长挡位""步数+""步数-""X+""X-""Y+""Y-"

"Z+""Z-""返回原点""重复动作""定为原点""钻孔关"等操作按钮，以及"记录点位""删除点位""保存坐标""载入坐标"等显示坐标便于调试的结构。

手动操作

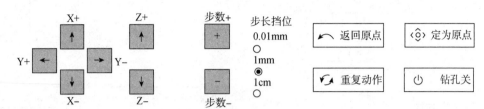

图 4.27　前面板按钮

1)步长挡位：在前面板中，有个步长挡位的选择，默认是 1 mm，所以其对应的发送的数据的索引号就是 1，4，7(x，y，z)。1 cm 时候的索引号就是 0，3，6(x，y，z)，0.01 mm 的时候就是 2，5，8(x，y，z)。这时候将步长也都换算成以 mm 为单位，所以 1 mm 的时候一步就是 1，1 cm 的时候一步是 10，0.01 mm 的时候一步是 0.01。然后将索引号存入一个数组，将步长存入变量中。其中，0.01 mm 步长挡位设置如图 4.28 所示，挡位表如表 4.5 所示。

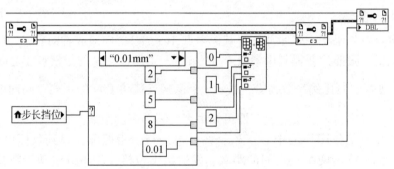

图 4.28　0.01 mm 步长挡位设置

表 4.5　挡位表

数据位	解释
第 0 位	X 的厘米挡，这一位如果是 1，那么单片机就会控制 X 轴走 1 cm，如果是 -1，则控制 X 轴走 -1 cm
第 1 位	X 的毫米挡，一步是 1 mm
第 2 位	X 的 0.01 mm 挡，一步是 0.01 mm
第 3 位	Y 的厘米挡
第 4 位	Y 的毫米挡
第 5 位	Y 的 0.01 mm 挡
第 6 位	Z 的厘米挡
第 7 位	Z 的毫米挡
第 8 位	Z 的 0.01 mm 挡

2）步数改变：所谓步数，就是一次需要走多少步，所走的距离＝步数×步长。例如，实际需要走 5 cm 的距离，那么首先选择步长，如果步长选择的 1 cm，那么单击五下"步数＋"按钮来达到实际距离。图 4.29 是步数增加和减少的程序（最大不能超过 100 步，最小是步）。

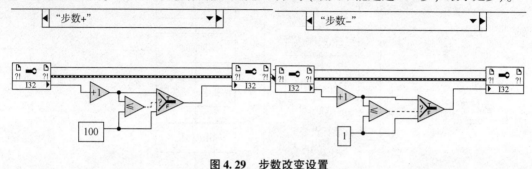

图 4.29　步数改变设置

3）X、Y、Z 轴的控制：如图 4.30 所示，当单击"X＋"按钮的时候，是想让电动机向 X 轴正方向运动，将步长和步数取出来，之前将对应的索引号（0，1，2）存入数组中，此时只需将对应的索引号取出，然后将所走的步数放在对应的数据位，下位机便可计算其走的距离。最后将步数与步长相乘，得到的运动距离与当前的位置相加，便可更新当前 X 轴的坐标到前面板上。如果是"X－"的话只需将步数取负数送入即可。

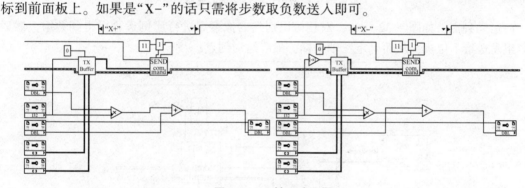

图 4.30　X 轴运动设置

同理：控制 Y 轴的时候只需要将索引号数组中的第一位取出，再将步数替换 TX. buffer 中对应的数据即可。

5. 自动钻孔程序设计

本项目自动钻孔运行一次的流程如图 4.31 所示，由于相机所拍摄的图像清晰度没有很高，为了保证定位的精确性，因此进行了三次目标点对中。又由于钻头与相机没有相对固定，即虽然正确匹配到了目标孔的中心，但是当钻头向目标点移动的时候会产生偏差，因此增添了相机距离补偿。由于当钻头向目标点移动的时候，相机已经监视不到目标孔的画面，因此在实现钻孔动作之后需要使相机回到匹配到目标孔的位置，接着对钻孔完成数量进行计数，如果已完成目标孔数，则结束动作；如果未完成目标孔数，则继续进行对下一个目标孔的动作。为避免运动过快、图像模糊等问题，在转折程序中都加入了时间延迟。

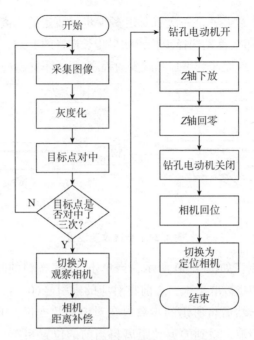

图 4.31　自动钻孔运行一次的流程

1）运动到点：如图 4.32 所示，对相机识别到的像素点进行比例运算后得到数组，然后将数组发送给下位机，从而确定三轴坐标，最终运动到点。

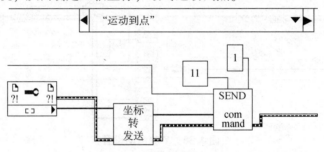

图 4.32　运动到点程序

2）坐标转发送：如图 4.33 所示，例如一个坐标的 X 轴值为 135（单位：mm）（或者 35.87），将坐标 135（或者 35.87）除以 10 取整，得 13（或者 3）为其厘米位；取余，得 5（或者 5）为其毫米位；将 135（或者 35.87）先乘以 100 再除以 100 取余，得 0（或者 87）为其 0.01 毫米位，则最后 X 轴发送的三位数据为 13，5，0（或者 3，5，87）。

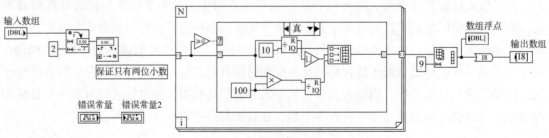

图 4.33　坐标转发送程序

3）几何匹配对中：如图4.34所示，首先计算整个图像的像素中心点，然后经过几何匹配定位到目标孔中心，从而计算目标孔的像素中心点，这两个中心点分别产生了 X 差值、Y 差值。由于图像的 XY 轴与机械结构装配的 XY 轴相反，因此需要选择正确的对应轴，把比例系数与对应的像素差值相乘即可得到实际距离的差值。

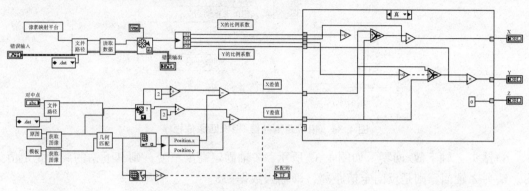

图4.34 几何匹配对中程序

4）目标点对中：如图4.35所示，将几何匹配对中产生的 X、Y、Z 差值存入数组。若匹配了钻孔点，则进行计数。当钻孔点被定位为第一次的时候，时间延迟3 s，第二次、第三次定位的时候则延迟时间短一些，这样可以使定位更加精确。

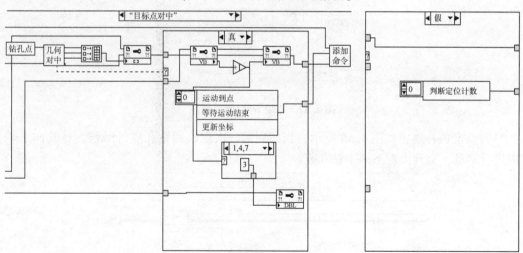

图4.35 目标点对中程序

5）相机距离补偿/相机回原位：如图4.36所示，经过手动操作已经进行坐标运算，计算得相机距离补偿值 X 轴为58.77，Y 轴为-15.15。因此，之后进行的相机回原位则是把补偿值恢复，即 X 轴为-58.77，Y 轴为15.15。

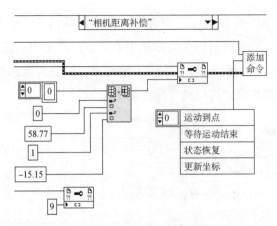

图 4.36　相机距离补偿/相机回原位程序

6）钻头 Z 轴下放/回零：如图 4.37 所示，Z 轴固定高度不变，则其下钻的高度是定值为 38。钻头 Z 轴回零则是反向定值距离，即输入数据 -38。

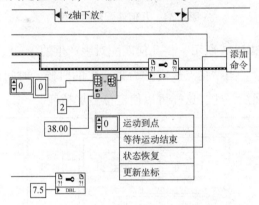

图 4.37　Z 轴下放/回零程序

7）自动定位补偿：如图 4.38 所示，当回到第一次定位到钻孔点的时候，让其向 Y 轴负方向进行移动，直到出现下一个钻孔点。

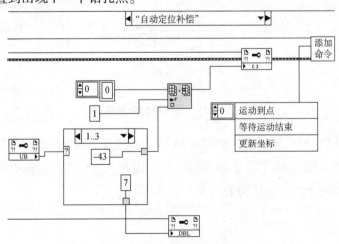

图 4.38　自动定位补偿程序

6. 通信控制程序设计

通信协议：如图4.39所示，第一位帧头FF，第二位FF，第三位数据长度，第四位数据指令，第五位校验和。如果数据长度减去两位帧头结果大于0，表示需要的9位数据没有丢失，则将所有的数据保存为数组发送给下位机。

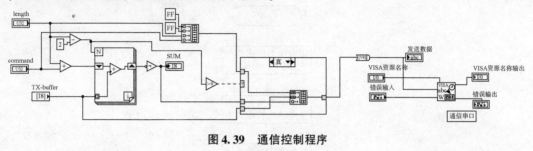

图4.39 通信控制程序

4.6.2 下位机程序设计

1. 机器人串口程序设计

如图4.40所示，串口程序的设计思路是在初始化程序中开启串口中断，接收和校验的过程都会在中断中处理，这样就能保证通信的实时性，通过累加校验，保证了数据的可靠性，满足了整个系统的设计要求。

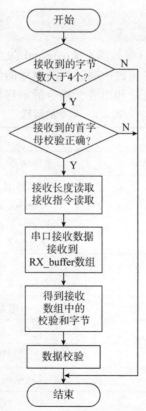

图4.40 串口程序设计流程

2. 控制钻头程序设计

使用定时器产生 PWM，利用了定时器溢出中断，在中断服务程序中改变电平的高低。电阻应变式压力传感器输出变化的电阻通过 HX711 处理得到模拟量，经过处理获得对应的 PWM 值，从而控制钻头的速度。图 4.41 为钻头程序设计流程。

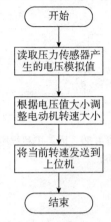

图 4.41　钻头程序设计流程

3. 指令解析程序

指令解析程序代码如下：

```
commandDecode(RX_Command); //上位机指令解析
```

以上就是指令解析函数，入口参数 RX_Command 为全局变量，是上位机发送的指令，在串口中断程序中被解析出来，在函数中通过判断指令的值来执行不同的动作。指令由起始字节、数据长度、指令、参数、校验和组成，指令的解释如表 4.6 所示。

表 4.6　指令的解释

指令	解释
0	坐标清零，当前点设为原点
1	移动，X、Y、Z； X. cm+X. mm+X. 0.01 mm， Y. cm+Y. mm+Y. 0.01 mm， Z. cm+Z. mm+Z. 0.01 mm
2	移动，Z； Z. cm，Z. mm，Z. 0.01 mm
3	电动机钻头开
5	记录当前位置，参数无
7	删除点位
9	返回原点，准备开始动作
10	重复动作
11	电动机钻头关

4. 步进电动机程序

步进电动机根据自定义原点建立的平面坐标系，通过定义的 position 变量和偏移值来完成电动机的驱动和定位，通过计算得到电动机的最小步幅，构建出电动机驱动函数的底层驱动，然后关于电动机的 API 就可以基于基本的驱动函数构造。图 4.42 是下位机电动机驱动流程。

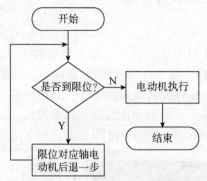

图 4.42 下位机电动机驱动流程

底层驱动中的电动机移动最小单步、移动速度等可以通过上位机配置，这有利于实现精准有效的控制。图 4.43 是上位机配置下位机电动机部分的流程。

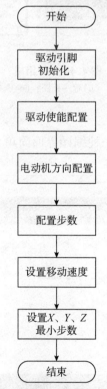

图 4.43 上位机配置下位机电动机部分的流程

4.7 骨科手术机器人的调试

4.7.1 调试环境及工具软件介绍

1. 上位机平台介绍

LabVIEW 是一个功能强大且灵活的软件，最大优势在于其内部有许多可调用的 VI，而这些 VI 由三部分组成：前面板、程序框图及图标/连接器，如图 4.44 所示。

1）前面板：用于放置一些控件或者画面数据等，直观简易。

2）程序框图：由节点、端点、图框和连线四种元素构成。

3）图标/连接器：默认显示在右上角的 VI 图标上，用于将子 VI 进行调用。

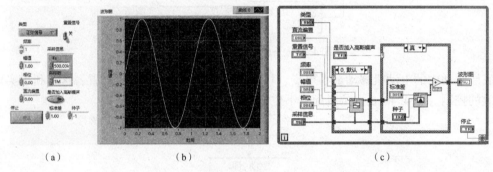

（a）　　　　　　　　　　（b）　　　　　　　　　　（c）

图 4.44　VI 组成

(a)前面板；(b)程序框图；(c)图标/连接器

2. 下位机编程平台介绍

如图 4.45 所示，Arduino IDE 是一种编译界面简单、编译语言与 C++ 相似的编译软件，具有操控性强、编程简便的特点。

图 4.45　Arduino IDE 编译环境

按钮为编译程序，验证程序是否有错误之处。按钮为下载烧录程序到单片机中。

4.7.2　骨科手术机器人实物

如图4.46所示，骨科手术机器人实物为由三个步进电动机构成的三维平台，并设置了坐标系，配备一个相机进行图像处理，相机所拍物体为钻孔板，钻孔板上已事先打好小孔。

（a）　　　　　　　　　　　　　　　　（b）

图4.46　骨科机器人实物图

（a）结构示意；（b）坐标示意

4.7.3　骨科手术机器人系统调试

1. 机械结构驱动调试

由于需要进行三轴的移动，因此需要对机械结构驱动进行调试，观察其能否到达极限点。以当前点为原点进行测试，所得数据如表4.7所示。

表4.7　机械结构驱动调试数据

方向		极限点/mm	总长/mm	是否满足机械结构要求
X轴	X+	(96.42, 0, 0)	133.02	满足
	X−	(−36.6, 0, 0)		满足
Y轴	Y+	(0, 36.15, 0)	246.51	满足
	Y−	(0, −210.36, 0)		满足

由于Z轴为下钻行为，所以调试到能下钻到小孔以下1 cm即可。图4.47为在X−极限、

Z-极限、Y+极限位置时的机器人，经测试得 X 轴全长 133.02 mm，Y 轴全长 246.51 mm，误差在 0.5 mm 左右，而 Z 轴经测试可以下钻到小孔以下 1 cm 处。综上，该机械结构符合要求。

图 4.47　极限位置

2. 上位机与下位机通信调试

上位机与下位机的通信调试即通过看上位机发送指令后，下位机能不能接收到指令并进行正确操作。其调试数据如表 4.8 所示。

表 4.8　通信状态调试数据

发送指令	实际执行情况	通信状态
X+	电动机向 X 轴正方向进行运动	通信正常
X-	电动机向 X 轴负方向进行运动	通信正常
Y+	电动机向 Y 轴正方向进行运动	通信正常
Y-	电动机向 Y 轴负方向进行运动	通信正常
Z+	进行下钻动作	通信正常
Z-	进行上升动作	通信正常

由图 4.48、图 4.49 可知，当按下指令 X+ 或者 X. 的时候，X 灯会亮且在运行过程中显示往哪个方向运行，并有串口连接成功的提示。即表示上位机发送指令，下位机已经完成指令解析并且能够正确执行命令，则通信成功。在设置路径进行重复动作时，会有 X、Y 同时运行的情况，此时 X、Y 灯将会同时亮并显示当前状态。

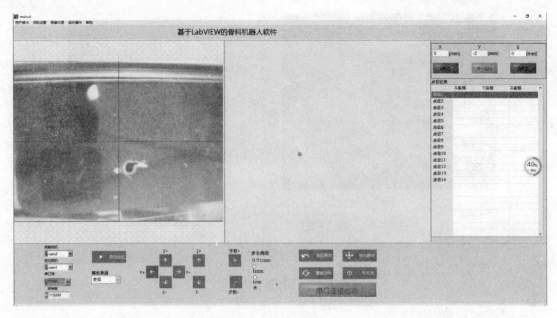

图 4.48　Y+运行

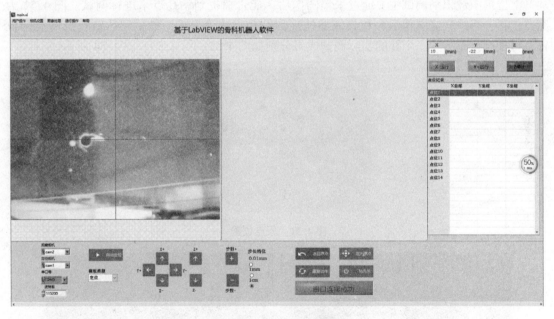

图 4.49　X、Y 同时运行

如图 4.50 所示，当钻头对第一个孔位下钻时会有状态提示"正在下钻第一个孔位"；当钻头回位时即表示第一个孔已钻完，则会有状态提示"第一个孔位钻孔结束"。

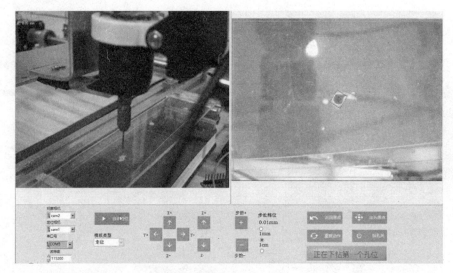

图 4.50　下钻第一个孔位

3. 上位机图像识别调试

上位机图像识别调试主要通过采集图像后，能否捕捉到钻孔点来进行调试。图 4.51 为原点位置，当采集完图像后，相机能够捕捉到钻孔点理论坐标，最后到达钻孔点的实际位置，可见有偏差。其三个孔的实际调试成果分别如图 4.52、图 4.53、图 4.54 所示。

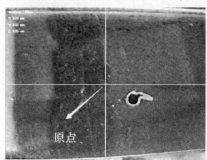

图 4.51　原点位置

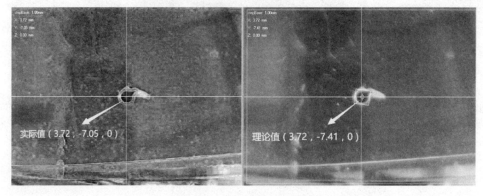

图 4.52　第一个孔的识别

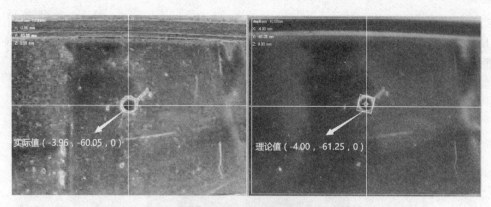

图 4.53 第二个孔的识别

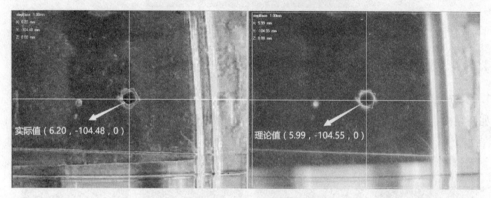

图 4.54 第三个孔的识别

其调试数据如表 4.9 所示。

表 4.9 上位机图像识别调试数据

钻孔中心点/mm	实际到达位置/mm	偏差(绝对值)/mm
(3.72, −7.05)	(3.72, −7.41)	(0, 0.36)
(−3.96, −60.05)	(−4.00, −61.25)	(0.04, 1.2)
(6.20, −104.48)	(5.99, −104.55)	(0.21, 0.07)

如图 4.55 所示，当加入光线时，由于光线较亮，使得需要钻孔的位置产生一定反光现象，导致上位机无法识别图像，则最终无法完成钻孔操作。

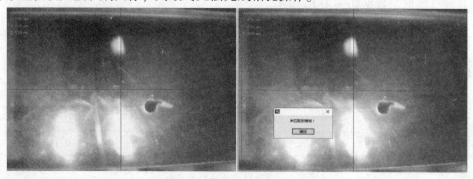

图 4.55 加入摄像头光线的效果

当钻孔板下为白色盒子时，所得图像也会产生一定的畸变或者无法识别到，因此如图4.56所示，在钻孔板下加入紫色的书本以增强图片色彩的对比度，所得效果改善了很多且最终能够进行准确定位和钻孔。

图 4.56　钻孔板下放书

4.7.4　骨科手术机器人系统运行测试

1. 步进电动机精度测试及数据

如图4.57所示，首先确定原点，为直尺4.5 cm刻度的位置，然后向 Y 轴负方向运行1 mm，有些许偏差。

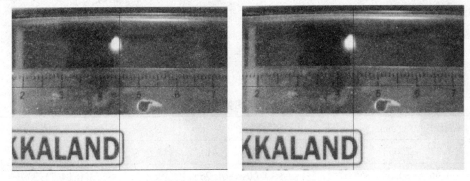

图 4.57　向 Y 轴负方向运行 1 mm

1）此时的步进电动机移动速度设置为 $\dfrac{0.01}{16 \times 62}$ mm/μs。

而其他具体偏差数据如表4.10所示。

表 4.10　其他具体偏差数据

计算值/mm		实际偏差/mm	相对误差
X+	0.5	0.01	2%
X+	1	0.01	1%
X+	2	0.01	0.5%
X+	10	0.01	0.1%
X+	50	0.01	0.02%
X−	0.5	0.02	4%

计算值/mm		实际偏差/mm	相对误差
X−	1	0.01	1%
X−	2	0.01	0.5%
X−	10	0.01	0.1%
X−	50	0.01	0.02%
Y+	0.5	0.01	2%
Y+	1	0.01	1%
Y+	2	0.01	0.5%
Y+	10	0.01	0.1%
Y+	50	0.01	0.02%
Y−	0.5	0.02	4%
Y−	1	0.01	1%
Y−	2	0.01	0.5%
Y−	10	0.01	0.1%
Y−	50	0.01	0.02%

2）步进电动机移动速度设置为 $\dfrac{0.01}{16\times302}$ mm/μs，速度较之前变慢了。此时的步进电动机偏差数据如表 4.11 所示。

表 4.11 降低速度后步进电动机的偏差数据

计算值/mm		实际偏差/mm	相对误差
X+	0.5	0	0%
X+	1	0.01	1%
X+	2	0.01	0.5%
X+	10	0.01	0.1%
X+	50	0.01	0.02%
X−	0.5	0.01	2%
X−	1	0.01	1%
X−	2	0.01	0.5%
X−	10	0.01	0.1%
X−	50	0.01	0.02%
Y+	0.5	0.01	2%
Y+	1	0.01	1%
Y+	2	0.01	0.5%

计算值/mm		实际偏差/mm	相对误差
Y+	10	0	0%
Y+	50	0.01	0.02%
Y−	0.5	0	0%
Y−	1	0.01	1%
Y−	2	0.01	0.5%
Y−	10	0.01	0.1%
Y−	50	0.01	0.02%

3)步进电动机移动速度设置为$\dfrac{0.01}{16\times52}$ mm/μs,速度较之前变快了。此时的步进电动机偏差数据如表 4.12 所示。

表 4.12 提高速度后步进电动机的偏差数据

计算值/mm		实际偏差/mm	相对误差
X+	0.5	0	0%
X+	1	0.01	1%
X+	2	0.01	0.5%
X+	10	0.01	0.1%
X+	50	0.01	0.02%
X−	0.5	0.01	2%
X−	1	0.01	1%
X−	2	0.01	0.5%
X−	10	0.01	0.1%
X−	50	0.01	0.02%
Y+	0.5	0.01	2%
Y+	1	0.02	2%
Y+	2	0.02	1%
Y+	10	0.01	0.1%
Y+	50	0.1	0.2%
Y−	0.5	0.01	0%
Y−	1	0.01	1%
Y−	2	0.01	0.5%
Y−	10	0	0%
Y−	50	0.1	0.2%

图 4.58 ~ 图 4.60 分别为三种速度的相对误差折线图。

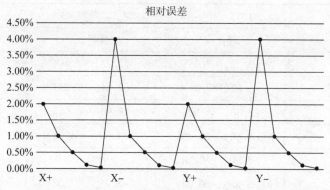

图 4.58 中速时相对误差折线图

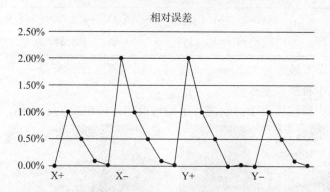

图 4.59 慢速时相对误差折线图

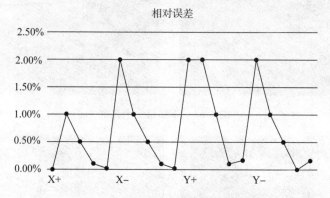

图 4.60 快速时相对误差折线图

由此可知，移动距离越小误差越大，移动距离越大误差越小，而在慢速和快速的过程中，误差产生不稳定，因此选择中速较为合适。产生这些误差的原因可能如下：

1）步进电动机及所带负载存在惯性；

2）驱动器受干扰。

2. 定位精度测试及数据

把需要识别的小孔随机更换位置，得到不同位置的误差，如表 4.13 所示。实际操作过程如图 4.61 ~ 图 4.63 所示。

表 4.13　不同位置的误差　　　　　　　　　　　　　单位：mm

孔位	参数		
	理论值	实际值	误差
第一个孔	(3.72，-7.05)	(3.72，-7.41)	(0.00，0.36)
第一个孔	(3.82，-7.05)	(3.84，-7.33)	(0.02，0.28)
第一个孔	(3.80，-6.50)	(3.90，-6.58)	(0.10，0.08)
第二个孔	(-3.96，-60.05)	(-4.00，-61.25)	(0.04，1.20)
第二个孔	(-3.90，-60.10)	(-3.91，-60.9)	(0.01，0.80)
第二个孔	(-3.85，-60.08)	(-3.95，-61.08)	(0.10，0.10)
第三个孔	(6.20，-104.48)	(5.99，-104.55)	(0.21，0.07)
第三个孔	(6.25，-105.00)	(6.43，-105.04)	(0.18，0.04)
第三个孔	(6.30，-105.40)	(6.39，-105.47)	(0.09，0.07)

由上表可知，误差最大为 1.2 mm。经思考，误差产生原因有：

1）步进电动机本身的误差；

2）在移动过程中摄像头由于抖动进行了偏移而使定位也发生了偏移。

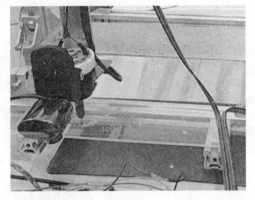

图 4.61　下钻第一个孔位

图 4.62　下钻第二个孔位

图 4.63 下钻第三个孔位

第5章
搜救机器人

5.1 研究背景与意义

我国是全球范围内受灾较多的国家。地震、火灾、泥石流、矿难等事故给人民的生命财产造成极大的危害。例如我国煤矿大多数为井工，危险系数高，瓦斯、粉尘和火灾事故频繁发生，灾害事故危害严重，受伤人员多，井巷工程设施和生产设备受到损坏。近年来发生的数次特大自然灾害，给我国经济社会发展和人民生命财产安全带来了严重影响。

地震、矿难等灾难发生后，尽快救出幸存者，并进行医疗救护，是一项艰巨的任务。由于受灾现场情况复杂，救援人员较难进入，且在有害物(烟雾、灰尘和一氧化碳等)环境下很难开展救援工作。搜救机器人的研究将给人类的搜救工作带来极大的方便。在灾难发生后，搜救机器人能够快速地投入到救援任务中，提高搜救效率，减少人员伤亡，更好地为社会服务。搜救机器人的研究可以促进国家在机器人领域的发展，为工业领域的机器人研发奠定基础。

1. 国内外研究现状

目前各种搜救机器人发展迅速，技术逐渐成熟，在美国、欧洲等发达国家和地区已开始装备使用。美国 iRobot 公司研发了 PackBot 多态搜救机器人，如图 5.1 所示，它能在崎岖的地势环境中工作并且能够翻越直角障碍，其主要的工作是侦察、搜寻灾后幸存者、勘查易燃易爆品等。

(a)　　　　　　　　　　　　　　(b)

图 5.1　美国 iRobot 公司 PackBot 多态搜救机器人
(a)正常状态；(b)直立状态

InuKtun 公司研发出了机器人 MicroVGTV，如图 5.2 所示，它整体可以变形，经电缆控制，具备直视功能的彩色摄像头，并内置有微型拾音器和扬声器，可用于和废墟中的受困人员对话，适用在较小的活动环境中执行任务。

（a）　　　　　　　　　　（b）　　　　　　　　　（c）

图 5.2　MicroVGTV 多态搜救机器人

（a）平躺状态；（b）半直立状态；（c）直立状态

除了前面介绍的中小型搜救机器人，微型搜救机器人也处于实验室阶段，加州大学伯克利分校已经研制出世界上最小的苍蝇机器人，如图 5.3（a）所示，控制它脑袋上装载的微型传感器与摄像头，可以到灾后废墟中搜索幸存者。另外，日本大阪大学研制的蛇形机器人能在地势不平的废墟上前进，如图 5.3（b）所示。其顶部配有一枚小型监视器，身体中安置各类传感器，可以在地震或者塌方后的环境中搜索幸存者。

（a）　　　　　　　　　　（b）

图 5.3　仿生机器人

（a）苍蝇机器人；（b）蛇形机器人

国内对搜救机器人的相关研究也取得了一定的成果。哈尔滨工业大学研发了一款用于灾难搜索的小型遥控轮式机器人。该机器人由移动平台、多传感器、任务规划器、嵌入式控制器和无线通信模块组成。由于该机器人体积较小，在搜索过程中可依靠人工无线控制移动到废墟内部，应用范围较广。西南大学研发了一种基于多连杆结构的轮式机器人，可用于灾难环境的探测搜索。通过设计连杆尺度，该机器人能很好地解决连杆轮式机器人中出现的奇异现象，从而越障性能及运动稳定性较好。此外，中信重工开诚智能装备有限公司和西南交通大学也对轮式搜索机器人进行了研究。

2. 项目研究的内容

本项目设计研究一种搜救机器人，包括机器人的机械结构设计、外围电路设计、软件时序研究及基于单片机的多路舵机控制算法研究。

1）机器人机械结构设计：包括机械装置设计、机械强度测验等，保证搜救机器人有较好的越野性和抗振能力。

2)外围电路设计：包括电源供应、光检测电路、热释电人体红外检测电路及烟雾报警电路等的设计。

3)软件时序研究：涉及舵机的控制信号周期、温度检测元件、电动机启动惯性导致的迟滞效应等，这些在调试中出现不少困难，需单独研究。

4)多路舵机控制算法研究：讨论算法的选择及具体设计思路。

5.2 搜救机器人的总体方案设计

5.2.1 搜救机器人系统分析

按照预定要求，搜救机器人应该具备搜与救两项功能。搜救机器人集成了温度传感器、烟雾传感器，可以辅助反映救灾现场情况，同时可以将这些信息发送到上位机，告知搜救人员搜救时将会遇到的问题。搜救机器人上装有热释电红外线传感器和无线摄像头，可以进行较远距离的生命探测，告知搜救人员目标位置。同时，当搜救机器人行进到被困人员处时，可以向其提供营养液，为正式的救援提供宝贵的时间。搜救机器人上装有机械手，主要帮助搬运压在被困人员身上的物体，如行进途中遇到障碍，也可以使用它进行搬运排除。搜救机器人无线通信距离长，抗干扰能力强，操作指令丰富并可编程，能满足大量操作需求，其硬件设计总体框图如图5.4所示。

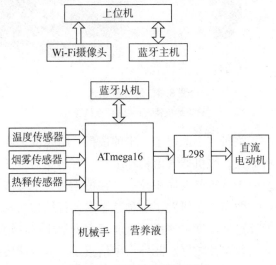

图5.4 硬件设计总体框图

5.2.2 移动平台方案

移动平台即载体，选择何种载体直接关系到搜救机器人的实际运转能力，因此该载体需要具备一定的移动速度、较低的能耗、良好的运动稳定性，并能够适应复杂的地理环境，有一定的爬坡和越障能力。主流的载体分为两种：履带式载体和轮式载体。

1）履带式载体：与轮式载体相比，履带式载体具备更低的接地比，更好的稳定性、牵引力、推动力、爬坡能力、越野能力、通行性能（对地压强），非常适合在泥地、崎岖的野外等松软地面上进行作业。其缺点是质量大且能耗较大。

2）轮式载体：轮式载体具有结构简单、轻便、滚动摩擦阻力小及机械效率高等特点，履带式载体一旦履带断裂就无法前进，而对于轮式载体，个别轮子坏了还能继续使用，且改装方便，便于移植。其缺点是越过障碍、台阶的能力差。

本项目使用的载体是基于轮式载体进行变形改造的，如图5.5所示，它是一种内三角结构，使用四套该结构代替传统的四轮载体，使整个载体具有较强的越野性及平稳性，同时能够翻越中小型障碍并可进行爬楼梯工作。该设计每个结构具有一个驱动电动机，在电动机的输出轴上安装一只齿轮式的联轴器，以该齿轮为中心传动三个呈180°分列的从动齿轮；同时，三个从动齿轮进行二级传动至三个转动轮上，使得三个轮子的转动方向相同。

图5.5　内三角轮式载体

该结构在无障碍的情况下是两只轮子接地转动的，当遇到角度较小的洼地及坡道时，与地接触的两只轮子会相较于中心齿轮进行偏转，从而调整车身平衡。当行进方向遇到较大角度的上坡或者直角障碍时，由于机器人无法相对地面运动，而电动机仍在转动，此时三只轮子会相对于中心齿轮进行调整，未与地面接触的轮子将会向前翻转，与障碍直接接触的轮子会向后旋转，从而翻越障碍或者进行爬楼梯运动。

5.2.3　单片机控制器选择

1. 单片机种类

单片机是一种把中央处理器、存储器、定时器与计数器、各种I/O端口单元等都集成在一块集成电路芯片上的微型计算机，与普通的计算机相比更加强调系统的自供应能力。它最大的优点是体积小、方便集成，但程序存储量小，输入输出能力有限，总体功能较低。

Microchip的PIC系列出货量居于业界领导者地位；Atmel的51系列及AVR系列种类众

多,受支持面广;德州仪器的 MSP430 系列以低功耗闻名,常用于医疗电子产品及仪器仪表中;瑞萨单片机则在日本使用广泛。以下为各常用单片机:

1)ARM 系列单片机;

2)AVR 系列单片机;

3)MSP430 系列单片机;

4)PIC 系列单片机;

5)STC 宏晶系列单片机。

2. 单片机选择

ATmega16 是基于增强的 AVR RISC 架构方式的低功耗型 8 位单片机,采用了 Harvard 结构,具有单独的数据总线与程序总线。业界领先的指令集及单时钟周期指令执行时间,使得 ATmega16 的数据吞吐能力高达 1 MIPS/MHz,从而可以减缓功耗和运行速度之间的矛盾。

ATmega16 系统资源:16 KB 的在线可编程 Flash,能够同时进行读写操作,512 B EEP-ROM,1 KB SRAM,32 个通用输入/输出总线,32 个通用工作寄存器,3 个具有比较模式的定时器与计数器,片内与片外中断方式,可编程串行 USART,1 个通用串行接口,8 路 10 位具有可选差分输入级可编程增益的 ADC,具有片内振荡器的可编程看门狗定时器,1 个 SPI 串行端口,以及 6 个可以通过软件设置的省电模式。

ATmega16 具有完整的编程与系统开发软件,包括 C 语言编译器、宏汇编、程序调试器与软件仿真器。Atmel 公司提供的 AVR Studio 开发工具完全免费,其集成开发环境包含 AVR 汇编编译器、AVR Studio 调试功能、AVR Prog 串行与并行下载功能及 JTAG ICE 仿真功能。另外,AVR Studio 平台能利用包含 C 语言编译器的开源开发工具 WinAVR,组成一套集 C 语言编译、软件仿真、程序下载、芯片硬件仿真等基础功能的开发工具。可以说,AVR 系列单片机的开发成本近乎免费。

5.2.4 无线通信方案

1. 无线通信方式分类

随着通信技术的发展,无线传输技术的使用已经渗透到社会的各个角落。目前实际生活中可以接触到的无线传输技术有以下几种:红外线、蓝牙、无线数传电台、Wi-Fi 等。

1)红外线:红外线是波长临界于微波与可见光之间的电磁波,波长在 0.75 μm ~ 1 mm 之间,在光谱上位于红色光的外侧。因为红外线也属于光,所以它也同样具有普通光的特性,不能通过不透光的物体。当它遇到如墙面时,会发生反射。同时,红外线传输有低成本、小角度、短距离、点对点直线数据传输的特点,在保密性和传输速率上都有很好的表现。红外线传输过程中要求两台设备的位置相对固定,其点对点的传输方式,导致无法灵活地组成网络。目前红外线常用于室内短距离传输,如空调遥控器。

2)蓝牙:蓝牙是我们日常生活常见的传输技术,蓝牙的数据速率为 1 Mbit/s,传输距离约 10 m。支持点对点及点对多点通信,工作在通用的 2.4 GHz 免费频段。蓝牙传输方式目前较多应用于手机、游戏机、PC 外设、汽车、家用电子等设备上。图 5.6 为蓝牙图标。

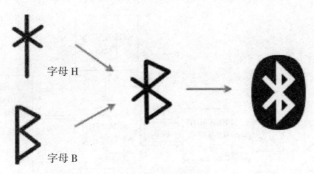

字母 H

字母 B

图5.6　蓝牙图标

3）无线数传电台：无线数传电台是使用数字信号处理、数字调制解调、具有前向纠错、均衡软判决等能力的一种数据通信方式。大多无线数传电台的工作在 220 ~ 240 MHz 或 400 ~ 470 MHz 频段，传输距离可以达到 200 m ~ 2 km，信号穿透能力也较好。但是，其使用的数据通信方式不适用在上位机与下位机的通信中。

4）Wi-Fi：Wi-Fi（Wireless Fidelity，无线相容性认证）与蓝牙一样，是应用在办公室或家庭中的一种短距离无线技术。Wi-Fi 的频段可分为 2.4G 与 5G，一般传输功率在 1 ~ 100 mW 之间。虽然在数据安全性方面，该方案比蓝牙技术要差一些，但是在信号的覆盖范围方面则更加大些。Wi-Fi 的覆盖范围可达 90 m，不仅可以在办公室中使用，在小一点的楼房中也可使用。

2. 视频通信系统

考虑到搜救机器人的工作要求，涉及摄像头数据回传，和上位机与下位机需要实时通信的问题，需要一个传输距离适中、数据吞吐量大、操作方便的通信方式，同时也需考虑到工作量的问题，本项目采用了分离式数据传输方式，即摄像头图像数据、单片机与上位机通信数据进行单独传输，集中管理。

传统的有线信号传输数字摄像头采集图像的工作原理：实物投影经过摄像头生成的光学图像投射到图像传感器的表面，转换为电信号，然后芯片将模拟信号转换为数字信号，发送到 DPS 中处理，经 USB 接口，通过有线方式传送到计算机中处理，通过显示器还原图像。根据该原理，传统有线数字摄像头改造为无线摄像头的关键就是如何将 DSP 处理的数字信号通过无线发送设备送出，再通过无线接收设备将数字信号发送到互联网或计算机实现视频信号无线传输。

本项目利用传输成本比较廉价的 IP 承载网，用 Marvell 公司的 88W8510 Wi-Fi 模组来实现一个具有 IEEE 802.11b/g 功能的无线桥接设备，以构造无线传输条件，将 DSP 输出的数字信号经过打包分组，通过无线方式传送到计算机或互联网。本项目最关键的器件组成就是 88W8010 和 88W8510 组建的基于 IEEE 802.11b/g 的 AP 和网关芯片组。88W8510 与 88W8010 芯片的组合在过去的无线产品中可以经常见到，属于性价比较高的 801.11g 接入点与网关解决方案，解除了作用于有线基础设施连接的外部 CPU 和快速以太网端口，较大幅度地减少了总体材料成本。使用 88W8010 芯片的 Wi-Fi 模组实现 IP 摄像头与无线网络桥接的方法如图 5.7 所示。

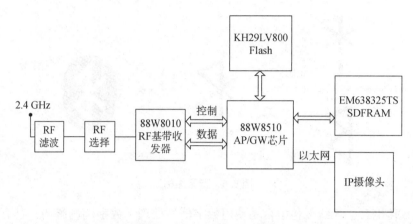

图 5.7　使用 88W8010 芯片的 Wi-Fi 模组实现 IP 摄像头与无线网络桥接的方法

3. 控制信号通信系统

单片机与上位机之间的通信则使用一种基于蓝牙 HC-06 的透传模块来实现，如图 5.8 所示。该模块信号传输使用 TTL 逻辑电平。TTL 输出高电平大于 2.4 V，输出低电平小于 0.4 V。在室温下，一般输出高电平是 3.5 V，输出低电平是 0.2 V。最小输入高电平和低电平：输入高电平大于或等于 2.0 V，输入低电平小于或等于 0.8 V，噪声容限是 0.4 V。TTL 电平信号对于单片机控制的设备进行数据传输是十分理想的，首先是 TTL 方式对于电源的要求不高，同时热损耗也非常低，而且 TTL 电平信号可以直接与模块电路连接而不需要另外配置线路驱动器和接收器电路；此外，单片机控制的设备内部的数据传输是工作在高速下的，而 TTL 接口正好能满足这个要求。使用 PL2303 USB 转串口芯片可以方便地收发上位机与下位机的串行数据，便于将视频数据与控制数据集成在一个界面上。

图 5.8　HC-06 透传模块

蓝牙 HC-06 模块具有如下特征：

1）灵敏度达到 -80 dBm；

2）内置 2.4 GHz 天线，用户无须调试天线；

3）低电压（3.3 V）工作；

4）自适应调频技术；

5）简单的外围设计电路；

6）高性能无线收发系统，无须用户手动连接，主从机密钥相同则自动配对；

7）传输距离较长，穿透能力强。

5.2.5 上位机主控系统方案

上位机是指可以发出控制命令的计算机，在显示器上显示各种数据信号，较为普遍的是PC。上位机发出的命令由下位机收取，下位机再解析该命令转化为相应的信号控制设备。下位机会不断读取外接设备的状态数据，转换成数字信号传输给上位机。

Visual Basic 6.0 是微软公司发布的面向对象的程序设计语言，它可以方便地处理各种数据，而且可以使用 ActiveX 控件快速建立一个应用程序。值得注意的是，Visual Basic 包含的MSComm 控件能为上位机程序方便地提供通过串口收发数据的方法，WebBrowser 控件可以在程序中提供网页浏览功能。

1. MSComm 控件

MSComm 作为一个串口通信控件，为编写串口通信程序节省了很多时间。在应用程序中加入一个 MSComm 控件非常简单。MSComm 控件提供了以下两种处理通信数据的方法。

1）事件驱动通信，这是一种功能强大的处理串口通信数据的方法。例如，在 CD（Carrier Detect）线或 RTS（Request To Send）线上有接收到字符或数据发生了改变的情况下，可以使用MSComm 控件的 OnComm 事件抓取和处理该类通信事件。OnComm 也可以抓取和处理通信过程中产生的错误信息。

2）通过在重要的程序功能段后面检查 CommEvent 属性的值来判断事件和通信错误。需要注意的是，每个 MSComm 控件只能与一个串口对应，如果应用程序需要访问多个串口，则必须加载多个 MSComm 控件，可以在操作系统的控制面板中修改串口的地址号。

2. WebBrowser 控件

WebBrowser 是一个 .NET 控件类，是在 .NET Framework 2.0 版中新增加的。使用 WebBrowser 控件可以在 Windows 窗体应用程序中装载网页及支持浏览器的其他文档。例如，可以使用 WebBrowser 控件在应用程序中提供基于 HTML 的集成用户帮助或 Web 浏览功能。此外，还可以使用 WebBrowser 控件向 Windows 窗体客户端应用程序添加基于 Web 的现有控件。

搜救机器人使用的无线网络摄像头通过 Wi-Fi 将视频信号传输到一个站点上，在网页上以流媒体形式进行展现，使用 WebBrowser 的网页访问功能恰到好处。

5.2.6 单片机多路舵机控制方案

1. 舵机

舵机外形如图 5.9 所示，除外壳外，内部主要由空心杯电动机、金属减速齿轮组、双滚珠轴承、电位器及控制芯片构成。高速旋转的电动机经减速齿轮进行减速后，能提供非常大的扭矩，本项目所用的辉盛 MG995 舵机，在 6 V 电源供电的情况下，能提供 127.4 N·m 的扭矩。

图 5.9　舵机外形

舵机常用的控制信号是一个周期为 20 ms 左右，宽度为 0.5～2.5 ms 的脉冲信号，其对应的控制角度是-90°～+90°，如图 5.10 所示。当舵机控制器收到触发信号后，会马上激活出一个与之相同的，宽度为 1.5 ms 的负向的标准中位脉冲。之后，两个脉冲在控制器内部的加法器中进行相加获得一个差值脉冲。输入信号脉冲宽度如果大于负向的标准脉冲，得到的就是正的差值脉冲；反之，输入脉冲比标准脉冲窄，相加后得到的是负值脉冲。差值脉冲经过放大后驱动舵机电动机正反转动。舵机电动机经过齿轮组减速后，同时驱动转盘和标准脉冲宽度调节电位器转动。当标准脉冲与输入脉冲宽度完全相同时差值脉冲消失，电动机才会停止转动，但是舵机在实际运行中由于惯性，会在停止点附近往复振荡，无法达到设定角度，所以人为地在产生差值脉冲的地方设置一个死区从而消除硬件误差。

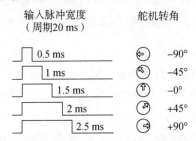

图 5.10　控制信号脉冲宽度与输出轴转角的关系

2. 控制算法

使用 FPGA、模拟电路和单片机都可以输出舵机的控制信号，但是 FPGA 成本非常高且电路复杂。在对于脉宽调制信号的脉宽变换中，经常使用的方法是利用调制信号获得经过有源滤波后产生的直流电压，但是舵机要求的控制信号频率为 50 Hz，这个要求对运放器件的选择有较高要求，另外从电路焊接后的体积和功耗考虑也不应该采用。5 mV 以上的控制电压变化就会引起舵机的抖动，电源和其他器件所产生的信号噪声都远大于 5 mV，所以滤波电路的输出精度难以达到控制舵机的精度要求。

利用时间微分法单片机最高可以输出 32 路供舵机使用的 PWM 波。方法如下：将一个 20 ms 的周期分成 500 个时间段，初始化时将各通道置高电平，定时器初值设定为 40 μs，32 个 PWM 通道的脉冲宽度计数器值放在一个数组内，定时器在每个时间片结束后进入中断程序，各脉冲宽度计数器都减 1，如果值不为 0，对应输出通道输出值仍为 1，否则取反。中断结束后定时器再复位，开中断，500 个时间段运行结束后重新开始一个周期，从而产生周期为 20 ms 的 PWM 波。该方法最多能输出 32 路 PWM 波，但是会产生大量中断服务程序，对于多中断系统会导致严重的中断丢失问题，如本项目所设计的搜救机器人需要利用串口进行双向传输数据的系统。

考虑到上述原因，本项目使用的是软件延时法。

已知舵机对于输入的 PWM 波频率规定为 50 Hz，但是其对于相位并无要求，鉴于这个特点，使用软件延时最多能实现 8 路 PWM 波输出。算法描述如下：

1）A 路输出 2.5 ms 脉冲（根据设定角度输出相应时间的正脉冲，不足时间由低电平补至 2.5 ms），此时其他五路无输出，即输出 2.5 ms 低电平；

2）B 路输出 2.5 ms 脉冲（同 A 路，不足时间由低电平补至 2.5 ms），此时包括 A 路的其他五路无输出，即输出 2.5 ms 低电平；

3）同理，输出 C、D、E、F、G、H 路。

此时，1）～3）步总共耗时为 2.5×8 ms＝20 ms，其中每路由一个小于 2.5 ms 的正脉冲和低电平补偿时间组成。重复 1）～3）步。

5.3 搜救机器人的硬件设计

可靠性是系统硬件设计的第一要求，电路各模块应进行可靠的接地、屏蔽、滤波等工作。本项目搜救机器人主要由以下几个部分组成：单片机最小系统、电源管理电路、电动机驱动电路、热释电人体红外感应电路、烟雾报警电路、温度测量电路、蜂鸣器报警电路、营养液输送电路、蓝牙串口电路、光控电路等。

5.3.1 单片机最小系统设计

本项目采用 Atmel 公司 8 位 ATmega16 单片机作为控制器，最小系统原理图如图 5.11 所示，主要包括复位电路、时钟电路、下载接口等。

尽管 AVR 系列单片机都有内置的 RC 振荡器，提供固定的 1.0、2.0、4.0、8.0 MHz 的时钟，但是这些频率都是在 5 V、25 ℃下的额定数值。由于温度漂移导致精度受限，而串口通信对时钟精度要求非常高，因此对于时钟电路外接 8 MHz 晶体振荡器（串口通信存在 0.2%的误差）。XTAL1 与 XTAL2 分别用作片内振荡器的反向放大器的输入和输出，并且根据推荐使用两个 22 pF 的瓷片电容接地来削减谐波对电路稳定性的影响。

与传统的 51 单片机相比，AVR 单片机使用低电平复位，且内置复位电路，并且在熔丝位里可以控制复位时间，所以 AVR 单片机可以不设外部上电复位电路，依然可以正常复位、稳定工作。因此，我们使用图 5.11 所示的复位方法，在复位按钮未触发复位时，$\overline{\text{RESET}}$ 端口由+5 V 电源经电阻 R1 上拉为高电平。由于通过熔丝位设置了复位时间，因此复位按钮按下时产生的机械抖动的影响可以忽略，即复位按钮按下后 $\overline{\text{RESET}}$ 端口被拉至低电平复位。

ISP 是通用的程序下载方式，所有的 AVR 单片机都支持 ISP 下载。该下载器成本低，连线较为简单，但是下载速度相对于 JTAG 则较慢，且无法在线调试。如图 5.11 所示，ISP 下载器的电源由 PC 提供，同时电源输出端应与单片机相连，MOSI 端口接 PB5，RST 端口接单片机复位端，时钟 SCK 端口接 PB7，MISO 端口接 PB6。

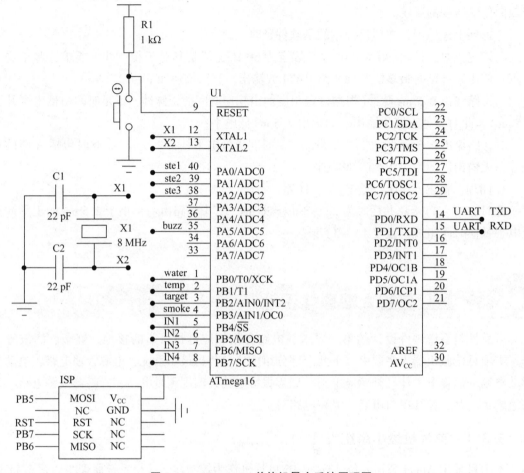

图 5.11　ATmega16 单片机最小系统原理图

5.3.2　电源管理电路设计

电源的可靠供应是整个系统稳定可靠运行的基础。电源管理电路由相互独立的稳压子电路组成，以减少相互之间的干扰。

搜救机器人共需要以下四种电源。

1）7.4 V：为直流电动机供电。

2）5 V：为单片机及其他外围电路供电。

3）3.3 V：为蓝牙模块供电。

4）6 V：为舵机供电。

如图 5.12 所示，系统使用 7.4 V、5 000 mA·h、20C 的航模锂电池作为主电源，该电池采用聚合物锂电芯，有超长的续航能力，且放电倍率大，适合大功率负载。5 V 电源由 7805 提供，7805 是三端稳压芯片，所需外围器件极少，内部有过热、过流的保护电路，使用方便，能提供 1.5 A 的输出电流，能可靠地为单片机及外接模块供电，输出端口并联 10 μF 电容是为了减少输出纹波，使控制器不受电源质量干扰。蓝牙模块的 3.3 V 电源由 ASM1117-3.3 芯片提供，它是高效率的线性稳压器，输出电流最大为 1 A，并联 22 pF 与 10 μF 电容可消除电源的高频与低频干扰，保证通信模块数据传输正常、稳定。

主电源充满电的状态电压为 8.4 V，实测带负载电压为 8 V 左右。MG995 舵机的额定电压为 6 V，在这种电源供应下能提供稳定较大的扭矩。同时，舵机的启动及调整状态下电流需求大，可达到 1.5 A，静态电流为 100 mA 左右。考虑到以上因素，舵机电源使用四只 1N4007 二极管进行两并两串供电。1N4007 为整流二极管，最大正向输出电流为 1 A，正向压降为 0.7 V，使得该模块能得到最大为 6.5 V/2 A 的输出能力，能够满足本项目搜救机器人的三路舵机电源需求。另外，主电源两端并联 100 μF 电容防止舵机运动对其他稳压电路造成干扰。

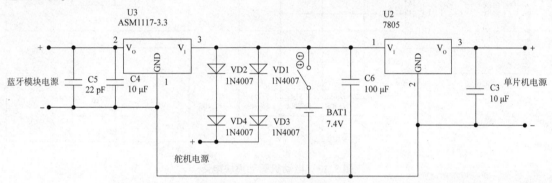

图 5.12　电源管理模块电路

5.3.3　电动机驱动电路设计

1. L298 驱动芯片介绍

L298 是 SGS 公司的产品，内部包含四通道逻辑驱动电路，是一款二相和四相电动机的专用驱动器。内含两个 H 桥的高电压、大电流双全桥式驱动器，具有两抑制输入，从而减少输入信号影响，接收标准的 TTL 逻辑电平信号，可驱动 46 V/2 A 以下的电动机。

2. 驱动电路设计

电动机驱动模块电路如图 5.13 所示，单片机的四个引脚分别与电动机驱动的控制端口相连，电路由 R2、R3、VD5～VD16、L298 芯片及电动机组成。VD5～VD8 阴极相接并与主电源正极相连，其阳极分别与 OUT1、OUT2、OUT3、OUT4 相接；VD9～VD12 阳极相接并接地，其阴极分别与 OUT1、OUT2、OUT3、OUT4 相接。OUT1 经电阻 R2 分别与 VD13 的阳极和 VD14 的阴极相接，VD13 的阴极和 VD14 的阳极与电动机 1 正极相连，可以作电动机 1 正反转的指示，同理 VD15 和 VD16 作为电动机 2 正反转的指示。当输入信号端 IN1 接高电平、IN2 接低电平时，电动机 1 正转；IN1 接低电平、IN2 接高电平时，电动机 1 反转。电动机 2 同理。

由于使用的电动机是线圈式的，因此从运行状态突然切换到停止和转向时，电感性负载的电动机电流不能突变，将产生无限高的感应电动势，使得驱动芯片击穿。为了防止产生这种影响，在电路中加入二极管 VD5～VD12，产生感应电流时可作泄流用，将电能回送给电源，此时电源电压反向加在负载的电感上，迫使电流按照一定的变化率减小至零。

此外，为了增加整车的牵引力，本项目使用两个 L298 模块，每两个通道驱动一个电动机，保证大电流供应。

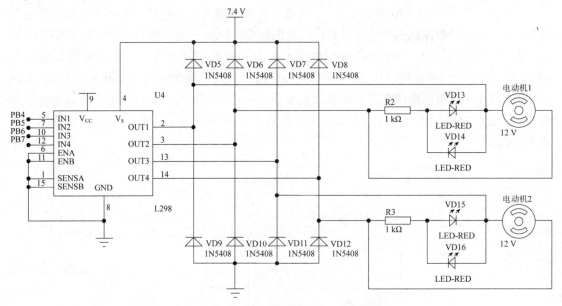

图 5.13　电动机驱动模块电路

5.3.4　热释电人体红外感应电路设计

搜救机器人所用的热释电人体红外传感器采用双探测元的结构。热释电人体红外感应模块电路如图 5.14 所示。

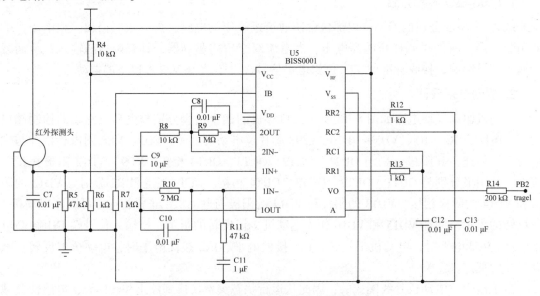

图 5.14　热释电人体红外感应模块电路

内部的 BISS0001 为人体红外传感信号处理芯片，是由运算放大器、状态控制器和电压比较器、延迟时间定时器、封锁时间定时器及参考电压源等构成的数模一体专用集成电路，在各种传感器和延时触发控制器中得到广泛应用。本项目采用的热释电人体红外传感器，对人体辐射出的波长为 10 μm 左右的红外波非常敏感。传感器在接收到人体辐射出的红外波后，热释电元件会将内部电荷向外释放，经红外传感信号处理器处理后输出高电平。当人体发出的少量红外线触发热释电人体红外传感器的内部敏感元件产生温度变化时，传感器将在它的外接电阻 R4 两端产生较弱的电压值，将输入信号接至 BISS0001 的前置运算放大器同相输入端 1IN+进行放大滤波。经第一级放大处理后从 1OUT 引脚输出，由电容 C9 耦合至芯片内部二级运算放大器的反相输入端 2IN-进行第二级放大，在 BISS0001 内部电路作双向鉴幅处理后有效地去触发延时定时器。需要注意的是，该人体红外感应模块只能感应移动目标，如果机器人与受困人员处在相对静止的情况下是不会触发报警的，所以可能会存在探测到人体后，机器人不继续运动就不会再次收到报警信号的问题。另外，该模块有效探测范围在 10 m 内，而且没有穿透探测功能。

5.3.5　烟雾报警电路设计

烟雾报警采用旁热式烟雾传感器 MQ-2，在没有烟雾的情况下，传感器的阻值为 20 kΩ 左右，烟雾进入时其阻值急剧下降，使其压降降低。烟雾报警模块电路如图 5.15 所示。

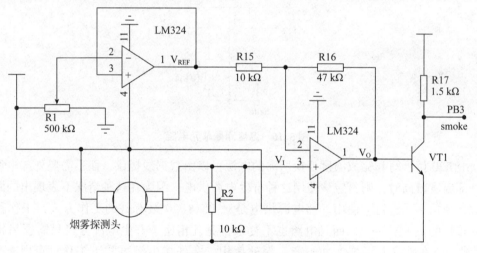

图 5.15　烟雾报警模块电路

从传感器上端出来的信号 V_I 经过运算放大器的同相输入端，但是为了保证引入的是负反馈，输出电压 V_O 通过电阻 R16 接到反相输入端，同时，反相输入端通过电阻 R15 接到参考电压 V_{REF}。由于引入深度电压串联负反馈，因此电路的输入阻抗很高，输出阻抗很低。高输入阻抗可以减少放大电路对前端电路的影响，同时低输出阻抗可以提高自身的抗干扰性，这显然有利于电路中其他模块的设计。该放大电路还加入了参考电压，引入了零点调节功能，产生一个参考电压 V_{REF}，再利用电压跟随器把电压输入运算放大电路的电压参考端。所以调节滑动变阻器，就可以直接改变放大电路的参考电压，而电压跟随器只是用来匹配阻抗用的，防止 R15 和 R16 对滑动变阻器输出电压的影响。

5.3.6　温度测量电路设计

1. DS18B20 芯片介绍

DS18B20 是美国 DALLAS 公司生产的可组网数字型温度传感器。其基于 1 – Wire 设计，因此从单片机到 DS18B20 只需要连接一条线，非常节约数据接口。其技术特性描述如下：

1）特有的单总线接口方式，DS18B20 在与单片机连接时只需要一条数据线即可实现控制器与 DS18B20 的双向通信；

2）测温范围 -55 ~ +125 ℃，测温分辨率 0.5 ℃；

3）多个 DS18B20 可以挂在同一条数据线上，最多能并联 8 个；

4）工作电源为 DC 3 ~ 5 V；

5）在使用中不必另接外围元件。

2. 温度测量电路设计

温度测量单元电路如图 5.16 所示。

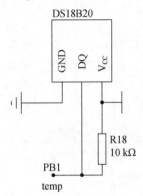

图 5.16　温度测量单元电路

DS18B20 读、写和完成温度变换所需的电源可以由数据线提供，而不需要外部电源。但是当外部温度较高时，则不应该使用这种寄生电源供电，因为在这种情况下表现出的漏电流比较大，通信无法进行。使用外部电源供电是对 DS18B20 最有益的工作方式，工作稳定性高，有较强的抗干扰能力，而且电路也不复杂，况且相比于寄生电源方式只需要另接一根 V_{cc} 引线，这在机器人系统上并不产生额外负担。在外接电源方式下工作，可以充分发挥 DS18B20 宽电压运行能力的优点，即使电源电压 V_{cc} 降到 3 V，也能够保证温度测量精度。

5.3.7　蜂鸣器报警电路设计

本项目使用压电式蜂鸣器，该种蜂鸣器由多谐振荡器、阻抗匹配器、压电蜂鸣片、共鸣箱及外壳等组成。多谐振荡器由晶体管或集成电路构成，工作电压为 1.5 ~ 15 V。通电后多谐振荡器起振，输出 1.5 ~ 2.5 kHz 的音频信号。阻抗匹配器的作用是推动压电蜂鸣片发声。蜂鸣器报警单元电路如图 5.17 所示。

蜂鸣器由一 PNP 晶体管驱动，晶体管的基极为低电平时导通，电源电流由蜂鸣器流至晶体管发射极，使得蜂鸣器起振发出报警声。

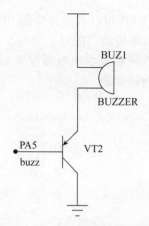

图 5.17　蜂鸣器报警单元电路

5.3.8　营养液输送电路设计

营养液的输出利用了水泵的工作原理：水泵通电后，叶轮在泵体内作高速旋转运动，泵体内的液体随着叶轮转动，在离心力的作用下被甩出；液体被甩出后，叶轮中心处形成真空低压区，液池中的液体在外界大气压的作用下，经吸入管流入水泵内；泵体扩散室的容积是一定的，随着被甩出液体的增加，压力也逐渐增加，被甩出的液体最后从水泵出口被排出。液体就这样连续不断地从液池中被吸上来然后又从水泵出口排出去。营养液输出单元电路如图 5.18 所示。

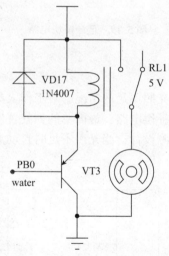

图 5.18　营养液输出单元电路

电动机使用继电器控制，确保能够得到较大的驱动电流。继电器线圈使用一 PNP 晶体管驱动，当晶体管基极为低电平时线圈得电，从而电动机得电。在继电器线圈上反向并联二极管起到泄流的作用，消除继电器通断过程中产生的感应电动势，防止击穿晶体管。

5.3.9　蓝牙串口电路设计

蓝牙串口电路中使用的是 HC-06 蓝牙模块，其电路如图 5.19 所示。

该模块主从一体，密钥相同则自动配对，需要的外围设备少，连线简单。模块符合 TTL

电平规范，UART_TXD 与 UART_RXD 可以与单片机的 PD0 与 PD1 直接相连。LED 显示模块是否配对成功，未配对时闪烁频率较高，配对后以 0.5 Hz 的频率闪烁。蓝牙主机上有个 KEY 端口，该端口与电源相连，就能触发主机重新搜索周围从机设备并进行配对。当模块作从机时只能被动连接，KEY 功能被屏蔽。

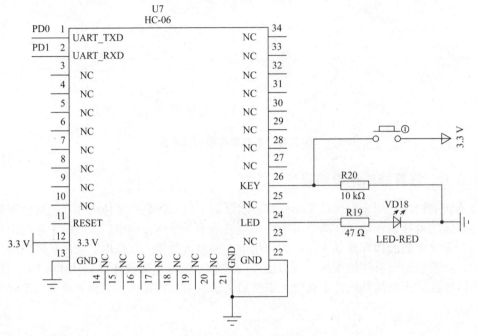

图 5.19　蓝牙模块电路

5.3.10　光控电路设计

机器人在工作中有可能存在光照不足的情况，对工作人员的控制会产生巨大的影响，因此应该在机器人上设计一个光照补偿电路，最简单的如安置发光二极管。为了不增加额外的操作，电路使用的是自动光照检测设计，当光照不足时自动点亮发光二极管。光控模块电路如图 5.20 所示。

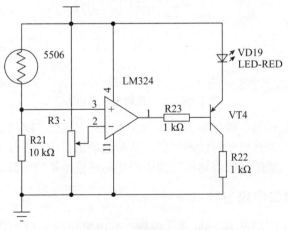

图 5.20　光控模块电路

光敏电阻使用的型号是5506，其亮电阻为 $2\sim5$ kΩ，暗电阻为 0.2 MΩ，同时串联一 10 kΩ 电阻，LM324 的反向端接入一滑动变阻器，其作用是设置参考电压。在光照充足的情况下，LM324 的同相输入端为高电平，大于反相输入端，由于该运放工作在开环状态下，增益无穷大，但系统提供的电源电压为 5 V，因此其输出为 5 V，PNP 晶体管截止。在光照较少的情况下，LM324 的同相输入端为低电平，小于反相输入端电压，使得运算放大器输出为低电平，晶体管导通，点亮发光二极管，从而达到自动控制的目的。其中，电阻 R22 具有限流功能，防止发光二极管过流烧毁。

5.4　搜救机器人的软件设计

5.4.1　软件系统总体结构

本节主要介绍搜救机器人的软件设计，根据系统要求，需要完成的总体软件设计包括程序初始化、信号采集、串口通信控制等。系统流程如图 5.21 所示。

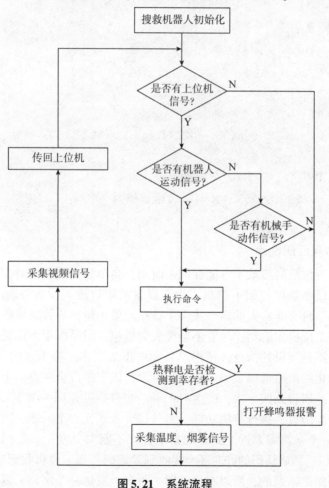

图 5.21　系统流程

5.4.2　下位机软件设计

1. 单片机系统初始化

AVR 单片机的每个 I/O 端口都是双向的，单片机在使用之前需要根据系统端口资源的分配情况对端口的寄存器进行相应的配置。PORTX 为数据寄存器，DDRX 为数据方向寄存器，PINX 为输入引脚寄存器。当 DDRX. x = 1 时，I/O 端口处于输出工作方式，此时数据寄存器 PORTX 中的数据通过一个推挽电路输出到外部引脚。AVR 单片机的输出采用推挽电路是为了提高 I/O 的输出能力。当 PORTX. x = 1 时，该引脚输出高电平。当 DDRX. x = 0 时，该端口处于输入工作方式，输入引脚寄存器 PINX. x 中的数据就是外部引脚的实际电平，通过 I/O 指令可以将引脚的电平值读入 CPU。此外，当 I/O 端口用作输入时，通过 PORTX 的控制，可以使能端口内部上拉电阻。

端口初始化后需要对串口进行初始化，配置波特率、串口发送方式及开放中断。串口初始化代码如下：

```
voiduart_init()
{
    UCSRB = 0x00;
    UCSRA = 0x00;  //控制寄存器清零
    UCSRC = (1<<URSEL)|(0<<UPM0)|(3<<UCSZ0);  //选择异步串口模式
    UBRRH = 0;
    UBRRL = 51;  //设置波特率
    UCSRB = (1<<TXEN)|(1<<RXEN)|(1<<RXCIE);  //接收、发送使能，接收
中断使能
    SREG = _BV(7);  //全局中断开放
    DDRD |= 0X02;  //配置 TX 端口为输出模式
}
```

2. 系统串口数据匹配设计

系统上位机与下位机的启动不可能在同一时刻，当单片机先启动时，各模块已经开始工作，单片机会读取设备数据传回上位机，由于设置的串口模式没有校验上位机是否收到数据，上位机打开串口时有非常大的概率丢失了数据的第一位，导致以后的数据流程全部被打乱，产生错误；如上位机先启动，尽管不会丢失数据包，但是由于下位机启动时串口需要初始化，会发送一些不是预设的指令，使得设备无法正常工作。鉴于这些问题，设计程序时，在系统与串口初始化结束后增加了串口数据校验段，该程序段会一直向上位机发送 X，直到上位机串口数据缓冲器收到四个 X，产生 OnComm 事件，并返回一个 X，当下位机接收到该数据时则退出该校验函数，执行整机功能。另外还要考虑到一个问题，当串口波特率设置为 9 600 时，每发送一个字符需要近 1 ms，如果下位机不断向上发送验证码，当上位机接收到的数据满足验证时，返回确认码的同时还会接收到验证码，当下位机收到确认码停止验证时，实际上验证结果仍然是错误的，所以在设计时，每向上发送一个字符，延时 100 ms，确保能在再次发送验证数据前查看是否接收到确认码。实际运行中该方法能有效进行开机串口数据

匹配。验证代码如下：

```
while(rdata! =88)   //与上位机数据校验
{
    uart_sendbyte(88);
    _delay_ms(100);
}
```

3. 温度测量程序设计

DS18B20 一般充当从机的角色，而单片机就是主机。单片机通过一线总线访问 DS18B20 的话，需要经过以下几个步骤：

1）DS18B20 复位；

2）执行 ROM 指令；

3）执行 DS18B20 功能指令（RAM 指令）。

由于搜救机器人使用单点测量方式，总线上仅有一个 DS18B20 存在，所以无须读取 ROM 里边的序列号及匹配 DS18B20，而是跳过 ROM 指令，直接执行 DS18B20 功能指令。

DS18B20 复位，在某种意义上就是一次访问 DS18B20 的开始，或者可说成是开始信号。DS18B20 的复位时序描述如下：

1）单片机拉低总线 480 ~ 950 μs，然后释放总线（拉高电平）；

2）这时 DS18B20 会拉低信号 60 ~ 240 μs，表示应答；

3）DS18B20 拉低电平 60 ~ 240 μs，单片机读取总线的电平，如果是低电平，那么表示复位成功；

4）DS18B20 拉低电平 60 ~ 240 μs 之后，会释放总线。DS18B20 复位时序如图 5.22 所示。

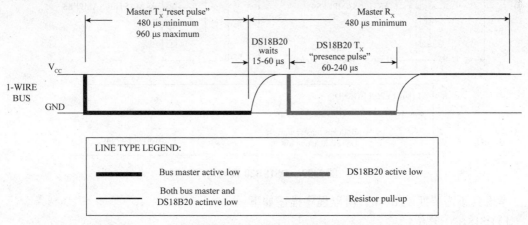

图 5.22　DS18B20 复位时序

相对于复位，单总线系统的数据读写更为复杂，需要对每条指令进行推敲。

DS18B20 写逻辑 0 /1 的步骤如下：

1）单片机拉低电平 10 ~ 15 μs；

2）单片机持续拉低/高电平 20 ~ 45 μs；

3）释放总线，即拉高电平。

DS18B20 读逻辑 0/1 的步骤如下：

1）在读取的时候单片机拉低电平大约 2 μs；

2）单片机释放总线，然后读取总线电平；

3）此时 DS18B20 会拉低电平；

4）读取电平过后，延迟 40 ~ 55 μs。

DS18B20 读写时序如图 5.23 所示。

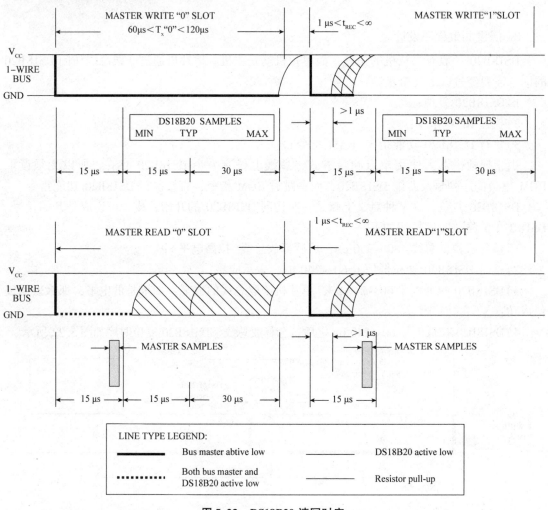

图 5.23　DS18B20 读写时序

考虑到不需要匹配 ROM，所以程序描述如下：

1）DS18B20 复位；

2）写入跳过 ROM 的字节命令，0xcc；

3）写入开始转换的功能命令，0x44；

4）DS18B20 复位；

5）写入跳过 ROM 的字节命令，0xcc；

6）写入读暂存的功能命令，0xee；

7）读入第 0 个字节 LS Byte，转换结果的低八位；

8）读入第 1 个字节 MS Byte，转换结果的高八位；

9）整合 LS Byte 和 MS Byte 的数据；

10）求得十进制值，正数乘以 0.062 5。

代码如下：

```
void init18b20()
{
    DDRB | =_BV(PB1);    //设置输出
    PORTB& = ~_BV(PB1);
    _delay_us(600);
    PORTB | =_BV(PB1);
    _delay_us(300);
}
void write18b20(uchar temp)
{
    uchar i;
    for(i=0; i<8; i++)
    {
        DDRB | =_BV(PB1);    //设置输出
        PORTB& = ~_BV(PB1);
        _delay_us(10);
        if(temp&0x01)PORTB | =_BV(PB1);
        _delay_us(60);
        PORTB | =_BV(PB1);
        temp>>=1;
    }
}
uchar read18b20()
{
    uchar temp=0, i;
    for(i=0; i<8; i++)
    {
        temp>>=1;
        DDRB | =_BV(PB1);    //设置输出
        PORTB& = ~_BV(PB1);
        _delay_us(2);
        PORTB | =_BV(PB1);
        DDRB& = ~_BV(PB1);    //设置输入
```

```
        PORTB |=_BV(PB1);      //设置上拉电阻
        if(PINB&0x02)temp=temp|0x80;
        _delay_us(60);
    }
    DDRB |=_BV(PB1);      //设置输出
    return(temp);
}
```

4. 串口数据接收与发送程序设计

数据发送使用的是查询法。首先检查单片机发送缓冲器(UDR)是否准备好接收新数据,UDRE 为 1 表示缓冲器为空,已经准备好进行数据接收,此时将数据赋值给 UDR,然后不断查询发送结束标志 TXC,当 TXC 为 1 时则发送完成。由于使用的是查询法,TXC 不会自动清零,因此最后还要在此位写 1 清零。

上位机发送的命令都是单字符的且时间不定,所以数据接收使用中断方式。进入中断首先关闭接收结束中断使能位 RXCIE,将接收缓冲器中的数据保存在全局变量中,然后置位设定的中断标志,开接收使能。代码如下:

```
void uart_sendbyte(uchar data)   //数据发送子程序
{
    while(!(UCSRA&(_BV(UDRE))));  //查询发送缓冲器
    UDR=data;  //将数据赋值给缓冲器
    while(!(UCSRA&(_BV(TXC))));   //查询发送结束标志
    UCSRA |=_BV(TXC);  //清零发送结束标志位
}
ISR(USARTRXC_vect)  //串口接收中断子程序
{
    UCSRB&= ~_BV(RXCIE);  //关接收中断
    rdata=UDR;  //保存数据
    flag=1;  //置位中断标志
    UCSRB |=_BV(RXCIE);   //开接收中断
}
```

5. 舵机控制程序设计

舵机的 PWM 周期为 20 ms,如果系统运行过程中给予舵机的信号周期达不到额定值,则会对舵机的控制精度产生影响,而且会发生剧烈的机械抖动。下位机系统的运行过程包括检索串口接收数据、执行控制命令、检测设备状态、发送数据、控制舵机,如果这些过程是按照模块化独立运行的,则一个周期将耗时近 30 ms,这样舵机是完全达不到控制要求的。而如果使用模块嵌套的方法则控制精度非常高。

　　首先需要考虑到系统有三个资源消耗大户：温度转换、数据发送、舵机控制。而搜救机器人只使用三路舵机，软件延时算法的能力有相当大的冗余，三路舵机实际消耗了系统7.5 ms，而其余的12.5 ms相当于都是作周期补偿了。实测过程中发现，串口发送四位数据需耗时4 ms左右，加上DS18B20温度转换与数据读取总共耗时9.8 ms，这可以插入舵机周期补偿的过程中，然后额外补偿2.7 ms低电平时间，通过AVR STUDIO4的软件仿真，系统一个周期耗时为20 011 μs，精度较高。另外，为了避免程序重复性内容过多，减少对控制周期的影响，在设计发送数据的程序中定义上传的数据格式都是四个字符，即烟雾报警、人体感应报警、温度值信号都是四个字符，这样也使得上位机更方便读取。经过Protues硬件仿真，其输出的舵机控制波形如图5.24所示，可见该设计的可行性较高。

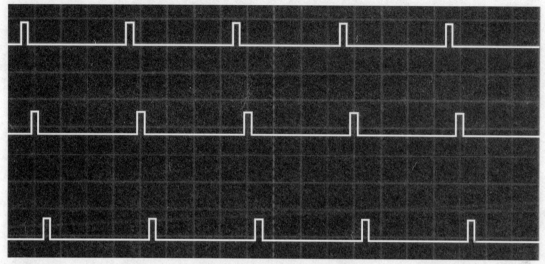

图5.24　Protues仿真波形

　　其算法描述如下：

　　1)A路输出2.5 ms脉冲(根据设定角度输出相应时间的正脉冲，不足时间由低电平补至2.5 ms)，此时其他两路输出低电平；

　　2)B路输出2.5 ms脉冲(同A路，不足时间由低电平补至2.5 ms)，此时其他两路输出低电平；

　　3)C路输出2.5 ms脉冲(同A路，不足时间由低电平补至2.5 ms)，此时其他两路输出低电平；

　　4)执行DS18B20温度转换指令并读取其数据；

　　5)根据主函数判断发送何种传感器数据；

　　6)补偿2.7 ms低电平时间。重复1)~6)步。

　　需要注意的是，考虑到实际舵机控制器情况，一般舵机角度控制不会在-90°~+90°之间调整，会限制其在-70°~+70°之间旋转，所以在1)~3)步的程序头部中插入700 μs高电平，尾部插入200 μs低电平作软件限制。而剩余的1 600 μs分割为10份，通过上位机按键命令驱动舵机旋转位置。代码如下：

```
void sendwendu()
{
    init18b20();  //开始温度转换与读取
    write18b20(0xcc);
    write18b20(0x44);
    init18b20();
    write18b20(0xcc);
    write18b20(0xbe);
    aa=read18b20();
    bb=read18b20();
    cc=((bb<<8)|aa)*0.625;
    if(level==0)
    {
        uart_sendbyte(cc/100+48);  //发送温度
        uart_sendbyte(cc%100/10+48);
        uart_sendbyte('.');
        uart_sendbyte(cc%10+48);
    }
    else if(level==1)
    {
        uart_sendbyte(9+48);  //发送人体感应报警
        uart_sendbyte(9+48);
        uart_sendbyte('.');
        uart_sendbyte(9+48);
    }
    else
    {
        uart_sendbyte(8+48);  //发送烟雾报警
        uart_sendbyte(8+48);
        uart_sendbyte('.');
        uart_sendbyte(8+48);
    }
}
void PWM()
{
    uchar i;
    sendwendu();
```

```
_delay_ms(2.7);  //舵机周期补偿
PORTA |=_BV(PA0);
_delay_us(700);
for(i=a; i>0; i--)
_delay_us(160);
PORTA&=~_BV(PA0);
for(i=10-a; i>0; i--)
_delay_us(160);
_delay_us(200);
PORTA |=_BV(PA1);
_delay_us(700);
for(i=b; i>0; i--)
_delay_us(160);
PORTA&=~_BV(PA1);
for(i=10-b; i>0; i--)
_delay_us(160);
_delay_us(200);
PORTA |=_BV(PA2);
_delay_us(700);
for(i=c; i>0; i--)
_delay_us(160);
PORTA&=~_BV(PA2);
for(i=10-c; i>0; i--)
_delay_us(160);
_delay_us(200);
}
```

6. 主程序设计

在主程序中，先查询串口接收中断标志，如已接收到指令则进入数据匹配程序，首先清除中断标志，然后查询该指令与预设的动作是否相同，如相同则执行对应命令，不同则退出该条件函数；如未收到指令，则进入数据发送程序。发送优先级为：人体检测到报警>烟雾浓度过高报警>当前环境温度。另外，电动机的启动到运转是有一个过渡的过程的，在实测中发现，当向电动机驱动发送运动指令到有明显的运动现象需要 10 ms 以上，这时如果在上述过程后插入一个舵机控制程序恰好能满足要求，且不会对系统产生额外负担。代码如下：

```
while(1)
{
    PWM();
```

```
    if(flag==1)
    {
        flag=0;
        switch(rdata)
        {
            case'a': go(); break; //前进
            case'b': back(); break; //后退
            case'c': left(); break; //左转
            case'd': right(); break; //右转
            case'e': stop(); PORTB&=~_BV(PB0); break; //开水泵
            case'f': stop(); PORTB|=_BV(PB0); break; //关水泵
            case'g': stop(); if(a!=10)a++; break; //1号舵机
            case'h': stop(); if(a!=0)a--; break;
            case'i': stop(); if(b!=10)b++; break; //2号舵机
            case'j': stop(); if(b!=0)b--; break;
            case'k': stop(); if(c!=10)c++; break; //3号舵机
            case'l': stop(); if(c!=0)c--; break;
            default: stop(); break;
        }
    }
    else
    {
        stop();
        if(((PINB&0x04)==0)&&((PINB&0x08)==0)) //检测热释红外及烟
雾报警器
        {
            PORTA|=_BV(PA5); //开蜂鸣器
            level=0; //温度值传回上位机
        }
        else
        {
            PORTA&=~_BV(PA5); //关蜂鸣器
            if((PINB&0x04)==0x04) //人体报警优先
            level=1; //人体检测到报警
            else
            level=2; //烟雾检测到报警
        }
    }
```

5.4.3 上位机软件设计

VB(Vissual Basic)是面向对象的编程方式,程序的运行依靠事件触发。打开上位机软件时首先进行初始化:对窗口位置进行居中设置,通过 WebBrowser 控件的访问网址,将 MSComm 串口控件的缓冲区大小、产生 Oncomm 事件的字符数、接收格式、读取缓冲区的字数属性进行定义(大部分控件的初始化属性在程序编译时已经设置好了)。

对于上位机的数据接收,程序中定义了每接收到四个字符则产生 Oncomm 事件,读取这些字符并进行分析,如果是预定义的人体红外或烟雾信号,则在界面中显示报警,如是温度值则显示数值。

上位机发送的指令为一个字符,放入 MSComm 的输出缓冲器中,系统将自动完成发送任务。另外,运动控制指令分为点动和长动两种,经过键盘按键〈W〉〈S〉〈A〉〈D〉发出的指令为点动方式,当按键按下时,数据直接进入发送缓冲区进行发送,并且只发送一次。通过鼠标单击界面上的"前""后""左""右"命令按钮,系统将激活对应的定时器,每隔2 ms 发送一次指令。上位机操作界面如图5.25所示。

图 5.25 上位机操作界面

5.5 搜救机器人的调试

5.5.1 硬件电路调试

用万用表仔细检查电路的连接是否正确,是否存在短路、虚焊等情况,尤其要注意电源极性是否正确，DS18B20 一旦电源接反就必定烧毁。在确认硬件电路连接无误后方可上电。首先观察对电动机的方向控制是否正确，前进、后退、左转、右转是否都能符合控制要求，如不正确则应将电动机驱动的连线重新设置。然后设置舵机初始化角度，使其启动时角度合适、不抖动。最后对舵机极限转角进行观察，在程序中设置相应的阈值，确保舵机不因堵转烧毁。

5.5.2　软件调试

1. 软件调试工具

Atmel 公司提供了免费的 AVR 单片机调试工具 AVR STUDIO4，它是一个完整的开发工具，具有编辑、仿真功能。利用这个工具，我们可以编辑源代码，并在 AVR 器件上运行。软件调试界面如图 5.26 所示。

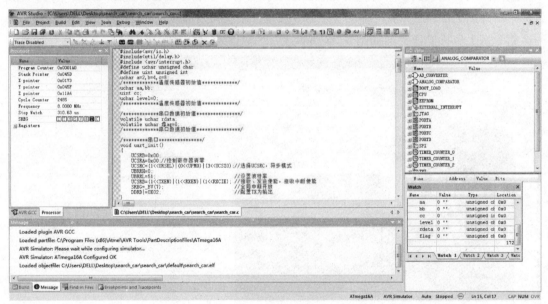

图 5.26　软件调试界面

另外还使用 Protues 进行硬件仿真，它是目前最好的仿真单片机及外围器件的工具。Protues 可提供仿真仪表资源(如示波器和逻辑分析仪)，具有图形显示功能，可以将与之端口连接的变化的信号，以实时波形图的方式显示出来，其作用与示波器类似，但是功能更丰富。该类虚拟仪器仪表具有非常理想的参数指标，如极高的输入阻抗、极低的输出阻抗，这些都可以减少测量仪器对测量结果的影响。根据波形，可以知道在软件上如何优化及修改错误的程序段。

2. 中断程序调试

早期版本的 avr-libc 对中断服务程序的书写提供了两个宏(SIGNAL 和 INTERRUPT)，并且需要包含两个头文件(avr/signal. h 和 avr/interrupt. h)。新版中 INTERRUPT 宏已经不能使用了，而且建议用 ISR 宏替代 SIGNAL 宏。

最开始设计程序时，使用 uchar 数据格式对中断标志"flag"进行申明，但是下位机运行过程中数据能发送却不能接收，调试后发现是接收中断程序没有起作用，这是使用编译器优化设置后产生的问题。由于编译器的优化，主函数中的"if（flag==1）"运行时首先从"flag"对应的内存读一次数据到一个寄存器中，之后不停地测试此寄存器是否为非零，即使中断程序中已经改变了"flag"对应内存的值，它还是始终检查一个不再更新的寄存器，所以系统初始化时"flag"的值为 0，对于后面运行的过程，即使已经产生接收中断，系统也无法发现"flag"值的变化。同样，编译器优化也会对下面的代码产生影响：

```
#include<avr/io.h>
unsigned char flag=0;
int main()
{
    flag=1;
    flag=0;
    while(1);
}
```

main 程序中对"flag"先赋值 1，后赋值 0，显然"flag=1"是没有意义的，编译器优化后发现了这个问题，所以没有生成"flag=1"的机器码，在优化过程中"flag=1"被忽略了，这在一般的 C 程序中是没有问题的。但是，如果"flag=1"是单片机 I/O 端口的变量，就会产生严重的问题，原本想从 I/O 端口输出一逻辑正脉冲的程序就被编译器优化掉了。这时候应该使用"volatile"关键词对变量进行申明，"volatile"的字面含义是易变的，将一个变量申明为"volatile"格式就是告诉编译器这个变量是易变的。在多任务、中断等环境下，变量可能被其他的任务改变，而编译器无法发现，"volatile"就是告诉编译器这个变量在其他任务（或中断）中可能要修改。但是，使用"volatile"会造成代码膨胀和执行效率低的问题。综合考虑后，在程序中将用循环状态检查，并将中断函数中改变的变量指示为"volatile"。

5.5.3　舵机延时函数调试

整个程序使用的软件延时都是调用 WINAVR GCC 自带的延时函数，使用时需要先编程单片机的熔丝位，使得其时钟使用外部高频晶振，然后在 AVR STUDIO4 的开发环境中进行配置，如图 5.27 所示，需要设置系统晶振频率并将优化选项设置为"-0s"。对应的优化描述如下。

1）-00：无优化。

2）-01：减少代码尺寸和执行时间，不进行需要大量编译时间的优化。

3）-02：几乎执行所有优化，而不考虑代码尺寸和执行时间。

4）-03：执行-02 所有的优化，以及内联函数，重命名寄存器的优化。

5）-0s：针对尺寸的优化，执行-02 所有的优化而不增加代码尺寸。

图 5.27　系统配置界面

在使用延时函数时发现了一些问题，在 WINAVR 的"delay. h"头文件中分析程序发现有两个子函数，分别为 using_delay_loop_1( )和 using_delay_loop2( )。

函数 using_delay_loop_1( )的描述如下：

```
/ * * \ingrouputil_delay_basic

Delay loop using an 8-bit counter \c_count, so up to 256 iterations
are possible. (Thevalue 256 would have to be passedas 0. ) The loop
executes three CPU cycles per iteration, not including the overhead
the compiler needs to setup the counter register.

Thus, at a CPU speed of 1 MHz, delays of up to 768 microseconds can
be achieved.

* /
```

可知该函数的循环变量为 8 位，最大值为 256，每次执行 3 个 CPU 时钟，不包括程序调用和退出所花费的时间。如当 CPU 为 1 MHz 时，最大延时为 768 μs。函数代码如下：

```
void_delay_loop_1(uint8_t_count)
{
    _asm_volatile(
    "1: dec % 0" " " \n \t"
    "brne 1b" a a
    :"=r"(_count)
    :"0"(_count)
    );
}
```

函数 using_delay_loop2( ) 的描述如下：

```
/* * \ingrouputil_delay_basic
Delay loop using a 16-bit counter \ c_count, so up to 65536 itera-
tions are possible.(The value 65536 would have to be passed as 0.)The
loop executes four CPU cycles per iteration, not including the
overhead the compiler requires to setup the counter register pair.
    Thus, at a CPU speed of 1 MHz, delays of up to about 262.1 millisec-
onds can be achieved.
    */
```

可知该函数的循环变量为 16 位，最大值为 65 536，每次执行 4 个 CPU 时钟，不包括程序调用和退出所花费的时间。如当 CPU 为 1 MHz 时，最大延时大约为 262.1 μs。函数代码如下：

```
void_delay_loop_2(uint16_t_count)
{
    _asm_volatile(
    "1: sbiw % 0, 1" " " \n \t"
    "brne 1b"
    :"=w"(_count)
    :"0"(_count)
    );
}
```

系统编译时，_delay_us(double_us) 调用了子函数 void_delay_loop_1(uint8_t_count)，uint8_t 限定了_us 的取值范围不能超过 255；_delay_ms(double_ms) 调用了子函数 void_delay_loop_2(uint16_t_count)，uint16_t 限定了_ms 的取值范围不能超过 65 535。尽管新版本的 GCC 编译器对于超出最大值会进行重新调用防止编译错误，如当微秒级延时数值达到 1 100 时，编译器会对 1 100 进行千位取整，调用_delay_ms(1)，然后调用_delay_us(100)，但是这对延时精度会产生影响，应该在程序中对此特别注意，并反复调试。

另外，在使用这两个延时函数时实参要使用常量，这是为了让编译器在编译的时候就把延时的值计算好，而不是把它编译到程序中在运行时才进行计算。这样不仅会增加代码的长度，还会使延时程序的延时时间加长，产生时序错误，或是产生不可预见的错误。

5.5.4 系统功能调试

1. 系统登录

为了防止他人对搜救机器人的误操作，在设计上位机时增加了一个登录窗口，在开启机器人前需要进行管理员登录才能进行控制，如图 5.28 所示（图中标题的"登陆"的正确说法应为"登录"）。由于作者能力有限，登录的用户名及密码都是固化在程序中的，没有另建数据库，所以不能新建账户和修改密码。

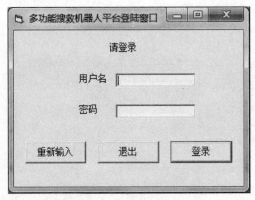

图 5.28　系统登录界面

2. 热释红外报警

当搜救机器人发现幸存者后，会立刻打开机载的蜂鸣器进行报警，同时将信号传输至上位机，上位机对返回的数据进行解码，然后在界面中进行警示。热释红外报警信号反馈至上位机的界面如图 5.29 所示。

图 5.29　热释红外报警信号反馈至上位机的界面

3. 环境烟雾浓度过高报警

烟雾报警与热释红外报警方式相同，区别是传回至上位机的数据不同，上位机显示的报警信息也不同。另外由于数据通道容量有限，当热释红外及烟雾浓度过高同时发生时，前者具有高优先级，此时系统只对热释红外的报警进行响应。烟雾报警信号反馈至上位机的界面如图 5.30 所示。

图 5.30　烟雾报警信号反馈至上位机的界面

4. 机器人适应性调试

机器人的适应性调试主要是测试其机械装置与控制设备的协调性，以及在各种场地的运动能力，如图 5.31～图 5.38 所示。经过综合测试，搜救机器人能满足操作需求。

图 5.31　遇障转弯

图 5.32　沙地行走

图 5.33　搬运水杯

图 5.34　废墟行走

图 5.35　跨越垂直障碍

图 5.36　搬运石块

图 5.37　爬楼梯 1

图 5.38　爬楼梯 2

第6章
智能家居报警机器人

随着现代社会的发展，中国正在进行着农村转向城市的大进步，越来越多的公寓小区拔地而起，人们的生活水平也在不断提高。但公寓小区存在的安全缺陷也不断暴露出来。在这样的背景下，智能家居报警机器人的出现很大程度解决了城市化过程中的安全问题。

6.1 研究背景与意义

中国市场经济的快速发展，城市现代化进程的加快，人民生活水平的日益改善，促使了房地产业迅猛发展，各类的居民楼迅速拔地而起。这些居民楼大多实现了集中供水、供电、供气，具备完善的社会化服务功能，再加上环境优雅，空气清新，满足了人民群众的生活需要。这些小区大多由物业管理公司进行集中管理，如果在日常管理中忽视了消防安全，没有将消防安全管理作为物业管理的重要内容，导致小区内存在着不少消防安全隐患，一旦发生火灾、液化石油气或煤气泄漏的事故，就会对人民群众的生命财产安全造成很大损害。

按照现行《建筑设计防火规范》等消防技术规范的有关规定，应该合理设置消防车道、消防水源，还要设置必需的消防设施和器材。但实际上不少小区从设计上缺少整体消防规划，虽然有些小区编制了消防规划，但是小区内建筑由几家不同施工队伍合作施工，或分阶段组织施工，这就造成了设计前后不一致，设计和施工衔接不上；开发商过多地追求经济效益，忽视消防设施方面的投入，导致小区建成后存在消防安全隐患，消防设施不配套。住宅小区发生火灾的危险性极大，一旦发生将不堪设想。

随着人民生活水平的日益改善，居家装饰要求也相应地提高。而在装修中为了追求装修效果，过多采用易燃材料，隐蔽电气线路，线路型号选择不当、家庭用火用电不慎、小孩玩火等都极易诱发火灾。而且为了防盗，大多数住宅楼一二层安装了防盗栏等防护措施，不利于灭火救援和人员的疏散。而目前居民家中大多未配备灭火器，很多居民都未接受过消防安全培训，消防安全意识淡薄，基本不具备灭火和逃生知识，这是相当危险的。

"安居才能乐业"，由此需要智能家居报警机器人为居民提供一个安全、舒适的生活环境。

1. 项目研究意义

在中国，报警行业已发展二十余年，相关产品技术也越来越成熟。但由于产品对象局

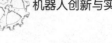

部、价格竞争激烈及其他因素的影响，报警行业需要寻找新的出路。20世纪90年代末，国外专业安防公司进入中国内地市场，出现专业从事报警服务的企业而且仅限于金融营业场所。如今，报警服务已经扩展到各个领域，在社会和谐和家庭安全方面发挥了重要的作用。

中国人口众多，家庭报警服务市场蕴藏着巨大的潜力。家庭用户将是未来最大的市场。现阶段，我国安防报警服务市场主要以政府和企事业单位为主，社区家庭安防报警服务发展比较缓慢。随着社会的进步，人们的安全意识也将不断提高。为不同人提供不同的安全服务是我国未来报警服务企业发展壮大的巨大动力。

因此，本项目针对现代家庭安防展开研究，拟设计完成体积小、成本低、行动敏捷、报警准确、工作稳定的智能家居报警机器人，有着十分广阔的实用价值和商业前景。

2. 服务机器人技术现状及发展方向

目前市场上已经有初步的服务型机器人产品，如扫地机器人、庭院割草机器人。并且，很多国家都已经制订了相应的家庭服务型机器人的发展计划。智能家居报警机器人正属于家庭服务型机器人范畴。

(1)我国家居机器人的现状

目前我国虽然制订了服务机器人发展计划，机器人研究在某些领域已经处于世界领先地位，但总体上与发达国家仍有差距。

我国是人口大国，由于人民健康水平的日益提高和计划生育政策的长期实施，我国正快速步入老龄化社会，家居机器人将大有作为。

(2)家居报警的发展趋势

1)故障自动检测、防止漏报功能。

防盗报警器具有故障自动检测的功能，防止漏报情况发生。

探测器与主机之间进行互相检测。例如，系统内探测器每隔12 h发送一次信号给主机，主机能在48 h内收到探测器的正常信号，则探测器在正常工作状态。反之，主机会有故障提示，让用户进行系统检查，从而使系统安全、有效地工作。

2)防破坏无线转发报警功能。

针对信号线被破坏之后报警主机的工作问题，本项目采用了无线转发功能。在设防状态下，报警主机设置无线转发功能，当信号线被剪断时，主机会立刻启动无线转发功能，立即将原先设定的报警电话无线发射给另外一台报警主机，另外一台报警主机立刻代拨报警电话，确保防盗报警万无一失。

3)智能光纤报警系统。

智能光纤报警系统与传统安防产品相比仅用一根普通光缆，就可对很大范围内的入侵信号进行有效监控，在150 km的监控范围内可对入侵地点进行实时精确定位，精度可达3 m，具有非常可靠的高灵敏度及低误报率。该系统还具有很强的抗破坏能力，即使传感光缆遭到入侵者恶意破坏，仍能够继续提供有效的定位能力而不会瘫痪。该系统正在研发中的长距离报警的高端系统，具有准确报警和精确定位双重功能，适用于大型重点工程的防护，如对埋于地下的长距离石油管道等进行漏油、防盗、维护等方面的精准定位报警。

4)智能家电控制功能。

智能家居服务系统利用先进的计算机、网络通信、智能控制等技术，将与家庭生活有关的各种应用子系统无缝结合在一起，通过智能化管理，让家庭生活更加安全、高效和节能。

智能家居服务系统能够将被动静止的家居设备转变为具有"智慧"的工具，优化人们的生活方式，帮助用户高效合理地安排时间，增强家庭生活的安全性，并为家庭节省能源费用等。近年来，智能家居服务系统开始进入越来越多的家庭，具有家居智能化功能的防盗报警产品成为人们选购的热点。

现在市场上部分防盗报警产品已经具有实用的家电控制功能，实现科技以人为本的思想理念。

5）脑神经学习功能。

报警防范系统最大的缺陷是易受室外环境影响，尤其当暴风雨来临或者车辆行驶振动等情况发生时，往往导致误报，有些报警防范系统开发了智能学习功能。它通过"自学"功能，对环境状态进行学习记忆，当正式运行时出现类似的环境状态便能被过滤掉，如风、雨和动物活动等特征明显的情况，都被自动"删除"，使得对真正的入侵信号的检测达到最优化效果。

6.2　智能家居报警机器人的总体方案设计

6.2.1　系统总体设计框图

目前许多的智能家居报警机器人只具有报警功能，不能处理家庭突发事故，无法满足人们的需要；有的机器人能够自动执行灭火等相关动作，但相关细节还不能和人类控制相比。而且家庭突发事故是不能接受系统误操作的，只有用户亲自控制机器人完成相应处理，才能很好地完成最终目标。

系统总体设计框图如图6.1所示。

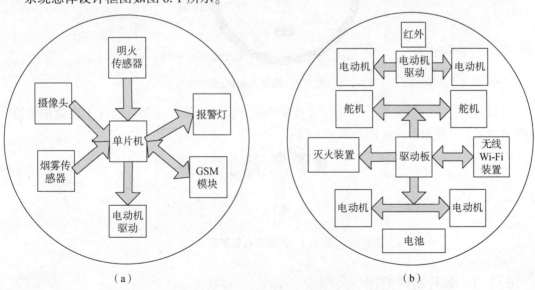

图6.1　系统总体设计框图
（a）报警系统设计；（b）Wi-Fi 驱动设计

6.2.2　机器人外观设计

智能家居报警机器人主视图如图6.2所示。

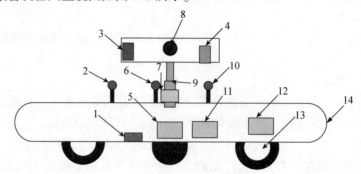

1—电动机驱动；2、6、10—红外避障传感器；3—火焰传感器；4—烟雾传感器；5—11F32驱动板；7—灭火装置；
8—摄像头；9—升降云台；11—Wi-Fi模块；12—GSM模块；13—电动机与轮子；14—圆形底座。

图6.2　智能家居报警机器人主视图

1）本项目机器人设计为圆形结构，有效减少行进时的磕碰与死角，为执行任务和远程控制提供良好的硬件基础。

2）电动机为四驱设计，能够控制机器人原地360°转向，减小活动角度更加不易碰到障碍物，远程控制时不会给用户增加操作困难。机器人俯视图如图6.3所示。

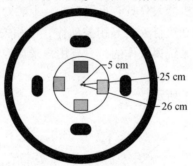

图6.3　机器人俯视图

3）机器人搭载的摄像头云台具有可升降功能，使得在远程控制的情况下也能很好地了解现场情况。升降云台示意图如图6.4所示。

图6.4　升降云台示意图

6.2.3　单片机的概述

本项目采用双核系统，上层单片机为STC11F32XE，用于实现机器人控制功能；下层单片机为 AT89S51，用于实现传感与 GSM 报警功能。两款单片机工作互相独立，功能相结合，从而达到智能家居报警机器人的设计要求。

1. STC11F32XE 单片机引脚及介绍

STC11F32XE 单片机的引脚分配图如图 6.5 所示。

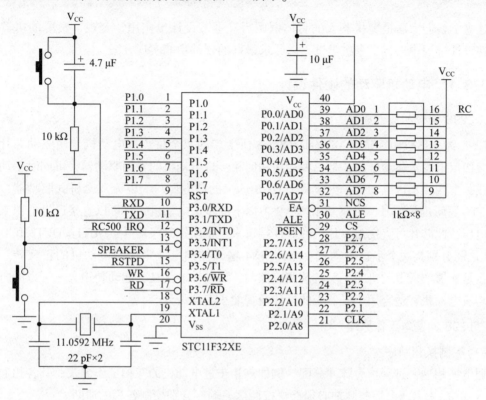

图 6.5 STC11F32XE 单片机的引脚分配图

STC11F32XE 是采用宏晶第六代加密技术的 STC11 系列单片机，采用 1T 8051 带总线，可直接取代传统 89C58 系列单片机，可省复位电路，具备 36～40 个 I/O 端口、内部 R/C 时钟，可省外晶振。

2. STC11F32XE 单片机特点

STC11F32XE 单片机拥有增强型 8051 内核，程序处理速度比普通 8051 快 6～12 倍，具有高速的处理能力。电压范围为 3.7～5.5 V，具有宽电压的优点。在空闲模式中可由任意一个中断唤醒；掉电模式中可由任意一个外部中断唤醒，支持下降沿/低电平和远程唤醒，内部专用掉电唤醒、定时器唤醒等低功耗设计使得对单片机的使用更加持久。其中，支持掉电唤醒的引脚为：P3.2/INT0，P3.3/INT1，P3.4/T0，P3.5/T1，P3.0/RXD（或 P1.6/RXD）。单片机的工作频率为 0～35 MHz，具有 32 K 字节片内 Flash 程序存储器、1 280 字节片内 RAM，具备芯片内 EEPROM 功能，擦写次数在 10 万次以上而且速度快。先进的指令集结构，兼容普通 8051 指令集，有硬件乘法/除法指令，在编程的过程中很方便、实用。端口设置具有四种模式：准双向口/弱上拉、推挽/强上拉、仅为输入/高阻、开漏。此款单片机无须编程器/仿真器，直接使用 STC-ISP 下载程序在线编程。

6.3 智能家居报警机器人的硬件设计

建立了智能家居报警机器人的总体框图后，本节设计出实用、美观、紧凑的机器人外观。在设计过程中进行了多次尝试，以寻求最好的硬件功能实现方案。

6.3.1 电动机驱动的硬件设计

1. L298 电动机驱动概述

L298 为 SGS-THOMSON Microelectronics 所生产的双全桥步进电动机专用驱动芯片，内部包含四信道逻辑驱动电路，是一种二相和四相步进电动机的专用驱动器，可同时驱动两个二相或一个四相步进电动机，内含两个 H-Bridge 的高电压、大电流双全桥式驱动器，接收标准 TTL 逻辑准位信号，可驱动 46 V、2 A 以下的步进电动机，且可以直接透过电源来调节输出电压；此芯片可直接由单片机的 I/O 端口来提供模拟时序信号；OUT1、OUT2 和 OUT3、OUT4 之间分别接两个步进电动机；IN1 ~ IN4 输入控制电位来控制电动机的正反转。L298 的特点是能够实现电动机的正反转及调速控制，启动性能优良，起动转矩大，可以同时驱动两台直流电动机，适合用于机器人的设计及智能小车的设计。

2. L298 的基本工作原理

（1）控制换相顺序

通电换相这一过程称为脉冲分配。例如三相步进电动机的三拍工作方式，其各相通电顺序为 A-B-C-D，通电控制脉冲必须严格按照这一顺序分别控制各相的通断。

（2）控制步进电动机的转向

如果给定工作方式正序换相通电，步进电动机正转；如果按反序换相通电，则电动机反转。

（3）控制步进电动机的速度

如果给步进电动机发一个控制脉冲，它就转一步，再发一个脉冲，它就会再转一步。两个脉冲的间隔越短，步进电动机就转得越快。调整单片机发出的脉冲频率，就可以对步进电动机进行调速。

由于本项目智能家居报警机器人采用四驱驱动方式，四个电动机都由不同的单片机引脚进行正反转控制，而 STC RX32 单片机模块上只支持两路电动机驱动，因此机器人的两路电动机 A、B 接驱动板上的两路电动机接口，外接两路电动机 C、D 通过 L298 与驱动板引脚进行连接。L298 电动机驱动模块连接电路如图 6.6 所示。

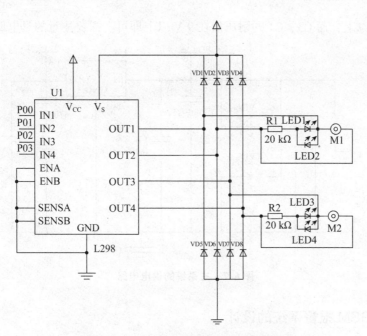

图 6.6　L298 电动机驱动模块连接电路

6.3.2　系统的供电电路设计

本项目的主系统需要提供三类电源，包括 DC 12 V 和 DC 9.6 V、DC 5 V。DC 12 V 为 GSM 模块提供电压，DC 9.6 V 为驱动板单片机提供电源，DC 5 V 为 51 单片机和报警灯提供电源。

在单片机系统的电源中，常用三端稳压 IC 作为稳压芯片。该芯片具有价格低、抗干扰能力强等优点，在电子产品中应用广泛。

1. 7805 的概述

常用的三端稳压集成电路有正电压输出的 78×× 系列和负电压输出的 79×× 系列。三端 IC 是指芯片共有 3 根引脚，分别是输入端、输出端和接地端。用 78××/79×× 系列芯片组成的稳压电源需要的外围电路元件不多，芯片内部大都有过流、过热及调整管方面的保护电路，具有简单、可靠的优点。78/79 后面的数字代表这个三端集成稳压电路的输出电压，如 7805 表示输出电压为+5 V，7906 表示输出电压为−6 V。

一般的三端集成稳压电路最小输入/输出电压差约为 2 V，如果输入电压小于输出电压，则不能输出稳定的电压。一般电压差应该保持在 3~5 V 之间。在经过变压器，二极管整流桥电容器滤波后的电压应比稳压值高出 3~5 V。本项目中经变压器降压后的电压为 5 V，符合应用条件。

在实际应用中需要根据所用的功率大小，在三端集成稳压芯片上安装足够大的散热器。如果使用的功率不大，则可以不装散热器。

2. 固定输出的电源电路

主系统的供电电路如图 6.7 所示，以 7805 为芯片的 12 V、5 V 电源。图中的电容 C1、C2 为电解电容，根据负载的大小来确定，理论上电容越大，输出的电压越稳定。C1、C2 的耐压值在 25 V 以上，而 C3、C4 的耐压值在 9 V 以上即可。需要注意的是电路要有接地。

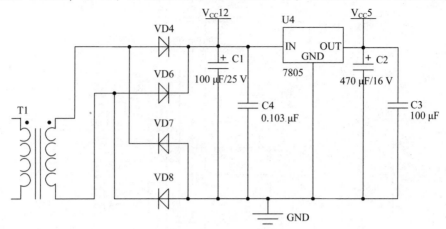

图 6.7 主系统的供电电路

6.3.3 GSM 报警系统的设计

GSM 基于窄带 TDMA 制式，允许在一个射频同时进行 8 组通话。GSM 在 20 世纪 80 年代兴起于欧洲，1991 年投入使用后，到 1997 年底，已经在 100 多个国家运营，到了 2021 年，在全世界的 162 个国家一共建设了 400 多个 GSM 通信网络。在网络用户过载时，就需要构建更多的网络设施来提供使用。GSM 很多方面的性能都很优异，它不但提供标准化的列表和信令系统，而且开放了比较智能的业务：国际漫游。

GSM 网络经过多年的发展和优化已经非常成熟，具有盲区少、信号稳定、自动漫游、通信距离不受周围环境影响等优点。特别是 GSM 短信息，可以跨市、跨省、跨国发送，每发送一条短信息只需要 0.1 元，相当廉价可靠。因此，利用手机短信来实现实时报警、传输数据是一个性价比很高的选择。

GSM 模块是一个如同手机一样的通信模块，集成了手机的若干功能，可以发送短消息、进行通话。GSM 模块可以与电脑 RS232 串口相连，也可以用单片机来进行控制，通过使用 AT 指令进行具体的实际操作。

1. GSM 报警系统的组成

（1）STC89C51 单片机

单片机选用宏晶科技生产的高速、低功耗、超强抗干扰的 STC89C516RD+，与各电路系统相连，实现整个系统的控制。

智能家居报警机器人使用了一块 STC89C51 单片机最小系统模块。

STC89C516RD+单片机引脚分配如图 6.8 所示。

STC89C51 单片机由稳压模块提供的 5 V 电源供电，而在实际使用中，只要电压在 3.8 ~ 5.5 V 之间就可以正常工作。但电源的不稳定会将干扰带入单片机内，因此在这次设计中，使用 5 V 电源供电的同时在单片机的电源正和电源地之间加入一个 10 μF 电容进行滤波，来减少电源对单片机的干扰。

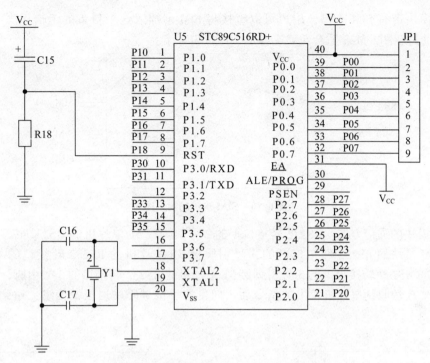

图 6.8 STC89C516RD+单片机引脚分配

（2）GSM 模块

本项目采用 BENQ 公司生产的一款多功能 GSM/GPRS 无线通信模块 M23。M23 是一款内置 TCP/IP over PPP 的 GPRS 模块。模块下面放置了 SIM 卡槽、其他芯片和电路，通过 AT 指令完成打电话、发短信、GPRS 拨号、PPP 连接、TCP/IP 应用，使用很方便。M23 的引脚分配如图 6.9 所示。

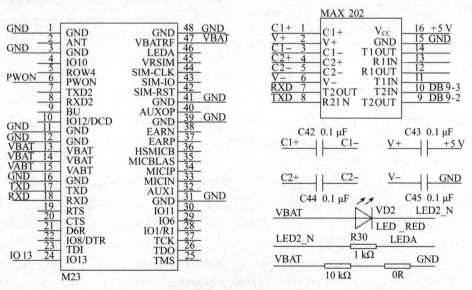

图 6.9 M23 的引脚分配

M23 模块带有 SIM 卡槽，用户可以直接将 SIM 卡插入这个自带的卡槽里。图 6.10 是 SIM 卡槽的封装图。M23 适合 5 V 或者是 3 V 的 SIM 卡。

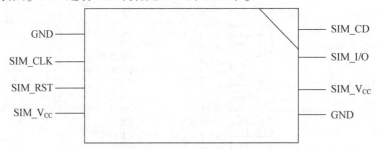

图 6.10　SIM 卡槽的封装图

GSM 模块的通信方式：RS232 转接口上的 2 号引脚接 51 单片机的 RS232 转接口的 3 号引脚，GSM 模块的 RS232 转接口上的 3 号引脚接 51 单片机的 RS232 转接口的 2 号引脚，GSM 模块的 RS232 转接口上的 5 号引脚接 51 单片机的 RS232 转接口的 5 号引脚，如图 6.11 所示。GSM 模块收到单片机发出的指令后，向目的手机号码发送报警信息，达到通知用户的目的。

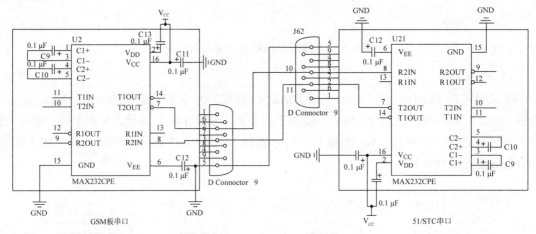

图 6.11　串口通信接线

（3）火焰传感器

火焰传感器使用远红外火焰探头。该探头使用硅光电二极管，由比制造集成芯片的硅纯度还要高的单晶硅组成，其阻值会随着光强度变化而变化，非常适合用于探测火焰。模块采用的探头在波长 870 nm 附近时灵敏度最大。

本项目使用的火焰传感器可以检测火焰或者波长在 760 ~ 1 100 nm 范围内的光源，其探测角度在 60° 左右，对火焰光谱特别灵敏，而且灵敏度可调，是家居报警中合适的火焰报警装置。其工作电压在 3.3 ~ 5 V 之间，有两种输出形式，分别为模拟量电压输出和数字开关量输出（0 和 1）。比较器采用 LM393 芯片，工作稳定。PCB 尺寸为 3 cm×1.6 cm，电源指示灯为红色 LED、数字开关量输出指示灯为绿色 LED。传感器接口为 4 线制，分别为 V_{CC}（外接 3.3 ~ 5 V 电压）、GND（外接 GND）、DO（数字量输出接口 0 和 1）、AO（小板模拟量输出接口）。火焰传感器实物图如图 6.12 所示。

图 6.12　火焰传感器实物图

　　火焰传感器对火焰很敏感,在使用过程中要与火焰保持一定距离,以免损坏。使用时,传感器数字量输出接口与单片机 I/O 端口直接相连。图 6.13 为火焰传感器电路。

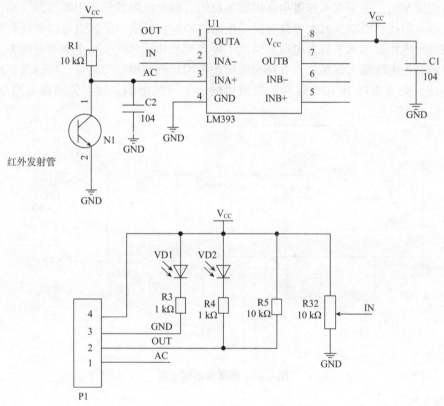

图 6.13　火焰传感器电路

　　(4)烟雾传感器

　　烟雾传感器采用旁热式烟雾传感器 MQ2,实物图如图 6.14 所示。其可作为家庭和工厂的气体泄漏监测装置,适用于液化气、丁烷、丙烷、甲烷、酒精、烟雾等的探测;气体检测的灵敏度可调;工作电压为 5 V,使用前需要供电预热 2 min 以上,稍微发烫属于正常现象。它有两种输出形式:模拟量电压输出和数字开关量输出(0 和 1)。烟雾传感器的 PCB 尺寸为 4.5 cm×1.8 cm。接口规格为 4 线制,包括 5 V 工作电压的 V_{cc} 接口,外接 GND 的 GND 接口,数字开关量输出接口 DO,模拟量电压输出接口 AO。

图 6.14　烟雾传感器实物图

实际使用过程中，该传感器对环境中的丁烷、丙烷、甲烷、酒精、烟雾等较敏感。模块在无上述气体影响或者气体浓度未超过设定时，DO 口输出高电平，AO 电压基本为 0 V；当气体浓度超过设定阈值时，模块数字接口 DO 输出低电平，模拟接口 AO 输出的电压会随着气体浓度升高慢慢增大。DO 接口可以与单片机引脚直接连接，通过单片机来检测高低电平，检测环境气体的浓度。

在没有烟雾的情况下，传感器的阻值为 20 kΩ 左右，当烟雾进入传感器时阻值急剧下降，其压降降低。从传感器上端出来的信号 V_I 经过运算放大器的同相输入端，但是为了保证引入的是负反馈，输出电压 V_O 通过电阻 R15 接到反相输入端，反相输入端通过电阻 R14 接到参考电压 V_{REF}。由于引入深度电压串联负反馈，因此电路的输入阻抗很高，输出阻抗很低。而高输入阻抗可以减少放大电路对前端电路的影响，低输出阻抗也可以提高自身的抗干扰性。该放大电路还加入了参考电压，引入了零点调节功能，产生一个参考电压 V_{REF}，再利用电压跟随器把电压输入运算放大电路的电压参考端。调节滑动变阻器，可以改变放大电路的参考电压，防止 R14 和 R15 对滑动变阻器输出电压的影响。烟雾传感器电路如图 6.15 所示。

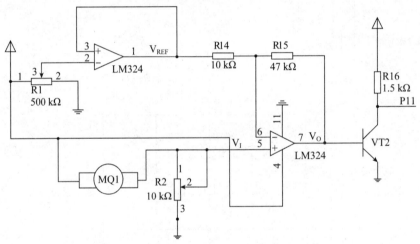

图 6.15 烟雾传感器电路

（5）报警灯电路

安装两个发光二极管来显示传感器检测的情况。稳压模块+5 V 给报警灯提供电源，报警灯接地极接单片机输出引脚 P0、P2 口。当单片机引脚输出低电平时，相应的 LED 报警灯亮。红灯（P2 口）亮表示火焰传感器检测到危险信号，GSM 发出报警信号。黄灯（P0 口）亮表示烟雾传感器检测到危险信号，GSM 发出报警信号。报警灯电路如图 6.16 所示。

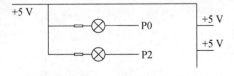

图 6.16 报警灯电路

2. GSM 报警模块的总体电路

GSM 报警系统接线示意图如图 6.17 所示。

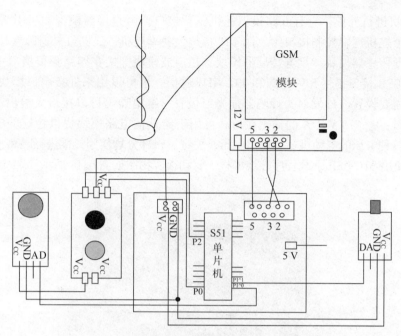

图6.17　GSM报警系统接线示意图

GSM 模块接线：GSM 模块的 RS232 转接口上的 2 号、3 号引脚和 51 单片机的 RS232 转接口的 2 号、3 号引脚反接。5 号引脚和单片机的 5 号引脚对接。

报警灯电路接线：报警灯的黄灯接烟雾传感器在 51 单片机上的 P0 口任意引脚，报警灯的红灯接火焰传感器在 51 单片机上的 P2 口任意引脚，V_{CC} 引脚接 51 单片机的 V_{CC} 引脚。

烟雾传感器接线：烟雾传感器的数字信号引脚和 51 单片机的 P1^0 引脚连接。V_{CC} 和报警灯电路上的 V_{CC} 引脚连接。GND 和单片机的 GND 引脚连接。

火焰传感器接线：火焰传感器的数字信号引脚和 51 单片机的 P1^1 引脚连接。V_{CC} 和 GND 接单片机的 V_{CC} 和 GND 的引脚。

6.3.4　驱动板 Wi-Fi 系统模块的设计

1. 驱动板 Wi-Fi 系统模块的组成

驱动板为以 STC11F32XE 单片机为核心的单片机系统。它是机器人工作的核心，它的作用就是接收来自 Wi-Fi 模块的指令，并通过微控制器判断相应的指令，然后控制驱动板上的电动机端口输出相应的电平控制机器人行动。驱动板具有电动机、舵机、红外等外接扩充功能，红外为一种集发射与接收于一体的光电传感器。检测距离可以根据要求进行调节。

驱动板输入电压为 7 ~ 15 V 的直流电源，其工作电流为 8 A，有六组迷你 LED 指示代码运行状态。STC11F32XE 具有 32 K Flash 和 1 280 字节 SRAM，板载晶振 22.118 4 MHz，与传统 51 单片机相比，具有高性能、低功耗、强抗干扰、超强加密和独立的波特率发生器等特点。其电动机驱动芯片为进口 SMT 封装 L298，内置双路全桥驱动电路，可驱动两路直流电动机，也可以驱动两相步进电动机，驱动电流为 2 A。电源稳压为两片 LM2596，支持 3 A 电流驱动输出，发热性能表现好。以下为驱动板接口资源和其特点：配备驱动两路直流电动机，由于本系统中需要四路驱动电路，另外还有两路驱动由电动机扩展逻辑控制接口外接

L298 驱动模块进行外扩；它有五路模拟舵机驱动接口，可直接与模拟舵机引脚连接进行控制；还有一个舵机逻辑控制接口组，用于外接超大功率舵机；三路红外避障接口用于对路况的检测；温度传感器模块、烟雾传感器模块、超声波模块等接在四路预留接口上；703 等无线路由通过 USB 接口提供 5 V 电源和 TTL 串口通信，也可以用来外接串口模块，如指纹模块等；如果需要设置红外发射头蜂鸣器强光二极管，继电器等可以接最大输出为 500 mA 的电流驱动接口；一个 5 V/1 A 的输出接口，可用于给其他电路模块提供稳定的电源；还有 6 V/9 V/12 V 三种电压的电动机驱动输出电压；关键逻辑部分均使用光耦进行隔离，极大地提高了稳定性；使用 STC-ISP 下载程序在线编程。驱动板实物图如图 6.18 所示。

图 6.18　驱动板实物图

Wi-Fi 模块由 703N 路由器刷机改成 Openwrt 系统，并安装上摄像头驱动和串口转发软件 ser2net，再与单片机通过串口通信进行连接，进而控制单片机上的各个引脚的高低电平，实现远程控制。Openwrt 系统是嵌入式设备的 Linux 系统，这是一个完全可写的文件系统，可以自定义选择和配置设备。它的成功之处在于文件系统是可写的，无须在每一次修改后重新编译，这令它更像一个小型的 Linux 计算机系统，大大提高了开发者的开发速度。Wi-Fi 模块实物图如图 6.19 所示。

图 6.19　Wi-Fi 模块实物图

智能家居报警机器人使用了三路红外避障传感器，可在自动巡航模式下避障行走。它的直径为 17 mm，传感器长度为 45 mm。外观为橙黄色的塑料圆柱体，需要 100 mA/5 V 供电，响应时间在 2 ms 内，在 -25 ~ +55 ℃ 的环境温度下，以 15°的指向角度来探测 3 ~ 80 cm 之间的透明或不透明体，进行障碍物的排查。

避障模块工作原理：避障模块通过红外避障传感器发射光线，并接收反射光。在前方没有障碍时，模块的数字输出端输出高电平"1"；当前方有障碍时，数字输出端输出低电平"0"。红外避障传感器可以广泛应用于机器人避障、流水线计件等众多场合。红外避障传感器实物图如图 6.20 所示，红外避障传感器工作原理如图 6.21 所示。

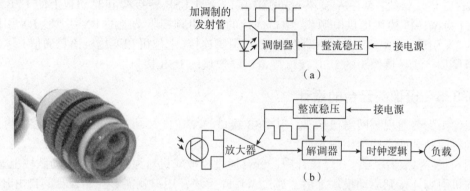

图 6.20 红外避障传感器实物图

图 6.21 红外避障传感器工作原理

（a）发射器；（b）接收器

2. 驱动板 Wi-Fi 系统模块的总体电路

Wi-Fi 驱动模块系统接线示意图如图 6.22 所示。

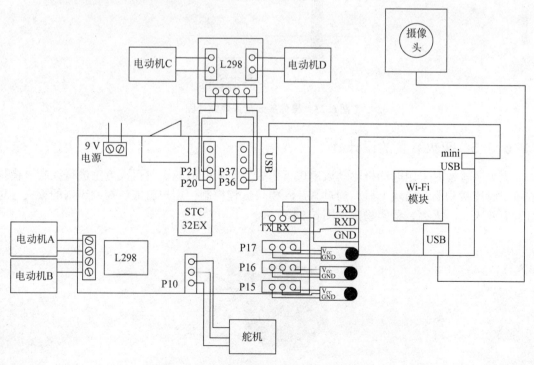

图 6.22 Wi-Fi 驱动模块系统接线示意图

电源电路接线：电源电路的输入端与电池相接，输出端分别与 RX32 单片机驱动板、51 单片机电路电源引脚、电动机驱动电路电源、GSM 报警电路电源相接。

电动机接线：两路电动机接驱动板上的两路电动机接口，外接两路电动机通过 L298 与驱动板 P20、P21、P36、P37 引脚进行连接。

云台舵机接线：模拟舵机的三个引脚接 RX32 驱动板的 P10 引脚。

红外避障传感器接线：三个红外避障传感器与驱动板 P15、P16、P17 引脚连接（自动巡航的传感器接线）。

Wi-Fi 模块接线：Wi-Fi 模块 miniUSB 接口通过 USB 转接线和驱动板上的 USB 接口进行连接（为 Wi-Fi 模块提供电源），串口通信的 TX 引脚接驱动板的 RX 引脚，RX 引脚接驱动板的 TX 引脚，GND 引脚与驱动板的 GND 引脚连接（上位机和下位机信息通信）。

摄像头接线：摄像头的 USB 接口接 Wi-Fi 模块的 USB 接口。

6.3.5　摄像头云台的设计

摄像头为普通视频网络摄像头，其 USB 接口与 Wi-Fi 模块的 USB 接口连接。再通过无线传输将视频画面直播给用户界面。

图 6.23 为摄像头云台升降设计图，云台通过模拟舵机对绳索发力，拉动铁柱上升下降。模拟舵机引脚连接到驱动模块上后，通过 Wi-Fi 模块，用户就能够控制云台的自由升降。

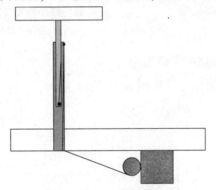

图 6.23　摄像头云台升降设计图

6.3.6　灭火装置的设计

灭火装置暂时采用电动机驱动风扇进行灭火，使用模拟舵机对灭火方位进行控制。模拟舵机引脚连接到驱动模块上后，通过 Wi-Fi 模块远程控制，用户就能够控制风扇的灭火方位进行有效灭火。灭火装置实物图如图 6.24 所示。

图 6.24　灭火装置实物图

6.4　智能家居报警机器人的软件设计

6.4.1　系统软件的总体设计及流程图

在设计智能家居报警机器人时，除了系统硬件设计外，大量的工作就是如何根据每个对象模块的实际需要设计程序。因此，软件设计在智能家居报警机器人设计中占据非常重要的地位。

图 6.25 是智能家居报警机器人的总体软件设计流程，根据此流程设计所有模块，编译相应的软件。

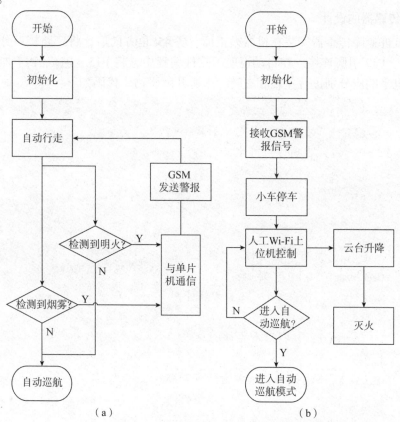

图 6.25　智能家居报警机器人的总体软件设计流程
（a）自动巡航模式；（b）控制模式远程

6.4.2　自动巡航模式的软件设计

1. 自动巡航模式的基本原理

通过驱动板单片机编写程序代码，让电动机动作控制智能家居报警机器人的行动方向。红外避障传感器检测到前方有障碍物后，机器人改变行动方向。火焰传感器和烟雾传感器在巡航过程中进行环境检测，接收到危险信号主动发送报警信息到指定手机用户。

2. 自动巡航模式的特点

1) 自动巡航模式中，机器人将传感器携带在身上，进行巡逻。相对于一般家居报警减少了成本费用和安装过程，使用更加方便快捷。

2) 自动巡航模式可由上位机程序切换至手动模式，具有很大的灵活性。

3) 自动巡航比一般家居报警具有随机性，不像一般家居报警将传感器安装在固定地点。自动巡航进行的是无死角的环境检测。

3. 自动巡航模式的流程

自动巡航模式的流程如图6.25(a)所示。

6.4.3 传感器与单片机的软件设计

1. 红外传感器的设计

将三路红外避障传感器安装在机器人正面、各45°角方向后，将三路接口分别与驱动板的 P15、P16、P17 引脚连接。在自动巡航的软件编程中，将 P15、P16、P17 加入整个程序代码中。低电平响应分别进行左转和右转，来避开障碍物。代码如下：

```
sbit qian=P15; //正前方红外定义引脚
sbit you=P16; //右前方红外定义引脚
sbit zuo=P17; //左前方红外定义引脚
void main()
{
    while(1)
    {
        go(); //执行前进动作
        delayms(50); //延时50 ms
        while(qian==0)//正前方红外判断
        {
            xxx(); //机器人左转
        }
        while(you==0)//右前方红外判断
        {
            xxx(); //机器人左转
        }
        while(zuo==0)//左前方红外判断
        {
            yyy(); //机器人右转
        }
    }
}
```

2. 火焰传感器的设计

首先对火焰传感器的灵敏度进行调节，调至良好接收火焰信号范围后，将火焰传感器安装在机器人前方。然后将火焰传感器的引脚接入 S51 单片机的 P11 引脚。在报警系统程序中单片机接收到 P11 低电平后，火焰报警红灯亮，自动发送代码到 GSM 模块，再通过 GSM 网络对相应的用户发送"火焰报警"的报警短信，以此达到报警的目的。传感器程序流程如图 6.26 所示。

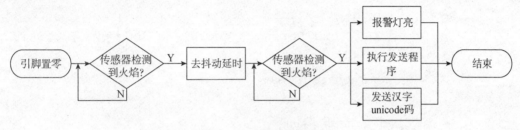

图 6.26 传感器程序流程

3. 烟雾传感器的设计

首先将烟雾传感器通电 5 min 预热后，再对烟雾传感器的灵敏度进行调节，调至良好接收烟雾信号范围后，将烟雾传感器安装在机器人上。将烟雾传感器的引脚接入 51 单片机的 P10 引脚。在报警系统程序中单片机接收到 P10 低电平后，烟雾报警黄灯亮，单片机自动发送代码到 GSM 模块，再通过 GSM 网络对相应的用户发送"烟雾报警"的报警短信，以此达到报警的目的。代码如下：

```
void main()
{
    P0 = 0xff; //引脚置零
    P2 = 0xff; //引脚置零
    while(1)
    {
        if(yanwu ==0)//烟雾判断
        {
            delaynms(5); //延时 5 ms
            if(yanwu ==0)//烟雾判断
            {
                P0 = 0; //烟雾黄灯亮
                hanzhi(); //发送汉字短信
                UART_Send_String( " \u70df \u96fe \u8b66 \u62a5 \
uff01 \0"); //发送汉字 unicode 码
                send_char(0x1A);
            }
            while(yanwu ==0);
        }
```

```
        if(huoyan==0)
        {
            delaynms(5);
            if(huoyan==0) //火焰判断
            {
                P2=0;  //火焰红灯亮
                hanzhi();  //发送汉字短信
                UART_Send_String("\u53d1\u73b0\u706b\u6e90\
uff01\0");  //发送汉字 unicode 码
                send_char(0x1A);
            }
            while(huoyan==0);
            huoyan=1;
        }
    }
}
```

6.4.4 云台升降与灭火装置的软件设计

1. 云台升降的软件设计

本项目使用一台模拟舵机拉动升降绳索对云台的高度进行控制。

将舵机固定在机器人底座后，将模拟舵机的四个引脚连接到驱动板上的 P10 引脚，在驱动模块程序中写入舵机控制代码和串口通信编号。

2. 灭火装置的软件设计

灭火装置由风扇和模拟舵机组成。

风扇由小型直流电动机驱动。直流电动机的驱动由 5 V 继电器控制。其信号引脚与驱动板的 P23 引脚连接，当接收到低电平时风扇启动。

风扇安装在模拟舵机的支架上，可随舵机角度变化改变灭火方向，进行精确的灭火。模拟舵机固定在高清摄像头的正下方，模拟舵机的四个引脚连接到驱动板上的 P11 引脚，在驱动模块程序中写入舵机控制代码和串口通信编号。

6.4.5 单片机与 GSM 模块的软件设计

对于发送短信息的功能，一共分两部分来进行操作，大致分为文本模式和 PDU 模式两部分。

（1）文本模式发送 SMS

在文本模式中分 GSM DEFAULT 7-BIT 和 UCS2 模式，通常情况下分别称它们为字符模式和汉字模式。

通常所谓的字符，就是指英文字母、数字及常用的一些符号，即在 ASCII 码表上所能查询到的字符。

在字符模式下发送 SMS 的方法通过下面的例子来讲解。

比如，发送英文字符串 I LOVE YOU 到号码为 15506233577 的手机上的代码如下：

```
AT+CMGF = 1
AT+CSCS = GSM
AT+CSMP = 17 168 0 0
AT+CMGS = +8615506233577
```

输入以上代码后，M32 会出现输入 SMS 的提示符号。这个提示符号如下：

```
>
```

此时，需要在这个符号后面输入文本信息。直接输入字符串 I LOVE YOU 然后按下〈CTRL+Z〉键，如下所示：

```
>I LOVE YOU
```

需要注意的是以上只是在计算机里的演示步骤，实际操作时，其中的字符需要改为 ASCII 码以十六进制的形式向 M23 输入，再按〈CTRL+Z〉键。若是转换成十进制就是 26，若是十六进制就是 1 A。在字符串 I LOVE YOU 后面还需要加上 0x1A。

在汉字模式下，要发送的 SMS 是以 unicode 码的形式来编码的。同样通过具体的例子来说明这个操作过程。当需要向手机号码为 15506233577 的用户发送汉字字符串"我爱你"时，代码如下：

```
AT+CMGF = 1
AT+CSCS = UCS2
AT+CSMP = 17 168 0 8
AT+CMGS = +8615506233577
```

此时，M32 同样会用符号">"来提示输入需要发送的 SMS，输入汉字字符串"我爱你"的 unicode 码如下：

```
>621172314F60
```

输入后按〈CTRL+Z〉键就可以将"我爱你"的信息发送出去了。

值得注意的是，M23 在发送 SMS 的时候，一条 SMS 最好不要多于 140 个字符，也就是说一条 SMS 的内容不要超过 140 个字节。

（2）PDU 模式发送 SMS

PDU 模式在实际操作中也分为字符模式和汉字模式。

用 PDU 模式发送字符时，需要掌握 PDU 模式下的字符编码规则。为了方便理解，以字符串 HELLO CHINA 来解释这个编码规则。

首先给出 HELLO CHINA 这个字符串的 ASCII 码：

H	E	L	L	O	C	H	I	N	A
48H	45H	4CH	4CH	4FH	43H	48H	49H	4EH	41H

下面将以上每个字母的十六进制的 ASCII 码转换成七位的二进制码：

```
H 48H=1001000B
E 45H=1000101B
L 4CH=1001100B
L 4CH=1001100B
O 4FH=1001111B
C 43H=1000011B
H 48H=1001000B
I 49H=1001001B
N 4EH=1001110B
A 41H=1000001B
```

现在分别将上面每个字母的七位二进制码转换成八位二进制码。将后面的字母的最后 N 位填补到前面字母的前面 N 位，也就是将第二个字母的最后一位填补到第一个字母的第一位，将第三个字母的最后两位填补到第二个字母的第一、二位，将第四个字母的最后三位填补到第三个字母的前面三位，以此类推，到第八个字母的全部七位都填补到七个字母的前面的时候完成一个循环。从第九个字母开始进行下一个同样的循环。若是位数不够则在前面补 0。

下面就详细地说明这个过程：

```
字符 HEX 7-BIT BINARY ACTION 8-BIT BINARY
H 48H 1001000B 11001000
E 45H 1000101B 最后一位补到前面 00100010
L 4CH 1001100B 最后两位补到前面 10010011
L 4CH 1001100B 最后三位补到前面 11111001
O 4FH 1001111B 最后四位补到前面 00011100
C 43H 1000011B 最后五位补到前面 00100010
H 48H 1001000B 最后六位补到前面 10010011
I 49H 1001001B 全部七位补到前面 11001110
N 4EH 1001110B
A 41H 1000001B 最后一位补到前面并在 00100000 前补两个 0
```

将最后的八位二进制码转换成十六进制如下：

```
C8 22 93 F9 1C 22 93 CE 20
```

这也就是实际发送的内容。可见，实际要发的字符串 HELLO CHINA 是十个字符，但是实际上只发送了九个字节，即用 PDU 格式来发送短信息可以节约短信息的空间。这样就达到了用一条 SMS 发送多条内容的目的。用 PDU 格式来发送短信息时，每八个字符就能够节约一个字节。

以上讲解了字符的 PDU 编码规则，下面用具体的例子来叙述一下，如何用 M32 发送 PDU 格式的短信息。譬如，发送字符串 HELLO CHINA 到号码为 15506233577 的手机上，代码如下：

```
AT+CMGF=0
AT+CMGS=23
>0011000B915105263375F70000A70AC82293F91C2293CE20
```

在以上的信息输入完毕后按〈CTRL+Z〉键即可完成发送。

对以上的 AT 指令和相关信息的解释如下。

AT+CMGF=0：表明这是用 PDU 模式发送。

AT+CMGS=23：表明上面输入的信息除了 00 以外的十六进制字节数，本例是 23 个字节。

0011000B91：这一串信息表明使用默认的短信息中心号码及默认的模式。

5105263375F7：这是号码 15506233577 的编码，即两两换位若最后只剩下一位就在前面补 F。

0000：这表明发送的是字符，0008 对应汉字，将在后面叙述。

A7：这是该条短信息在短信息服务器上的保留时间，超过这个时间对方还没有收到则短信息服务器将丢弃这条短信息。

0A：这表示真正发送的内容的长度，本例为 10 个字符，即 HELLO CHINA 一共有 10 个字符，占用了九个字节的发送空间。

C82293F91C2293CE20：这就是刚才对 HELLO CHINA 的 PDU 编码。

到这里，对字符模式的 PDU 发短信息的操作就完成了。

用 PDU 模式发送中文在形式上简单很多，用 PC 软件来处理，用不了一百行的程序代码。下面就举具体的例子来说明这个过程。

譬如，向号码为 15506233577 的手机发送中文信息"你好中国"，代码如下：

```
AT+CMGF=0
AT+CMGS=22
>0011000B915105263375F70008A7084F60597D4E2D56FD
```

输入后按〈CTRL+Z〉键就可以了。

对以上这一串信息的解释如下。

0011000B91：默认的短信息中心号码和默认的 PDU 格式。

5105263375F7：手机的编码。

0008：表明是用 PDU 发送中文，若是发送字符则是 0000。

A7：这和上面的用 PDU 发送字符的意义相同。

08：表明发送的真实内容有 8 个字节。

在用 PDU 发送汉字的时候，无须像发送字符一样去组织编码，而是直接发送汉字的 unicode 码就可以了。一个汉字的 unicode 码占用两个字节，所以"你好中国"就是八个字节。

6.4.6 上位机驱动板与 Wi-Fi 模块的软件设计

1. 驱动板 Wi-Fi 系统模块的基本设置

本项目的驱动板通过串口 Wi-Fi 进行通信。

Wi-Fi 模块通过 USB 数据线与驱动板连接，从而供给 Wi-Fi 模块工作电源。

Wi-Fi 模块由 703N 迷你路由器改刷系统后成为上位机与驱动板进行无线通信的桥梁。

在驱动板模块程序中写入与 Wi-Fi 模块建立串口通信的代码和 Wi-Fi 模块在无线网中进行数据传输的代码，使得上位机能够与机器人建立连接。

2. 驱动板 Wi-Fi 系统模块的互联网设置

外网控制的基本原理是端口映射和动态域名相结合。端口映射从功能上讲就是在家庭无线路由器上进行一系列设置，将外网对于家庭路由器上一个特定端口的访问重新转发到一个指定的 IP 主机和端口上，在这里无线路由器就等于是一个"桥"，将外网与智能家居报警机器人上的路由器连接起来，使得能够在外网控制家中的机器人。

路由器每次开机后对外的 IP 地址都是不一样的，如果想要控制机器人就需要每次查询路由器对外网的 IP 地址，然后重新设置控制端的 IP 地址，这样很麻烦，无法实现我们设计的功能。而动态域名就可以完美地解决这个问题，首先需要向动态域名提供商申请一个动态域名。这个域名是不会改变的，如 www.zhoutong.com，我们会从动态域名提供商那里得到一个账号密码，将这个账号密码填入家庭路由器的动态域名功能里面，那么每次开机的时候，家庭路由器就会自动在动态域名提供商的服务器登录。服务器获取本次登录时，家庭路由器对外网的地址会被自动绑定在这个域名上面。完成以上的步骤以后就没必要每次都去找路由当前的 IP 了，直接输入 www.zhoutong.com 这个域名就可以连接到智能家居报警机器人的路由器上。

完成上述的步骤与操作后，就能够实现通过互联网在公司等地对智能家居报警机器人进行远程控制了。

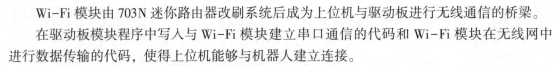

6.5　智能家居报警机器人的调试

调试工作分硬件调试和软件调试两部分，调试方法介绍如下。

硬件调试主要是先搭建硬件平台，然后利用万用表等工具对电路进行检查，最后应用程序进行功能调试。硬件调试比较费时，需要细心和耐心，也需要熟练掌握电路原理。软件调试可以直接应用一些编辑或仿真软件进行。

还有一种方式，即应用仿真软件搭建电路的软件平台，再导入程序进行仿真调试。如果电路出错，可以在计算机上方便地修改电路，程序出错可以重新编辑程序，这种方法节时、省力、经济、方便。一般使用 Proteus 进行仿真。

总之，调试过程是一个软硬件相结合调试的过程，硬件电路是基础，软件是检测硬件电路和实现其功能的关键。

在调试过程中，首先必须明确调试顺序。例如：本项目是在单片机系统基础上建立起来的，所以必须先确定单片机基础电路能否正常工作。先将机器人的每一部分进行单独的测试，测试成功后再进行总体的组装和调试。硬件调试需要万用表、示波器等，软件调试一般需要诸如 kile 4 等编程软件进行排查错误。

6.5.1 系统设计实物图

智能家居报警机器人的实物设计为圆形，系统设计实物如图 6.27、图 6.28 所示。

图 6.27 系统设计实物正视图

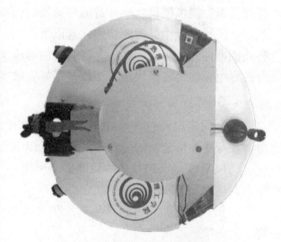

图 6.28 系统设计实物俯视图

6.5.2 硬件调试

机器人基础电路包括电源电路、单片机电路、驱动模块电路、Wi-Fi 模块电路、稳压电路、传感器电路等。

调试过程需要注意以下两点：

1）检查电源是否完好；

2）使用万用表排查电路中是否存在断路或者短路情况。笔者在设计报警灯电路时，由于引脚间空隙小，焊接不够好，因此多次出现接触不良的现象，导致重复返工。在焊接时也要避免引脚之间的短路。所以，在上电以前必须先用万用表排查电路。

1. 单片机的硬件电路调试

首先将单片机与计算机连接，下载简单测试程序。给单片机提供稳压电源后，查看单片机执行程序情况。

当出现个别引脚不反应时，先通过万用表测出引脚端的电压，再更改单片机程序，单独测试该引脚。

特殊情况下，将单片机连接到计算机，通过串口调试助手查看单片机执行代码情况，逐一排查。

2. 传感器电路的调试

将火焰传感器 V_{CC} 引脚连接+5 V 电源，GND 引脚接地，A 引脚连接单片机上 P0.0 引脚。在单片机中写入传感器报警程序，使用蜡烛模拟火源，测试报警装置的报警红灯是否点亮。如无法点亮，将单片机与传感器分别单独测试，逐个排除正常工作的部件，最终找出问题所在，更改程序或者更换元件。

其他传感器调试原理与火焰传感器的调试原理类似，不再赘述。

3. 驱动模块电路的调试

本项目的驱动模块电路使用了集成单片机与两路电动机驱动的模块。在电动机驱动连接电动机之前要明确各路电动机的正反转动方向，熟悉单片机与 Wi-Fi 模块的串口通信形式和连接关系。模拟舵机及红外避障传感器的引脚都要在确认正负极的情况下与驱动模块进行连接。在连接过程中，需要特别注意以下几点：驱动模块的电源接线一定不能将正负极接反，各功能器件各引脚与驱动板上各引脚的对应关系要十分清楚，所有模块的电源分配要理清。分配好电源使得各模块正常工作是很好完成实物设计的关键。

4. GSM 报警电路的调试

GSM 报警电路包含 GSM 模块、S51 单片机系统、报警灯电路、稳压电源和传感器等部分。在与单片机连接的过程中需要注意以下三点：

1）GSM 模块与单片机串口通信的连接；

2）电源正负极的连接；

3）报警灯电路和传感器与单片机之间的引脚连接由于是手工制作，因此要保证没有虚焊，防止接触不良。

在调试 GSM 报警整体电路之前，先将 GSM 模块单独与计算机连接，使用计算机上的串口调试助手或 GSM 控制软件对 GSM 模块进行测试，确认 GSM 模块能够正常工作。

确认无误后再将写入程序的单片机与计算机连接，通过串口调试助手查看单片机执行 GSM 报警程序的情况，查看程序执行过程中是否有漏发代码、重发代码的问题出现。

最终将各 GSM 报警模块线路连接，进行整体测试，终完成测试加固线路的连接。

6.5.3　软件测试

在硬件调试完毕的基础上，需要进一步完善程序，也就是进入软件调试阶段。在本项目中，软件调试主要分为三大部分：自动巡航模式、远程控制模式、灭火功能实现。将这三部分调试成功，那么整个设计的软件部分也就基本完成了。

1. 烧录器软件介绍

（1）STC-ISPV4.83 编程器介绍

STC-ISPV4.83 是一种单片机程序下载烧录软件，特别针对 STC 系列单片机而设计。可将程序写入 STC89 系列、12C2052 系列和 12C5410 等系列的 STC 单片机中，使用方便快捷，目前被广泛使用。STC-ISPV4.83 烧录软件图标如图 6.29 所示。

图 6.29　STC-ISPV4.83 烧录软件图标

（2）STC-ISPV4.83 编程器的使用方法

1）打开 STC-ISPV4.83，在 MCU Type 栏目下选中单片机 STC11F32XE，如图 6.30 所示。

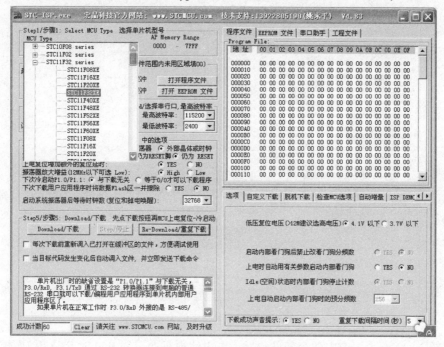

图6.30　单片机的型号选择

2）根据 9 针数据线连接情况选择对应的 COM 端口，波特率正常情况保持默认状态，如果遇到下载问题，可以适当下调波特率，按图 6.31 所示选中各项。

图6.31　COM 端口选择和波特率设置

3）确定与单片机连接正确，按图 6.32 所示单击"打开程序文件"按钮并在对话框内找出要下载的 HEX 文件。

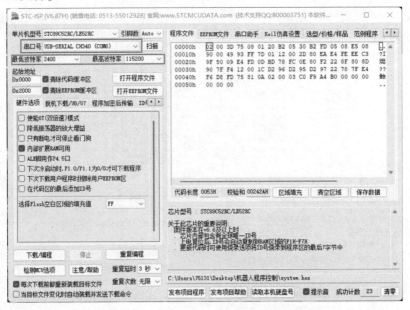

图 6.32　选择要写入程序的 HEX 文件

4）按图 6.33 所示，选中两个条件项后，可以使得每次编译 Keil 时 HEX 代码能够自动加载入 STC-ISP，单击"下载/编程"按钮。

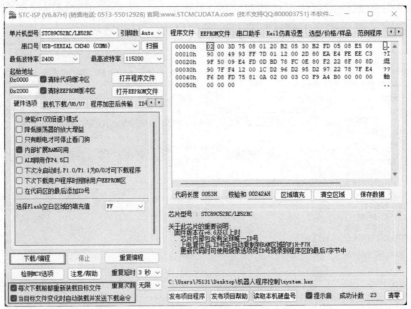

图 6.33　选中条件项

5）按下单片机电源开关，此时可执行文件 HEX 开始写入单片机中。程序写入完毕后，目标单片机开始运行程序结果，如图 6.34 所示。

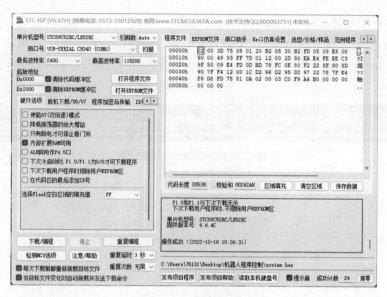

图 6.34 结果显示

2. 外网映射设置

(1)家庭路由器设置

首先需要一个已经连接上互联网的家庭路由器,这个家庭路由器就是连接智能家居报警机器人与外网的"桥梁"。本项目家庭路由器选用的是 TP-Link WR741G+路由器,其他路由器原理不变。

1)设置转发规则。

如图 6.35 所示,使用浏览器登录家庭路由器的 192.168.1.1 管理界面,在左边菜单栏找到"转发规则"→"虚拟服务器"。

由于智能家居报警机器人运行需要使用到两个端口,其中视频端口为 8080 端口,控制端口为 2001 端口,因此添加了两个端口转发规则。使用 192.168.1.108 作为转发的目标客户端,192.168.1.108 是智能家居报警机器人 Wi-Fi 模块的 IP 地址,为固定 IP,并且必须要在家庭路由器的 DHCP 范围内。

通过图 6.35 所示的设置,来自外网的对 8080 端口和 2001 端口的访问将被家庭路由器重新发送到 192.168.1.108 这个 IP 的客户端上,也就是智能家居报警机器人的 Wi-Fi 模块上。

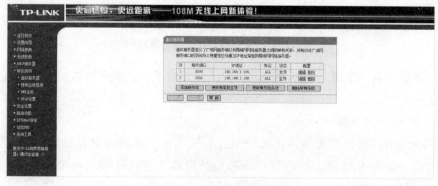

图 6.35 家庭路由器设置界面

2）设置静态地址分配。

如图6.36所示，其中的MAC地址即为智能家居报警机器人的Wi-Fi模块的MAC地址，Wi-Fi模块的MAC地址可以在其管理页面里面找到。IP地址固定为192.168.1.108，与上一步相同。

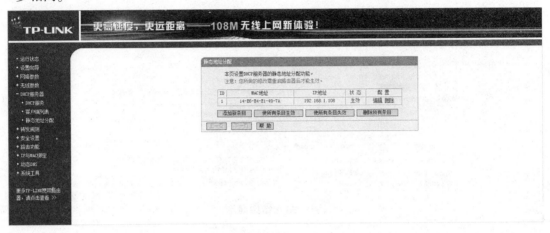

图6.36　设置静态地址分配

3）开启桥接。

如图6.37所示，在无线参数基本设置界面中，勾选"开启Bridge功能"复选框，然后填入智能家居报警机器人Wi-Fi模块的MAC地址。

图6.37　无线参数基本设置界面

完成上述操作后，家庭路由器方面的设置已经完成了，下面介绍如何在机器人的路由器上进行相关的设置。

（2）Wi-Fi模块的设置

1）使用无线方式将机器人Wi-Fi模块与计算机连接，通过浏览器进入机器人Wi-Fi模块的设置界面，如图6.38所示，在网络选项中将机器人Wi-Fi模块的模式从AP模式改成Client模式。单击"修改"按钮进入配置模式界面。

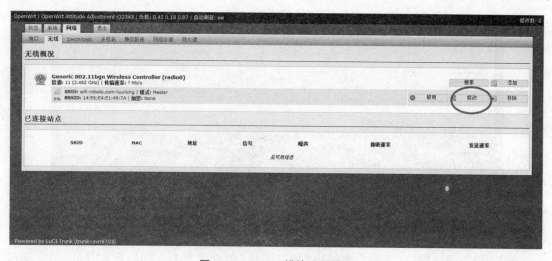

图 6.38　Wi-Fi 模块设置界面

此时在跳出的配置模式页面中，修改为 Client 模式，同时在 BSSID 项填入家庭路由的 SSID 名称，如图 6.39 所示。

图 6.39　更改传输模式

2）使用网线将计算机与机器人 Wi-Fi 模块进行连接，由于刚才的操作已经将 Wi-Fi 模块从 AP 模式变成了 Client 模式，所以无法搜索到 Wi-Fi 模块的 SSID。登录 Wi-Fi 模板管理界面，在"网络"→"无线"选项卡中找到无线概况，如图 6.40 所示。

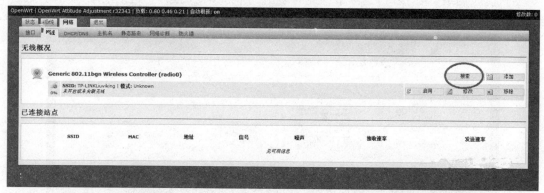

图 6.40　搜索附近网络

单击"搜索"按钮，此时 Wi-Fi 模块会搜索到附近的 Wi-Fi 热点信号，选择刚刚设置的那个路由的热点，单击"加入网络"按钮，加入指定网络，如图 6.41 所示。

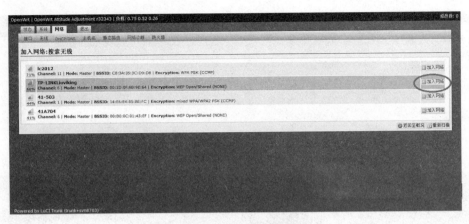

图 6.41　加入指定网络

单击"加入网络"按钮之后，会跳出"加入网络"的设置页面，如图 6.42 所示。在 WEP passphrase 项中，填入家庭路由器的密码，同时防火墙区域选择"未指定"。

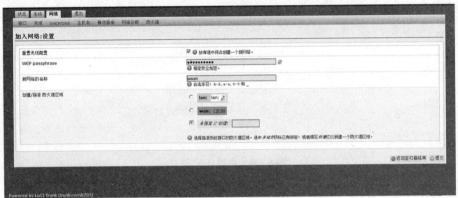

图 6.42　加入网络设置

3）选择"网络"→"接口"选项卡，此时多出一个 WWAN 接口，这是刚刚添加的家庭网络，如图 6.43 所示。

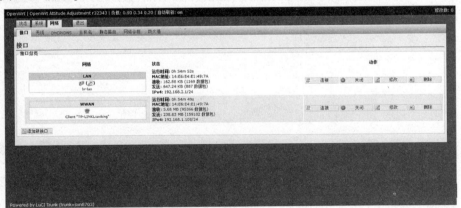

图 6.43　Wi-Fi 模块接口界面

单击 WWAN 接口的"修改"按钮，将打开图 6.44 所示的接口设置页面，页面中将"协议"选为"静态地址"，IP 设置为在路由器上指定的静态地址 192.168.1.108，子网掩码设置为 255.255.255.0，网关为家庭路由网关，也就是 192.168.1.1，执行保存。

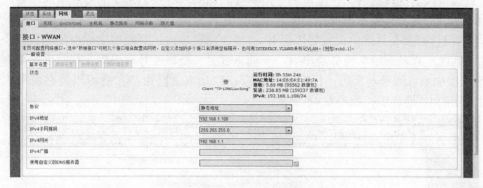

图6.44 更改 Wi-Fi 模块静态地址

4）回到"接口"选项卡中，单击 LAN 设置 LAN 口 IP 地址为 192.168.2.1，使得两个路由器的地址不会冲突。执行保存后，因为改变了当前路由器 IP，所以浏览器出现无法显示页面。重新使用 192.168.2.1 登录 Wi-Fi 模块，此时 Openwrt 系统管理页面重新出现。

5）关闭路由器防火墙。

如图 6.45 所示，在防火墙配置页面中，取消勾选"启用 SYN-flood 防御"复选框，下面的所有选项中凡是"禁止"的设置全部改为"允许"，最后单击"保存"按钮。

图6.45 防火墙设置

通过以上的配置，将计算机的无线网络连接上 Wi-Fi 路由器，然后打开 CMD 命令提示行，输入 ping 192.168.1.108。如果能 ping 通，那么远程控制的功能基本实现。

现在尝试远程查看视频，登录 www.ip.cn 网站或者登录路由器的路由状态页面，可以查看到当前家庭路由器对外网的 IP 地址，把这个地址替换为原来机器人应用程序中的摄像头视频的地址。假设现在路由器对外网的 IP 地址是 202.119.23.156，那么把 http://202.119.23.156：8080/？action=stream 这个地址发送给在外网异地的朋友，用浏览器打开，异地计算机页面中会出现一个视频窗口，显示着当前摄像头的实时视频，此时外网映射控制智能家居报警机器人的设置基本成功。最后打开计算机端用户程序的"设置"界面，在"视频地址"项中填入视频地址"http：//（当前路由外网 IP 地址）：8080/action=stream"，"远程控制的地址"项为"当前路由外网 IP 地址"。"控制端口"为"2001"。在连接互联网的情况下计算机控制程序就能够实时控制智能家居报警机器人了。

3. 动态域名设置

完成端口映射的设置后，在全世界任何有互联网的地方控制家里的智能家居报警机器人就成为可能。但是，需要家里的路由器不关闭(这样外网访问的 IP 地址就可以一直保持不变)。本次设计需要在系统内设置好固定 IP 地址，使机器人达到能够实际应用的效果。为了解决这个问题，在动态域名服务商申请一个动态域名，获得账号密码后，在家庭路由器的动态 DNS 选项中填入账号与密码，保存设置并重新启动家庭路由器，就不用关心目前家庭路由器对外网的 IP 地址了，如图 6.46 所示。

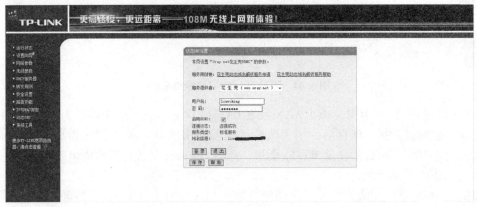

图 6.46　动态域名设置

6.5.4　机器人功能调试

1. 自动巡航模式的调试

自动巡航在上位机中共有两个按键：开启自动巡航功能键和关闭自动巡航功能键。
在实际操作过程中主要有以下两步。
1)开启上位机控制界面：计算机连接互联网后，双击应用程序，出现用户使用界面。单击图 6.47 所示的"开启视频"按钮，选择菜单项的"控制模式"选项中的"WIFI 模式"，如图 6.48 所示。

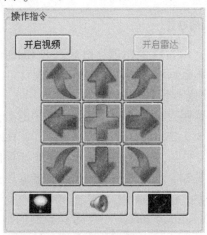

图 6.47　行动控制界面

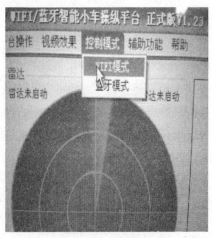

图 6.48　控制模式设置

2）单击应用程序右下角的模式选择界面上的"巡航开"按钮，如图6.49所示。此时，机器人进入自动巡航模式，红外避障传感器开始检测路况，报警检测电路开始工作。当机器人检测到明火或烟雾信号时，报警系统会发送相应的信息到用户指定手机中。

图 6.49　巡航选择界面

2. 远程控制模式

1）打开计算机，连接互联网，打开机器人应用程序。应用程序控制界面如图6.50所示。

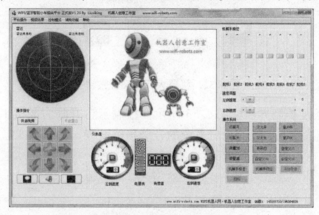

图 6.50　应用程序控制界面

2）进入控制界面，单击"开启视频"按钮，选择"WIFI模式"，如图6.51所示。

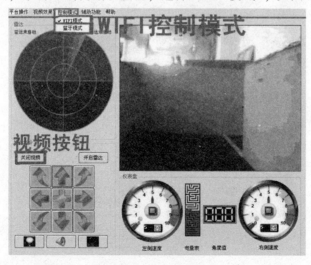

图 6.51　控制机器人

3)控制机器人行走按键有图标按键和键盘按键。图标按键如图 6.52 所示，单击相应图标按键后机器人会持续执行命令。键盘按键：前进(W)、后退(S)、左行(A)、右行(D)、逆时针转动(Q、C)、顺时针转动(E、Z)。

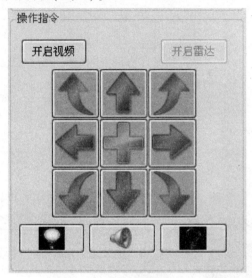

图 6.52　机器人行走图标按键

4)云台、灭火角度控制界面如图 6.53 所示。控制云台升降为舵机 1，控制灭火装置方向为舵机 2。其他舵机控制可以为以后系统的升级预留设置。

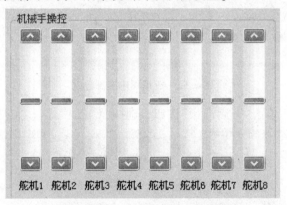

图 6.53　云台、灭火角度控制界面

5)应用程序界面的右下方为巡航灭火开关选择界面，如图 6.54 所示。单击相应的操作按钮后，机器人执行相应动作(窗户开、关为系统升级预设设置)。

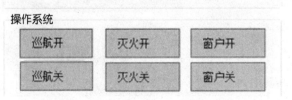

图 6.54　巡航、灭火开关选择界面

图 6.55 为进入自动巡航模式的智能家居报警机器人。

图 6.55　进入自动巡航模式的智能家居报警机器人

3. 检测火源及灭火控制

1）火焰报警传感器检测到火源后，报警灯红灯亮，GSM 发送报警信息，用户指定手机接收到相应报警信息。发现火情如图 6.56 所示，机器人控制界面如图 6.57 所示，报警灯亮如图 6.58 所示，用户收到报警短信如图 6.59 所示。

图 6.56　发现火情

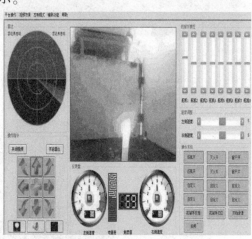

图 6.57　机器人控制界面

图 6.58 报警灯亮

图 6.59 用户收到报警短信

2）再次进入控制界面，单击"巡航关"按钮后，机器人停止自动巡航。控制机器人行走或方位，靠近火源。机器人接近火源如图 6.60 所示，改变灭火方向如图 6.61 所示。

图 6.60 机器人接近火源

图 6.61 改变灭火方向

3）上下滑动舵机 2 控制灭火装置的具体方位使得灭火过程能够有效执行，顺利完成灭火动作。机器人完成灭火动作如图 6.62 所示。

图 6.62 机器人完成灭火动作

4）单击"巡航开"按钮，机器人再次进入自动巡航模式，为用户的家居提供全面的安全保障。智能家居报警机器人实景特写如图 6.63 所示。

图 6.63   智能家居报警机器人实景特写

第7章
爬墙机器人

7.1 研究背景与意义

随着社会的高速发展，安全越来越受到人们的重视。现代社会中有许多环境必须采取良好的安全防护措施才能实施作业，如核电站中强放射线环境下的作业，海底油气勘测作业，灾害现场的消防救援作业等，这些工作与国民经济发展紧密相连。而爬墙机器人是特种作业机器人的一个重要分支，主要在建筑物壁面或顶部进行移动作业，自从 20 世纪 60 年代出现以来发展迅速。目前，国内外已经有相当数量的爬墙机器人应用于现场作业，主要有以下几个方面：建筑行业中用于检测、清洗壁面，喷涂墙面，安装瓷砖等；消防部门中用于运送救援物资等；核工业中用于对核废液贮罐进行视觉巡查、测量及探伤等；石化工业中用于对圆形大罐的内外壁面进行检查或喷砂除锈、喷漆防腐等；军事领域中用于高楼的安检、侦察、爆破攻击等；造船行业中用于喷涂船体、除锈等。

近年来，无缆微小型灵活爬墙机器人成为爬墙机器人技术发展中的焦点。这是因为传统的爬墙机器人大多依靠挂带线缆来提供能源或控制信号，并包含大量的附属设备，体积、质量大，严重阻碍了机器人的发展；而微小型爬墙机器人则可以克服以上缺点，它不需要挂带线缆，体积相对小、质量较轻，携带方便，大大扩展了其应用范围。此外，发展微小灵活的爬墙机器人也是社会发展的现实需求。军事现代化发展和城市反恐的需要，对作战武器及设备的自动化、信息化和无人化提出了很高的要求。同时，家庭服务机器人发展迅猛，最具代表性的当属自动扫地机器人，它解放了人们的双手，使得人们不用再头疼房子的地面清洁。现代高层建筑越来越多，幕墙的使用也越来越多，人们经常可以看到清洁工人飘荡在建筑表面，非常危险。因此，发展一种可靠的壁面移动平台非常有意义。

综上所述，无论对于民用还是军用，开发一种爬墙机器人都具有重要的理论价值和社会意义。

1. 爬墙机器人分类及发展概况

爬墙机器人的工作环境为垂直或倾斜的壁面，需要足够的吸附力实现吸附、移动功能，因此如何实现有效吸附，成为爬墙机器人最为关键的研究内容。目前爬墙机器人主要采用负压吸附、磁吸附和仿生吸附三种壁面吸附技术。

（1）负压吸附式爬墙机器人

负压吸附式爬墙机器人具有良好的壁面适应能力，因而在实际中得到了广泛的应用。负压吸附式爬墙机器人是通过吸盘内外压差作用，在壁面产生吸附力，但负压发生装置的类型多种多样，其工作原理也各不相同。下面进行分类说明。

1）外接负压源的爬墙机器人：真空泵是负压吸附式爬墙机器人使用最广泛的吸附装置，早期的真空泵体积一般较大，不方便安装在机器人本体上，只能作为外接负压源。

2）真空泵提供负压的爬墙机器人：爬墙机器人一般使用往复式真空泵。电动机驱动真空泵，带动曲柄连杆机构，使气缸内的活塞作往复运动最终产生负压。吸附装置的小型化为爬墙机器人小型化奠定基础。

3）应用旋风模拟技术的爬墙机器人：模拟旋风中心低气压特性，提供爬墙机器人所需的吸附力。

4）应用文丘里管产生负压的爬墙机器人：气体高速通过文丘里管喷射到扩张室突然扩张，真空气室会产生一定的负压差，在容器中形成负压区，这种原理产生的负压真空度一般比径流式离心风扇产生的负压真空度高，能以较低的真空流量产生较高真空度。

5）应用离心风扇的爬墙机器人：风扇在高速电动机的带动下，甩出负压腔内空气形成低压，提供吸附力。和真空泵相比，在相同功率条件下离心风扇抽吸的气体流量要比真空泵大得多。轴流式离心风扇与径流式离心风扇相比，其抽吸流量更大，但提供的低压并不能满足爬墙机器人的要求，目前尚未见到轴流式离心风扇成功应用于爬墙机器人的案例。采用离心风扇的机器人一般需要密封机构来保持压差以提供足够附着力。采用离心风扇的爬墙机器人具有良好的壁面适应性，受到广泛关注。哈尔滨工业大学、上海交通大学均研究过类似爬墙机器人，如图7.1、图7.2所示。这两种爬墙机器人均采用外接电源的方式，并采用吸尘器风机产生负压，具有良好的壁面适用性，但工作时噪声偏大。

图7.1　哈尔滨工业大学爬墙机器人　　　　图7.2　上海交通大学爬墙机器人

（2）磁吸附式爬墙机器人

磁吸附式爬墙机器人包含电磁吸附式和永磁吸附式两种类型，具有很强的吸附能力，但仅能工作在导磁体表面。磁吸附式爬墙机器人包含足式、轮式和履带式三种运动结构，足式具备不同平面切换能力，但速度相对较慢；轮式和履带式则相反，速度较快但不具备平面切换能力。

（3）仿生吸附式爬墙机器人

科学研究表明，部分昆虫可以抵抗超过自重百倍的外力而稳定在任意平面并自由行走，如壁虎、蚊蝇可以在任意光滑的平面上随处停留。动物足的强大吸附能力给科学工作者带来启示，各种仿生足被设计出来，主要有毛刺抓持、干吸附和湿吸附三种类型。仿生足的设计并没有改变爬墙机器人发展的现状，却开辟了另一条道路。不可否认，要实现仿生足的真正应用还需要很长的时间。

2. 爬墙机器人的关键技术

目前所研制的爬墙机器人大多有吸附不可靠、壁面适应性不强、越障能力不强、体积大、质量大等不足，因此吸附装置、密封机构和控制系统是爬墙机器人的三大关键技术。

（1）吸附装置

负压吸附式爬墙机器人的吸附装置大多采用通用型的径流式离心风扇，采用此种风扇的优点很明显：风扇比较容易制作，价格较为低廉。但采用该种风扇的吸附特性无法满足高质量的性能需求，且工作时产生较大噪声。

由此可见，目前已经应用的低效率通用型风扇并不能满足爬墙机器人高吸附力的要求，急需研究专用的离心风扇及吸附装置以满足爬墙机器人工作要求。专用离心风扇及吸附装置须具有较高气动性能和较高工作效率。

（2）密封机构

密封机构用于维持机器人密封吸盘内部的气压，是负压吸附式爬墙机器人的另一关键技术。机器人运动在墙面时，密封机构须能及时调整状态以适应复杂的墙面，保证足够的吸附力，使机器人可靠运行。机器人运动时，由于吸附装置与壁面存在较大阻力，因此爬墙机器人所使用的吸盘应满足小摩擦力、轻质和密封效果好的要求。

实际应用中典型的负压吸附式爬墙机器人所使用的密封机构均采用机械密封，一般使用自然弹性材料和人造弹性材料作为密封材料，但利用材料的弹性实现密封，存在一定矛盾，当密封效果加强时势必会增加摩擦力，摩擦力减小密封效果又不好，很难保证机器人稳定、高效地工作。因此，急需研究一种密封效果好、摩擦力又小的密封材料以提高爬墙机器人性能。

（3）控制系统

运动系统和吸附系统的控制和建模是爬墙机器人领域的另一个研究重点。

为了提高爬墙机器人的运动性能，国内多所高校进行了许多相关研究，哈尔滨工业大学作为国内爬墙机器人研究的领军者，为解决机器人运动性能低的问题，把全向轮应用于机器人运动系统，将模糊控制应用于机器人运动控制系统，以实现机器人的高运动性能和可靠控制。国内学者也对爬墙机器人的工作特性进行了相关分析，把爬墙机器人看作流体管路系统，根据流体力学理论建立伯努利方程，得到压力与各相关参数间关系并建立数学模型，进而得到机器人在不同工作状态下的等效电路。由此，爬墙机器人的控制系统研究应综合分析运动控制和吸附控制的要求，兼顾各方要求解决以往控制器所存在问题，以提高爬墙机器人整体控制性能。

7.2　爬墙机器人的总体方案设计

7.2.1　爬墙机器人需求分析

本项目爬墙机器人严格来讲是一个可爬壁移动平台，设计时不装配相关功能模块，仅用来完成简单行走任务。该机器人必须具备吸附装置和运动机构，以使其能在壁面上运动；同时，应能够在平面上灵活运动并对不同状况壁面有一定适应性，还需要有较强的负载能力，后期可以加装功能模块实现相关功能；此外，需要有一定的抗倾覆能力，保证其能够安全运行。

7.2.2　爬墙机器人性能实现方案的选择

1. 吸附方案的选择

根据7.1节对三种吸附技术的分析(磁吸附适用面太窄，只适用于导磁材料；仿生吸附需要特殊材料，而这种材料并未正式商用，无法得到)，本项目选用负压吸附。

机器人吸附方式可分为有密封和无密封两种。

(1)有密封负压吸附

图7.3为两种典型有密封负压吸附式爬墙机器人。装有密封圈的机器人壳体和壁面组成一个密封圈，密封圈并非完全密封，存在一定的气体流动，风机不间断地工作使机器人壳体内的空气流入量小于流出量来形成负压，使机器人吸附在壁面上。

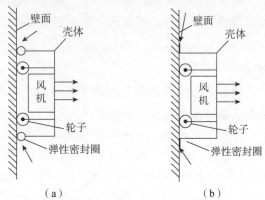

图7.3　有密封负压吸附式爬墙机器人

(a)圆形密封结构；(b)平板密封结构

机器人所受压强为机器人壳体内外压强差，所受压力为所受压强与吸附面积的乘积。图7.3(a)为圆形密封结构，充气的密封圈可以保持一定的弹性来保证密封性能；图7.3(b)为平板密封结构，壳体周边增加裙边并加装弹性结构也能维持吸附性。

(2)无密封负压吸附

图7.4为两种典型无密封负压吸附式爬墙机器人。图7.4(a)为底部进气、上部出气的吸附方式，图7.4(b)为底部出气方式，这两种结构均不存在壳体与壁面的摩擦，故其运动较为灵活，但也存在吸附力不强的弱点，仅适用于轻质、小体型及小负载机器人。

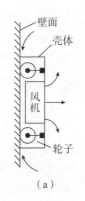
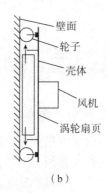

（a）　　　　　　　　　　　（b）

图 7.4　无密封负压吸附式爬墙机器人

（a）底部进气，上部出气；（b）底部出气

根据实际设计需求可知，本项目需要一种具有一定壁面适应能力和负载能力的小型机器人。通过对不同吸附方式的分析，本项目的机器人必须带有密封结构，下文所提到机器人在无特殊说明的情况下均指此种机器人。

2. 移动方式的选择

爬墙机器人移动方式大致可分为三种：足式、轮式和履带式。三种方式各有不同。

足式爬墙机器人机械结构较为复杂，移动速度较慢，负载能力较弱，同时控制起来较复杂，但其质量较轻，壁面适应性好；轮式爬墙机器人机械结构较为简单，质量较轻，运动速度较快，适应性和负载能力均较好，同时较为容易控制；履带式爬墙机器人壁面适应性好，负载能力强，也容易控制，但本身结构复杂、较为笨重。由此可见，轮式结构更能满足本项目需求。虽然轮式结构壁面接触为线接触，接触面积较小容易打滑，但可以通过选适当的轮子来解决此问题。

3. 移动机构布局及驱动方式的选择

在实际设计当中，驱动轮分布方式有四种，如图 7.5 所示。图 7.5（a）为平行分布，通过对两轮的速度控制使机器人实现基本运动。图 7.5（b）为三角形分布，增加一个从动轮作为支撑，比两轮结构更稳定。图 7.5（c）则是在平行分布基础上增加前后两个从动轮构成菱形分布，稳定性进一步增强。图 7.5（d）则为四边形分布，此种分布方式可以在增加机器人稳定性的同时提供较大驱动力。本项目选用四边形分布方式，并对其传动机构进行相关设计。

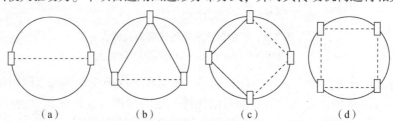

（a）　　　　　（b）　　　　　（c）　　　　　（d）

图 7.5　常见驱动轮分布方式

（a）平行分布；（b）三角形分布；（c）菱形分布；（d）四边形分布

四边形分布方式还包括有无从动轮两种结构形式，当轮子与壁面接触时，存在相互作用力，机器人静止时，轮子在静摩擦力的作用下使机器人吸附在壁面上，此时静摩擦力方向与

机器人重力方向相反,大小相同;当机器人运动时,机器人所受摩擦力则与其运动状态相关,机器人运动时主、从动轮受力情况如图7.6所示。

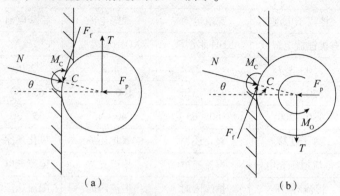

图7.6 机器人车轮受力分析

(a)从动轮;(b)主动轮

机器人四个轮子规格相同,半径为 r,宽度为 b。为清晰地给出车轮受力情况,给出图7.6的数学模型,图中 θ 为车轮与壁面两相邻切点间角度,表示壁面的不平整状态,θ 值越大壁面越不平整;F_p 为机器人壳体对轮轴的正压力;N 为壁面对轮子的反作用力;M_C 为壁面对轮子的阻转矩,主、从动轮所受转矩方向相反;F_f 为壁面对轮子的摩擦力,主、从动轮所受摩擦力方向相反,主动轮所受摩擦力与车体运动方向相反,阻碍机器人运动,从动轮所受摩擦力则为从动轮提供动力;T 为轮轴对车轮作用力;M_O 为电动机输出转矩;C 为车轮和壁面的切点。机器人在运动状态时,可得出方程组:

$$\text{从动轮:}\begin{cases} N = F_p\cos\theta + T\sin\theta \\ F_f = T\cos\theta - F_p\sin\theta \\ M_C = F_f r \end{cases} \tag{7.1}$$

$$\text{主动轮:}\begin{cases} N = F_p\cos\theta - T\sin\theta \\ F_f = T\cos\theta + F_p\sin\theta \\ M_C = M_O - F_f r \end{cases} \tag{7.2}$$

通过对机器人主动轮和从动轮的受力分析来看,对于最大吸附力确定的机器人来说,采用四边形分布方式可以充分利用有限的吸附力,从而提高其负载能力。

4. 电源方案的选择

电池分为一次电池和二次电池两大类,二次电池即充电电池,常用二次电池有锂离子电池、镍氢电池、镍镉电池、铅酸电池和镍锌电池,这几种电池的性能比较如表7.1所示。

表7.1 常用二次电池性能比较

项目	性能				
	锂离子电池	镍氢电池	镍镉电池	铅酸电池	镍锌电池
正极体系	锂过渡金属氧化物	氢氧化亚镍	氢氧化亚镍	二氧化铅	氢氧化亚镍
负极体系	石墨等层状物	储氢合金	氧化镉	海绵铅	氧化锌
隔膜体系	PP/PEPP	PP	尼龙	玻璃纤维棉	玻

项目	性能				
	锂离子电池	镍氢电池	镍镉电池	铅酸电池	镍锌电池
电解液体系	有机锂盐电解液	KOH 水溶液	KOH 水溶液	稀硫酸	KOH 水溶液
额定电压/V	3.0~3.7	1.2	1.2	2.0	1.6
体积能量密度	350~400	320~350	160~180	65~80	170
质量能量密度	180~200	60~65	40~45	25~30	55~60
电池原理	离子迁移	氧化还原	氧化还原	氧化还原	氧化还原
充放电方法	恒流恒压充电	恒流充电	恒流充电	恒流充电	恒流充电
充电终点控制	恒流/限压	恒流限时	恒流限时	限流稳压	恒流限时
安全性	有一定隐患	安全	安全	安全	安全
环保	环保	环保	镉污染	铅污染	环保
最佳工作温度/℃	0~45	−20~45	−20~60	−4~70	−20~60
价格	2.2~2.8	3.5~4.0	2.2~2.8	0.7~1.0	3.0~3.5
充电器成本	高(恒流恒压)	一般(−ΔV 或 ΔT 控制,恒流源)	一般(−ΔV 或 ΔT 控制,恒流源)	低(稳压源)	一般(−ΔV 或 ΔT 控制,恒流源)

由此可见,锂离子电池在多方面有明显优势,尤其是与其他电池相比其有超高质量能量密度,具有很高性价比。为了尽可能减轻机器人自重,提高负载能力,本项目设计采用统一供电方式,选择 7.4 V 锂离子电池组既可以充分发挥电池效能,又能减轻机器人质量。具体应用中对风机和运动电动机采用锂电池直接供电,经 7805 芯片稳压后为单片机供电。

5. 爬墙机器人总体构型

根据爬墙机器人各部分方案的最终选择,确定出机器人的总体构型。

机器人的总体构型如图 7.7 所示。机器人包含吸附机构和行走机构,壳体和密封圈组成密封腔,无刷电动机带动风扇高速转动将密封腔内的气体排出,从而在密封腔内形成负压。

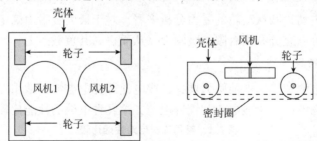

图 7.7　机器人总体构型

7.2.3　爬墙机器人性能分析

1. 吸附性能分析

负压吸附式爬墙机器人的吸附原理:风机不断将密封壳体内的空气抽出,使壳体内气压小于壳体外气压；开始阶段，风机抽气量大于密封壳体的气体泄漏量，壳体内空气密度逐渐变小，气压也逐渐下降，负压形成；壳体内负压减小到一定程度后，风机保持转速，使风机抽气量等于密封壳体的气体泄漏量，密封壳体内气压保持不变，维持恒定负压。

为了维持恒定负压，必须保持壳体的密封性，减少气体流出量，然而密封材料与壁面并非没有缝隙，且绝对平直的壁面不可能存在，即壁面存在高低不等的间隙，所以增加密封材料的柔性及增大密封圈与壁面接触面积很有必要。

2. 运动性能分析

为了控制成本，设计之初就应该对机器人应用环境有准确定位，否则整个设计过程会显得杂乱、无序。本项目工作环境为平整壁面，只是粗糙程度略有不同，因此只需考虑在平整壁面上的运动性能。

首先，机器人必须具备行走能力，机器人行走则依靠四个轮子与壁面的摩擦力，所以要提高运动性能，一方面可以改变轮胎与壁面的摩擦因数，另一方面可以提高轮胎对壁面的正压力。由于机器人要适应多种壁面，偏窄偏硬的轮胎免不了打滑使行动失效，故需要选择相对较宽较软的轮胎。当机器人转向时机器人所受负压作用在四个轮子上，此时机器人受力如图7.8所示。

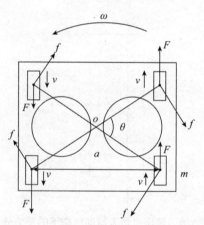

图7.8 爬墙机器人转向时的受力分析

四轮所受正压力相等，所受摩擦力也相等。设轮胎与壁面摩擦因数为 μ，则单个轮子所受转矩为

$$M_{mo} = \left[F\cos(\theta/2) - f \right]\overline{mo}$$
$$= \left[1/4\,\mu F_p \cos(\theta/2) - \mu F_p/4 \right]\left[a/2\cos(\theta/2) \right]$$
$$= 1/8\,\mu F_p a \left[1 - 1/\cos(\theta/2) \right] \tag{7.3}$$

所以，机器人转向时所受总转矩为

$$M_o = 4M_{mo} = 1/2\,\mu F_p a \left[1 - 1/\cos(\theta/2) \right] \tag{7.4}$$

由此可知，对于吸附力一定的机器人，所受转矩越大转向越灵活；增大平行两轮间距 a 或减小同侧轮相对机器人几何中心夹角 θ 都可以使转向灵活。所以，设计车架时，在满足其他要求的前提下尽可能将车架设计成长方形，其中同侧轮间距较小，平行轮间距较大。

3. 机器人安全性能分析

机器人在运动过程中存在滑落和倾覆两种失效形式，想要让机器人稳定工作在壁面上，就必须避免这两种情况的发生，因此就需要对机器人的受力情况进行分析。图 7.9 为机器人运动状态下的受力分析。

Mg 为机器人和负载总重；G 点为等效重心；b 为车体长度；L 为重心距壁面距离即倾覆力臂；F_p 为负压吸附力；F 为 4 个轮子受到的摩擦力之和。假设轮胎与壁面摩擦因数为 μ，则可得防滑落条件：

$$\begin{cases} F - Mg > 0 \\ \mu F_p - Mg > 0 \end{cases} \tag{7-5}$$

防倾覆失效的条件：

$$F_p b/2 - MgL > 0 \tag{7-6}$$

整理可得机器人安全条件：

$$\begin{cases} F > Mg \\ F_p > Mg/\mu \\ F_p > 2MgL/b \end{cases} \tag{7-7}$$

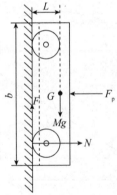

图 7.9　爬墙机器人运动状态下的受力分析

由此可知，机器人滑落是因为机器人所受摩擦力小于机器人所受重力，而倾覆的原因除吸附力不够外还有机器人重心远离壁面。因此，解决滑落和倾覆问题的方法就是：减轻机器人质量，降低重心，增加机器人密封性能，减少摩擦，增加驱动力。

7.3　爬墙机器人的机械机构设计

7.3.1　吸附机构设计

研究表明，采用离心风扇作为负压发生装置的爬墙机器人在安全性、负载能力、壁面适应性和降噪方面都有优势，因此本项目采用离心风扇作为负压发生装置。由于条件有限，通过反复比较最终选定服务器散热风扇作为负压发生装置。

1. 负压形成原理分析

无刷电动机与离心风扇相连，电动机带动扇叶高速旋转，高速旋转的叶轮中心的气体跟随扇叶一同旋转，在离心力的作用及风扇结构的影响下被甩出。叶轮中心的高速气流使叶轮中心形成一定负压，中心负压加速气体流动使负压腔内气体不断被抽出，负压腔气体减少的同时，密封圈与壁面间空气流速加快，使其气压降低，从而使压差作用于壳体产生压力，于是机器人吸附在壁面上。吸附装置从开始工作到稳定吸附经历了负压形成过程和负压保持过程。

(1)负压形成过程

开始时，电动机持续高速运转，逐渐抽出负压腔内空气，此时空气流出量大于流入量，负压腔内气压不断降低最终形成负压。

(2)负压保持过程

机器人要想稳定吸附，必须保证足够的正压力，要保证足够的正压力则需要保证一定压力差，因此需要使负压腔内保持恒定压强，即保持负压腔内空气流入量等于流出量。在密封条件一定时，空气流入量一定，而空气流入量与风机转速、空气密度成正比。因此，保持负压一方面可以减少负压腔内空气流入量，另一方面可以增加风机转速。通过加强密封圈密封性能可以减少空气流入量，减少空气流入量的同时可以降低风机转速，降低风机消耗的电能。提高密封圈的密封性能可以通过缩短密封圈与壁面的距离来实现，由于壁面通常不平整，因此应该增加密封圈的柔软性，使壳体与壁面可靠接触。

通过以上分析，机器人是否能稳定吸附在壁面上受其密封性能影响很大，因此在设计密封机构时要尽可能提高其密封性能。

2. 吸附机构设计

在吸附装置设计中，电动机与扇叶连接通常采用两种连接方式：联轴器直连和同步带增速连接。实际使用中同步带增速连接方式可以有效增加扇叶转速，但这种连接方式结构比较复杂、占用空间较大，且在高速传动时效率将降低。因此本项目采用联轴器直连方式，此种结构较简单、容易实现。同时本项目采用无刷电动机驱动扇叶，无刷电动机可以达到较高转速，满足机器人对电动机转速的要求。本项目选用新西达生产的 XXD A2212 外转子无刷电动机，如图 7.10 所示，参数如表 7.2 所示。XXD A2212 无刷电动机只有 55 g，转速可以达到 12 000 r/min 以上，能够提供较高转速及力矩。

图 7.10　无刷电动机实物图

表 7.2　XXD A2212 无刷电动机参数

型号	电压/V	空载电流/A	最大电流/A	正常电流/A	尺寸/mm	质量/g	轴径/mm
XXD A2212	12	0.7	16	<13	27.5×26	55	3.17

为了提高密封圈密封性能，一定要先解决密封圈对不平整平面的适用性问题。密封圈要能够与平面进行适配，从而填充因壁面不平整而引起的间隙，使机器人在运动状态仍可保持较好的密封性能。本项目采用平面密封圈的结构对机器人进行密封，利用密封圈材料填充机器人与壁面间的间隔以阻断空气流通，保持负压。对于密封材料要满足两个要求：低透过性和低阻尼特性。作为密封材料的首要要求即阻断负压腔内外空气联系，所以要求其有低透过性；密封圈结构(见图 7.11)则要求密封材料不能有过大摩擦力以免阻碍机器人运动。密封圈与壳体之间采用柔性连接，保证密封圈满足壁面适应性要求，同时密封圈与轮胎、壁面三者之间位置关系也非常重要，必须保证轮子和密封圈之间的合理高度差，才能保证机器人的密封性能和运动性能。

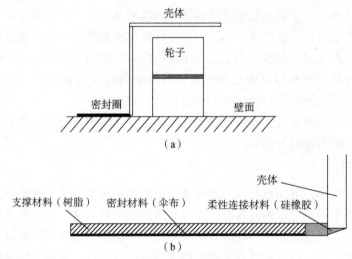

图 7.11　密封圈结构

(a)密封圈截面；(b)密封圈结构

7.3.2　运动机构设计

1. 移动方式设计

爬墙机器人驱动机构多种多样，经过对不同驱动方式的研究分析，最终本项目选定轮式驱动方式。与其他移动方式相比，轮式驱动方式具有高速和高负载能力的特点。在不同的轮式驱动方式中本项目选用四边形分布方式，如图 7.12 所示，每个轮子由一个独立减速电动机驱动，通过两个方向的速度差实现转向。四边形分布方式与其他方式相比主要优势在于可以完全转化四个轮子的压力为驱动力，大大提高驱动能力，增加机器人带负载的能力。

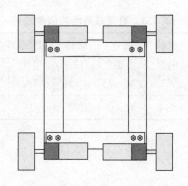

图 7.12　四边形分布方式

四边形分布方式并非完美的解决方案，转向能力较差是其缺点之一。采用四边形分布方式的机器人转向时利用左右轮差速实现，为滑动转向，此时机器人就要克服一定的摩擦力矩。根据式(7.4)知，θ 越小，机器人所受摩擦转矩越小，机器人转向越灵活，因此在设计时要减小前后排轮子间距，增大两侧轮子间距。

2. 驱动电动机的选择

为满足机器人运动性能需求，选择合适的直流电动机非常关键。本项目选用 25GA370 减速电动机，外形尺寸如图 7.13 所示。

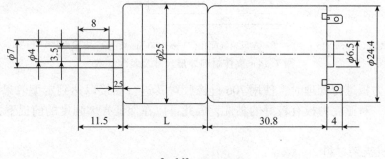

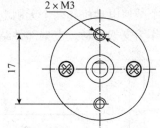

图 7.13　驱动电动机外形尺寸

25GA370 减速电动机包含两个部分：直流电动机和减速箱，此类型减速电动机包含 3 V、6 V、9 V 和 12 V 四种额定电压类型，以及 6 ~ 680 r/min 多种转速可选。所有减速电动机所使用电动机尺寸均相同，差别在于减速箱，不同减速比使得减速箱内部结构略有差异，减速箱外形尺寸相应也发生变化。

综合机器人各方面需求，本项目最终选定的直流减速电动机参数如表 7.3 所示。

表 7.3　直流减速电动机参数

电压 /V	空载转速/(r·min⁻¹)	空载电流 /A	负载转速/(r·min⁻¹)	负载电流 /A	额定力矩/(N·m)	堵转力矩/(N·m)	堵转电流 /A	功率 /W	减速比	减速箱长度 /mm	质量 /g
6	35	0.06	30	0.4	41.16	294	2	1.5	1:171	25	90

7.3.3　总体设计

1. 材料选择

（1）壳体材料

根据轻质、高强度、美观、性价比高、容易加工等原则，本项目最终选择 2 mm 亚克力板作为壳体主材料，壳体材料外形尺寸及装配参数如图 7.14 所示。

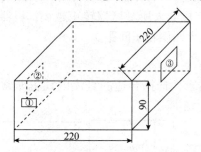

①—开关装配孔(10 mm×15 mm)；②—左风扇装配孔(33 mm×50 mm)；③—右风扇装配孔(33 mm×50 mm)。

图 7.14　壳体材料外形尺寸及装配参数

在对亚克力板进行处理时，使用 706 硅橡胶对其进行黏接以达到定型效果，706 硅橡胶固化后有弹性，对亚克力板有较好的黏性，因此可以在保证壳体强度的前提下，使壳体保持整洁美观。

（2）电动机支架材料

电动机支架要求同时承载四个减速电动机和两个无刷电动机，要求材料满足轻质、高强度要求，本项目最终选定铝合金作为支架材料。支架部件结构及装配参数如图 7.15 所示。

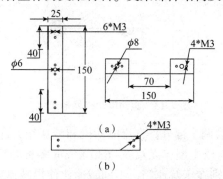

图 7.15　支架部件结构及装配参数
（a）主支架；（b）辅助支架

本项目采用传统方法对不同部件及支架和电动机使用螺栓进行连接，常用 M3 螺栓可以满足强度要求，故本项目普遍使用 M3 螺栓。支架总体结构如图 7.16 所示。

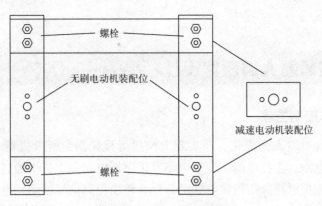

图7.16 支架总体结构

2. 机器人模型

机器人主要由壳体、密封圈、支架、电动机、控制器和电源六部分组成，整体结构如图7.17所示。

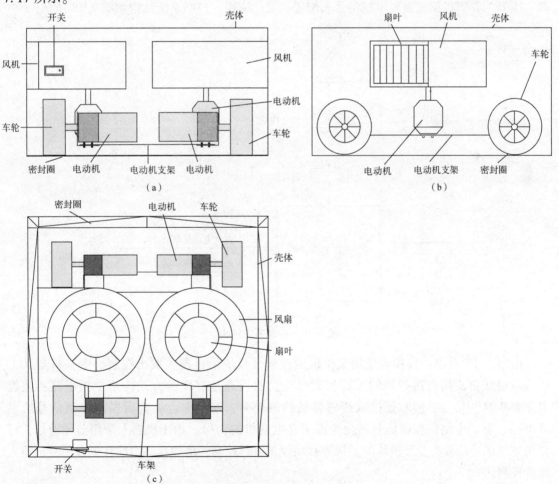

图7.17 机器人整体结构

(a)主视图；(b)左视图；(c)俯视图

7.4 爬墙机器人的硬件设计

7.4.1 总体控制方案

本项目要求实现机器人无缆化,即实现上位机远程控制,所以机器人控制系统主要包括:上位机、通信电路、主控电路、驱动电路及传感器电路。上位机通过通信电路把控制命令传到主控单元,主控电路分析所接收到的命令并输出控制信号给驱动电路,驱动电路放大控制信号用以驱动直流电动机和无刷电动机。同时,主控电路读取传感器信号并分析,然后输出控制信号控制电动机。

控制系统设计采用模块化设计思想,主控电路、驱动电路、通信电路和传感器电路分开设计,最后通过导线连接,这种设计的优势在于可以使得各部分信号不受干扰,便于排除故障、维修,并可以根据需要增减机器人配置,灵活应用。控制系统结构如图 7.18 所示。

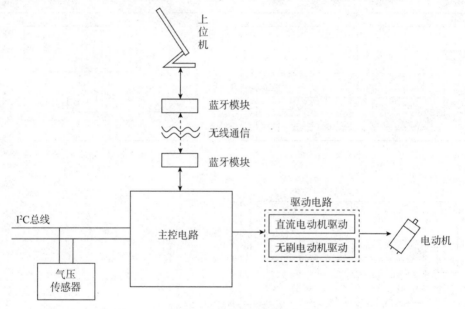

图 7.18　控制系统结构

由图 7.18 看出:操作者使用上位机通过蓝牙模块给机器人发出控制命令;机器人上的接收模块负责接收遥控器的无线控制命令,然后通过有线的方式传给主控电路;主控电路解析这些信号,同时还接收传感器的检测信号,经过综合处理后发出控制信号给驱动电路;驱动电路将控制信号转化为能驱动电动机的信号。由于机器人采用蓝牙通信,可以很方便地采用带有蓝牙模块的手机等移动设备进行控制,增加其适用性且更方便对机器人现场控制。

7.4.2　主控电路设计

1. 微控制器选择与简介

目前应用在机器人底层控制系统的微控制器主要有数字信号处理器 DSP 和 8/16 位单片机两种类型。采用 8/16 位单片机，控制系统设计、制作简单，硬件开发周期短，但数据处理能力不强，系统的稳定性不强，系统控制板的结构尺寸也会很大。DSP 具有数据处理能力强、速度快等优点，且其体积较小，有利于布局，当前的大多数机器人的控制以 DSP 为主。但由于条件限制及自身能力有限，本项目的微控制器选择 8 位单片机中的 AT89S52 单片机。

AT89S52 是一种低功耗、高性能的 CMOS 8 位单片机，与工业 80C51 产品指令和引脚完全兼容。片上 Flash 允许程序存储器在线编程，亦适于常规编程器。AT89S52 具有以下标准功能：8 k 字节 Flash，256 字节 RAM，32 位 I/O 端口，看门狗定时器，两个数据指针，三个 16 位定时器/计数器，一个 6 向量二级中断结构，全双工串行口，片内晶振及时钟电路。另外，AT89S52 可降至 0 Hz 静态逻辑操作，支持两种节电模式。空闲模式下，CPU 停止工作，允许 RAM、定时器/计数器、串口、中断继续工作。掉电保护模式下，RAM 内容被保存，振荡器被冻结，单片机一切工作停止，直到下一个中断或硬件复位为止。AT89S52 的引脚分布如图 7.19 所示。

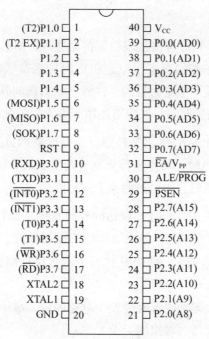

图 7.19　AT89S52 的引脚分布

引脚介绍如下。

P0 口：P0 口是一个 8 位漏极开路的双向 I/O 端口。P0 口用作通用 I/O 端口时，需要外部上拉电阻。

P1 口：P1 口是一个具有内部上拉电阻的 8 位双向 I/O 端口。

此外，P1.0 和 P1.1 分别作定时器/计数器 2 的外部计数输入(P1.0/T2)和定时器/计数器 2 的触发输入(P1.1/T2EX)。在 Flash 编程和校验时，P1 口接收低 8 位地址字节。

P2 口：P2 口是一个具有内部上拉电阻的 8 位双向 I/O 端口。

P3 口：P3 口是一个具有内部上拉电阻的 8 位双向 I/O 端口。P3 口亦作为 AT89S52 特殊功能(第二功能)使用。具体如下：

P3.0 RXD(串行输入口)；

P3.1 TXD(串行输出口)；

P3.2 $\overline{\text{INT0}}$(外中断 0)；

P3.3 $\overline{\text{INT1}}$(外中断 1)；

P3.4 T0(定时/计数器 0)；

P3.5 T1(定时/计数器 1)；

P3.6 $\overline{\text{WR}}$(外部数据存储器写选通)；

P3.7 $\overline{\text{RD}}$(外部数据存储器读选通)。

此外，P3 口还接收一些用于 Flash 闪存编程和程序校验的控制信号。

RST：复位输入。当振荡器工作时，RST 引脚出现两个机器周期以上高电平将使单片机复位。

ALE/$\overline{\text{PROG}}$：当访问外部程序存储器或数据存储器时，ALE(地址锁存允许)输出脉冲用于锁存地址的低 8 位字节。一般情况下，ALE 仍以时钟振荡频率的 1/6 输出固定的脉冲信号，因此它可对外输出时钟或用于定时目的。注意：每当访问外部数据存储器时将跳过一个 ALE 脉冲。对 Flash 存储器编程期间，该引脚还用于输入编程脉冲($\overline{\text{PROG}}$)。

$\overline{\text{PSEN}}$：程序储存允许($\overline{\text{PSEN}}$)输出是外部程序存储器的读选通信号，当 AT89S52 由外部程序存储器取指令(或数据)时，每个机器周期有两次 $\overline{\text{PSEN}}$ 有效，即输出两个脉冲，在此期间，当访问外部数据存储器时，将跳过两次 $\overline{\text{PSEN}}$ 信号。

$\overline{\text{EA}}$/V_{PP}：外部访问允许，欲使 CPU 仅访问外部程序存储器(地址为 0000H ~ FFFFH)，$\overline{\text{EA}}$ 端必须保持低电平(接地)。注意：如果加密位 LB1 被编程，复位时内部会锁存 $\overline{\text{EA}}$ 端状态。如 $\overline{\text{EA}}$ 端为高电平(接 V_{CC} 端)，则 CPU 执行内部程序存储器的指令。Flash 存储器编程时，该引脚加上 +12 V 的编程允许电源 V_{PP}。

XTAL1：振荡器反相放大器和内部时钟发生电路的输入端。

XTAL2：振荡器反相放大器的输出端。

2. 微控制器外围电路设计

(1)复位电路设计

AT89S52 的复位是由外部的复位电路实现的。AT89S52 片内复位电路结构如图 7.20 所示。

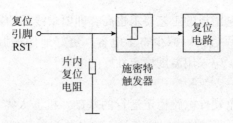

图 7.20 AT89S52 的片内复位电路结构

复位引脚 RST 通过一个施密特触发器与复位电路相连，施密特触发器用来抑制噪声。在每个机器周期的 S5P2，施密特触发器的输出电平由复位电路采样一次，然后才能得到内部复位操作所需的信号。

本项目复位电路采用上电自动复位和手动复位的方式，如图 7.21 所示。

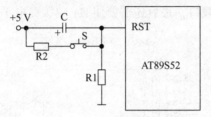

图 7.21 复位电路

上电自动复位是通过外部电路给电容 C 充电加至 RST 引脚一个短的高电平信号，此信号随着 V_{CC} 对电容 C 的充电过程而逐渐回落，即 RST 引脚上的高电平取决于电容 C 的充电时间。因此为保证系统能可靠复位，RST 上的高电平必须维持足够长的时间。按键手动复位通过 RST 端经电阻与电源 V_{CC} 接通来实现。

（2）时钟电路设计

单片机各功能部件都以时钟控制信号为基准，时钟频率直接影响单片机速度，时钟电路的质量也直接影响单片机系统的稳定性。常用时钟电路有两种方式，一种是内部时钟方式，另一种是外部时钟方式。本项目采用内部时钟方式，AT89S52 内部有一个用于构成振荡器的高增益反相放大器，它的输入端为引脚 XTAL1，输出端为引脚 XTAL2。这两个引脚与石英晶体和微调电容，构成稳定的自激振荡器。图 7.22 为时钟电路。

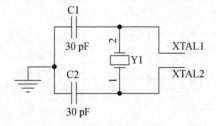

图 7.22 时钟电路

电路中的电容 C1 和 C2 的典型值通常选择 30 pF。该电容的大小会影响振荡器频率的高低、振荡器的稳定性和起振的快速性。晶体振荡频率的范围通常为 1.2～12 MHz。晶体的频率越高，系统时钟频率越高，单片机的运行速度也越快。但反过来，运行的速度快对存储器

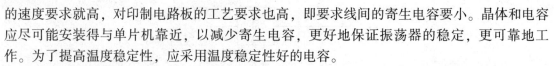

的速度要求就高，对印制电路板的工艺要求也高，即要求线间的寄生电容要小。晶体和电容应尽可能安装得与单片机靠近，以减少寄生电容，更好地保证振荡器的稳定，更可靠地工作。为了提高温度稳定性，应采用温度稳定性好的电容。

（3）电源电路设计

可靠的电源方案是整个硬件电路稳定运行的基础。机器人需要两种电压等级电源供电，第一种 7.4 V 电源为电动机驱动供电，第二种 5 V 电源为单片机、传感器及其他需要 5 V 电源的设备供电，而机器人本身采用 7.4 V 锂电池供电，因此需要对电源电压进行变换。

本项目选用 LM7805 为控制系统提供 5 V 电源，用 LM7805 三端稳压 IC 来组成稳压电源。所需的外围元件极少，电路内部还有过流、过热及调整管的保护电路，使用起来可靠、方便，而且价格便宜。

除了以上电路，还需要把 P0 口用作通用 I/O 端口，所以 P0 口还需要外接上拉电阻，同时最小系统还需要 ISP 下载口，最后还需要使 EA 端接高电平。图 7.23 为单片机最小系统电路。

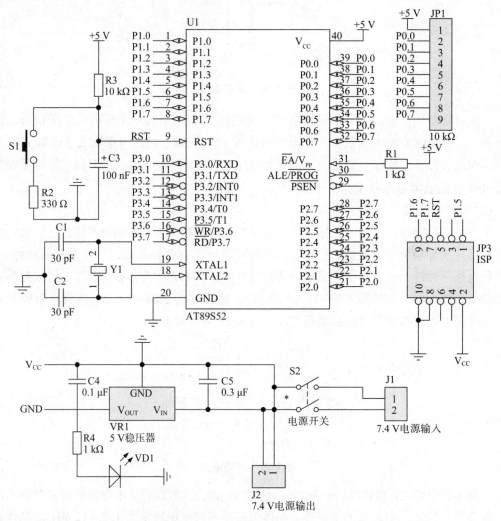

图 7.23　单片机最小系统电路

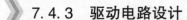

7.4.3 驱动电路设计

单片机作为控制器只能够提供低压、小电流控制信号，当需要控制大功率器件时，必须增加驱动电路。本项目需要使用直流电动机和无刷电动机，而两类电动机的工作原理、方式不相同，故需要分别设计驱动电路。

1. 直流电动机驱动电路设计

直流电动机驱动电路的设计方法众多，本项目选用 L298 驱动芯片，加上辅助电路构成直流电动机驱动电路。

L298 是 SGS 公司的产品，比较常见的是 15 引脚 Multiwatt 封装的 L298，内部包含四通道逻辑驱动电路，可以方便地驱动两个直流电动机，或一个两相步进电动机。L298 芯片可以驱动两个二相电动机，也可以驱动一个四相电动机，输出电压最高可达 50 V，可以直接通过电源来调节输出电压；可以直接用单片机的 I/O 端口提供信号；电路简单，使用比较方便。L298 可接受标准 TTL 逻辑电平信号 V_{ss}，V_{ss} 可接 4.5~7 V 电压；V_s 接电源电压，V_s 电压范围为 2.5~46 V；输出电流可达 2.5 A，可驱动电感性负载。

L298 可驱动两个电动机，OUT1、OUT2 和 OUT3、OUT4 之间可分别接电动机，本项目需要驱动两组四台直流电动机。5、7、10、12 引脚接输入控制电平，控制电动机的正反转。ENA、ENB 接控制使能端，控制电动机的停转。L298 控制逻辑如表 7.4 所示。

表 7.4 L298 控制逻辑

ENA	IN1	IN2	运行状态
0	×	×	停止
1	1	0	正传
1	0	1	反转
1	1	1	刹停
1	0	0	停止

为了增加驱动电路稳定性，本项目还使用光耦用以隔离驱动信号，使用滤波电容保持驱动电源稳定及减少电动机启动时对其他电源的影响，增加信号指示电路，方便调试、使用。直流电动机驱动电路如图 7.24 所示。

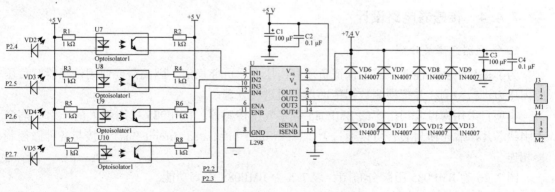

图 7.24 直流电动机驱动电路

2. 无刷电动机驱动电路设计

无刷电动机驱动即无刷电子调速器,简称电调。电调输入是直流,可以接稳压电源,或者锂电池;一般的供电采用 2~6 节锂电池;输出三相交流电,直接与电动机的三相输入端相连。如果上电后电动机反转,只需要把这三根线中间的任意两根对换位置即可。电调还有三根信号线连出,用来与接收机连接,控制电动机的运转。另外,电调一般有电源输出功能,即在信号线的正负极之间,有 5 V 左右的电压输出,通过信号线为接收机供电,接收机再为舵机等控制设备供电。

由于电调结构相对复杂,因此本项目所使用电调均为成熟商用产品,本节仅对电调工作原理进行必要说明。电调主要包括主控电路、三相逆变器和检测电路等,电调结构框图如图 7.25 所示。

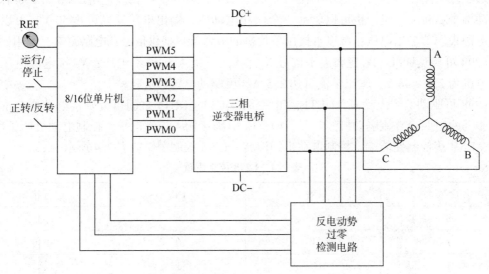

图 7.25 电调结构框图

电调主控制器一般为 8/16 位单片机,单片机根据外部控制信号改变六路 PWM 输出,从而改变无刷电动机速度;三相逆变器则是根据控制信号把直流电转换为三相交流电驱动无刷电动机,因此,可以说无刷电动机本质上为交流电动机;检测电路主要检测电源电压、电动机反电动势、三相电压过零点等参数,为电动机控制及保护提供支持。

7.4.4 传感器电路设计

1. 传感器选择及介绍

为了提高机器人性能,需要保证负压腔内压力尽可能稳定,因此需要使用传感器对负压腔内压力进行检测,并把检测数据传回单片机进行处理。

本项目采用博世公司生产的 BMP085 数字气压传感器,BMP085 采用强大的 8 引脚陶瓷无引线芯片承载超薄封装,可以通过 I^2C 总线(Inter Integrated Circuit Bus)直接与各种微控制器相连。

图 7.26 为 BMP085 引脚分布图,表 7.5 为 BMP085 引脚功能。

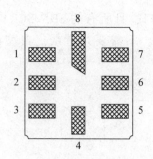

图7.26　BMP085引脚分布图

表7.5　BMP085引脚功能

引脚号	名称	功能	类型
1	GND	地	电源
2	EOC	转换结束标志	数字输出
3	V_{DDA}	电源	电源
4	V_{DDD}	数字电源	电源
5	NC	无内部连接	—
6	SCL	I^2C 总线时钟输入	数字输入
7	SDA	I^2C 总线数据端	数字双向口
8	XCLR	输入清除(低电平有效)	数字输入

BMP085数字气压传感器内部由传感器组件、ADC、控制单元和存储单元四部分组成，控制单元同时提供 I^2C 总线接口供外接 MCU 控制。外接 MCU 控制 BMP085 流程：首先外接 MCU 发送控制命令让传感器测量当前压力或温度值，压力值测量包含多种精度，可通过控制命令决定测量精度，一定时间后(ms 级)测量数据就可以读出，同时 BMP085 内部存储单元提供标准数据进行数据补偿，以使测量值更为精确。

2. 传感器电路设计

BMP085工作电压：1.8 ~ 3.6 V(V_{DDA})，1.62 ~ 3.6 V(V_{DDD})。由于已设计电源模块仅提供 5 V 电源，因此需要为传感器单独设计电源。本项目选用 662K 3.3 V 三端稳压芯片，是高纹波抑制率、低功耗、低压差，具有过流和短路保护的 CMOS 降压型稳压器。这些器件具有很低的静态偏置电流(8.0 μA)，它们能在输入、输出电压差极小的情况下提供 250 mA 的输出电流，并且仍能保持良好的调整率，因此可以满足传感器电源要求。

I^2C 总线：是飞利浦公司推出的串行总线标准(为二线制)。总线上扩展的外围器件及外设接口通过总线寻址，是具备总线仲裁和高低速设备同步等功能的高性能多主机总线。I^2C 总线组成系统结构简单，占用空间小，芯片引脚的数量少，无须片选信号，价格低，允许若干兼容器件共享总线，应用比较广泛。总线的长度可达 7.6 m，传送速度可达 400 kbit/s，标准速率为 100 kbit/s。支持多个组件，支持多主控器件(某时刻只能有一个主控器件)。I^2C 总线上所有设备的 SDA、SCL 引脚必须外接上拉电阻。所有挂接在 I^2C 总线上的器件和接口电路都应具有 I^2C 总线接口，且所有的 SDA/SCL 同名端相连。总线上所有器件要依靠 SDA 发送的地址信号寻址，不需要片选线。典型的 I^2C 总线系统结构如图 7.27 所示。

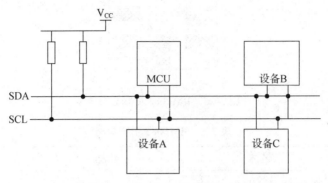

图 7.27　典型的 I^2C 总线系统结构

I^2C 总线上可挂接多个器件，其中每个器件都支持 I^2C 总线通信协议。该协议规定了 SCL 和 SDA 信号有占用或释放两种状态。如果一个期间占用总线，就通过 SCL 输出低电平将其拉低；如果期间释放总线，则将自己的 SCL 和 SDA 信号线变成输入高阻状态，使总线上出现高电平。为了确定此状态下总线上的电平，必须在总线上外接上拉电阻。当其他主机检测到总线为高电平时，则总线处于空闲状态，方可占用总线进行数据传输。因此，设计 I^2C 总线时，SCL 和 SDA 的上拉电阻必须存在。传感器电路如图 7.28 所示。

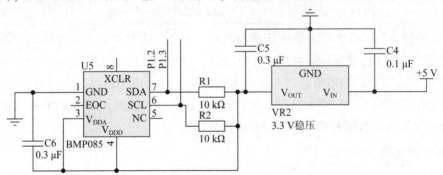

图 7.28　传感器电路

7.4.5　通信电路设计

本项目采用上位机控制，无缆化为本项目设计目标之一，因此需要使用无线通信模块。通过对不同无线通信方式的对比和对设计的综合考虑，最终选定蓝牙通信。蓝牙是一种支持设备短距离通信的无线电技术，支持在包括移动电话、PDA、无线耳机、笔记本电脑、相关外设等众多设备之间进行无线信息交换。利用蓝牙技术，能够有效地简化移动设备之间的通信，也能够成功地简化设备与 Internet 之间的通信，从而使数据传输变得更加迅速高效，为无线通信拓宽道路。蓝牙采用分散式网络结构及快跳频和短包技术，支持点对点及点对多点通信，工作在全球通用的 2.4 GHz ISM(即工业、科学、医学)频段。其数据速率为 1 Mbit/s，采用时分双工传输方案实现全双工传输。

本项目以 HC-06 蓝牙透传模块为基础，对相关辅助电路进行设计以满足机器人通信需要。蓝牙模块电路如图 7.29 所示，包括两块 HC-06 透传模块，一块为主机，另一块为从机，主机与单片机相连，从机通过 USB to TTL 与上位机相连，主机电路比从机电路多一个连接按钮 S2，其他电路相同。USB to TTL 本项目采用常用的 PL2303 芯片，PL2303 是 Prolific 公司生产的一种高度集成的 RS232-USB 接口转换器，可提供一个 RS232 全双工异步串行通信装置与 USB 功能接口便利连接的解决方案。该器件内置 USB 功能控制器、USB 收发器、振荡器和带有全部调制解调器控制信号的 UART，只需外接几只电容就可实现 USB 信号与 RS232 信号的转换，能够方便嵌入各种设备；该器件作为 USB/RS232 双向转换器，一方面从主机接收 USB 数据并将其转换为 RS232 信息流格式发送给外设；另一方面从 RS232 外设接收数据转换为 USB 数据格式传送回主机。这些工作全部由器件自动完成，开发者无须考虑固件设计。

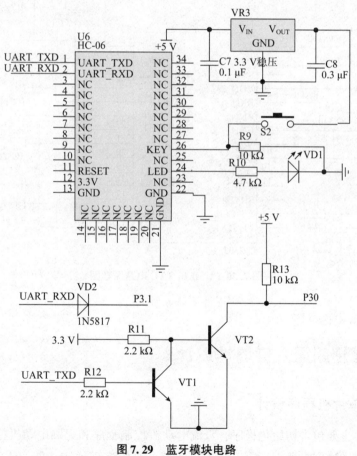

图 7.29 蓝牙模块电路

PL2303 的高兼容驱动可在大多操作系统上模拟成传统 COM 端口，并允许基于 COM 端口应用方便地转换成 USB 接口应用，通信比特率高达 6 Mbit/s。在工作模式和休眠模式时都具有功耗低的特点，是嵌入式系统手持设备的理想选择。该器件具有以下特征：完全兼容

USB1.1 协议；可调节的 3 ~ 5 V 输出电压，满足 3 V、3.3 V 和 5 V 不同应用需求；支持完整的 RS232 接口，可编程设置的比特率范围为 75 bit/s ~ 6 Mbit/s，并为外部串行接口提供电源；512 字节可调的双向数据缓存；支持默认的 ROM 和外部 EEPROM 存储设备配置信息，具有 I²C 总线接口，支持从外部 MODEM 信号远程唤醒；28 引脚的 SOIC 封装。USB to TTL 电路如图 7.30 所示。

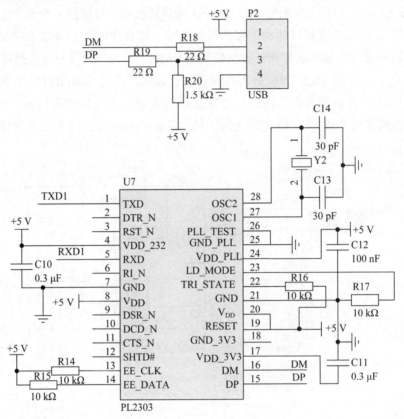

图 7.30　USB to TTL 电路原理图

7.5　爬墙机器人的软件设计

7.5.1　单片机程序设计

单片机程序主要包含初始化程序、直流电动机控制程序和无刷电动机控制程序三部分，这三部分程序共同决定机器人所有部件控制策略，最终实现预定功能。软件流程如图 7.31 所示。

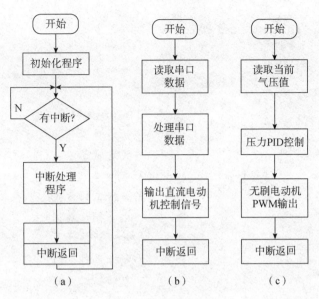

图 7.31 软件流程

(a)主程序；(b)串口中断服务程序；(c)定时中断服务程序

1. 初始化程序

初始化程序即完成对相关硬件参数设定、工作状态设定等预先准备工作。本项目初始化程序包含定时器初始化和 BMP085 初始化两部分程序。

定时器初始化即设定定时器工作方式、定时时间。本项目使用定时器 0 产生对无刷电动机驱动控制的基础信号，定时器 0 工作在方式 1 即 16 位定时器。代码如下：

```
void timer0_initialize(void)        //定制器 0 初始化
{
    EA = 0;                         //关中断
    timer0_tick = 0;                //计数变量清零
    TR0 = 0;                        //停计数器
    TMOD = 0x01;                    //计数器 0 工作在方式 1
    TL0 = 0x9C;
    TH0 = 0xFF;                     //计数器初值
    PT0 = 0;                        //定时中断优先级低
    ET0 = 1;                        //允许定时器 0 中断
    TR0 = 1;                        //启动定时器 0
    EA = 1;                         //开放所有中断
}
```

本项目同时还使用串口通信，本项目所使用串口工作在方式 1 即 8 位异步收发，波特率出定时器 1 确定，定时器 1 工作在方式 2 即 8 位的常数自动重新装载的定时器。代码如下：

```
void timer1_initialize(void) //定制器1初始化
{
    TMOD = 0x20;                    //定时器1工作在方式2
    TH1 = 0xfd;
    TL1 = 0xfd;                     //9600波特率
    TR1 = 1;                        //开定时器计数
    ET1 = 0;                        //关定时器1
    SM0 = 0;
    SM1 = 1;                        //串行工作方式1
    REN = 1;                        //允许接收数据
    EA = 1;                         //开中断总开关
    ES = 1;                         //允许串行中断
}
```

BMP085初始化即读取BMP085片内E^2PROM中的11个基准值以方便气压实际值的计算。下面简要介绍一下I^2C总线数据传输的要求及特点，以方便程序设计。

I^2C总线数据传输基本过程为：

1）主机发出开始信号；

2）主机接着送出1字节的从机地址信息，其中最低位为读写控制码（1为读，0为写），高7位为从机器件地址代码；

3）从机发出认可信号；

4）主机开始发送信息，每发完一字节后，从机发出认可信号给主机；

5）主机发出停止信号。

I^2C总线数据传输模拟时序如图7.32所示。

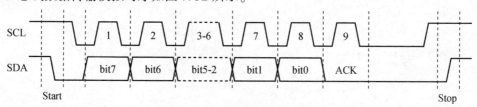

图7.32　I^2C总线数据传输模拟时序

说明：SCL线为高电平期间，SDA线由高电平向低电平的变化表示开始（START）信号；SCL线为高电平期间，SDA线由低电平向高电平的变化表示停止（STOP）信号。起始和停止信号都是由主机发出的，在开始信号产生后，总线就处于被占用的状态；在停止信号产生后，总线就处于空闲状态。主机写从机时每写完一个字节，如果正确，从机将在下一个时钟周期将数据线SDA拉低以告诉主机操作有效。在主机读从机时，正确读完一字节后，主机在下一个时钟周期同样也要将数据线SDA拉低，发出认可信号告诉从机所发数据已经收到。在I^2C通信过程中，所有的数据改变都必须在时钟线SCL为低电平时改变，在时钟线SCL为高电平时必须保持数据SDA信号的稳定，任何在时钟线SCK为高电平时数据线上的电平改变都被认为是开始或停止信号。

I^2C 总线上传送的数据信号是广义的，既包括地址信号，又包括真正的数据信号。

在开始信号后必须传送一个从机的地址(7位)，第8位是数据的传送方向位($R/\overline{W}$)，用"0"表示主机发送数据($W/\overline{W}$)，"1"表示主机接收数据(R)。每次数据传送总是由主机产生的停止信号结束。但是，若主机希望继续占用总线进行新的数据传送，则可以不产生停止信号，马上再次发出开始信号对另一从机进行寻址。在总线的一次数据传送过程中，可以有以下几种基本形式。

1)主机向从机发送数据，数据传送方向在整个传送过程中不变。此时，发送数据帧格式如图7.33所示。

S	从机地址	0	A	数据	A	数据	A/$\overline{A}$	P

图7.33 发送数据帧格式1

2)主机在第一个字节后，立即从从机读数据。此时，发送数据帧格式如图7.34所示。

S	从机地址	1	A	数据	A	数据	$\overline{A}$	P

图7.34 发送数据帧格式2

3)在传送过程中，当需要改变传送方向时，开始信号和从机地址都被重复产生一次，但两次读/写方向位正好反相。此时，发送数据帧格式如图7.35所示。

S	从机地址	0	A	数据	A/$\overline{A}$	S	从机地址	1	A	数据	$\overline{A}$	P

图7.35 发送数据帧格式3

注：有阴影部分表示数据由主机向从机传送，无阴影部分则表示数据由从机向主机传送。A表示应答，$\overline{A}$表示非应答(高电平)；S表示开始信号，P表示停止信号。

I^2C 总线协议有明确的规定：采用7位的寻址字节(寻址字节是起始信号后的第一个字节)。寻址字节的位定义如图7.36所示。

位	7	6	5	4	3	2	1	0
定义	从机地址							$R/\overline{W}$

图7.36 寻址字节的位定义

D7 ~ D1 位组成从机的地址。D0 位是数据传送方向位，为"0"时表示主机向从机写数据，为"1"时表示主机由从机读数据。

主机发送地址时，总线上的每个从机都将这7位地址码与自己的地址进行比较，如果相同，则认为自己正被主机寻址，根据 $R/\overline{W}$ 位将自己确定为发送器或接收器。

时钟同步通过线与连接 I^2C 接口到 SCL 线来执行。这就是说 SCL 线的高到低切换会使器件开始数它们的低电平周期，而且一旦器件的时钟变低电平，它会使 SCL 线保持这种状态直到到达时钟的高电平。但是，如果另一个时钟仍处于低电平周期，这个时钟的低到高切换不会改变 SCL 线的状态。因此，SCL 线被有最长低电平周期的器件保持低电平。此时，低电平周期短的器件会进入高电平的等待状态。

读取 BMP085 片内 E^2PROM 中数据流程如图7.37所示。代码如下：

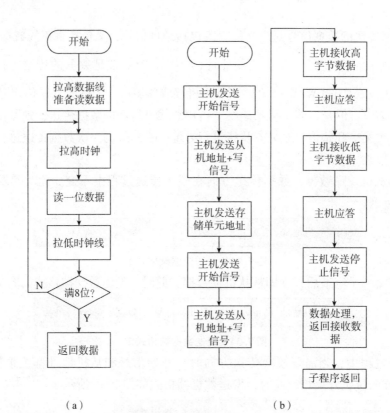

图 7.37 读数据流程

(a)读单字节数据;(b)读一组基准数据

```
void Init_BMP085()              //BMP085初始化,读取11组基准值
{  ac1 =Multiple_read(0xAA);
ac2 =Multiple_read(0xAC);
ac3 =Multiple_read(0xAE);
ac4 =Multiple_read(0xB0);
ac5 =Multiple_read(0xB2);
ac6 =Multiple_read(0xB4);
b1 =Multiple_read(0xB6);
b2 =Multiple_read(0xB8);
mb =Multiple_read(0xBA);
mc =Multiple_read(0xBC);
md =Multiple_read(0xBE);
}
shortMultiple_read(uchar ST_Address) //基准数据读取
{
    uchar msb, lsb;
```

```
short_data;

BMP085_Start();                    //开始信号
BMP085_SendByte(BMP085_SlaveAddress); //发送设备地址+写信号
BMP085_SendByte(ST_Address);//发送存储单元地址
BMP085_Start();                    //开始信号
BMP085_SendByte(BMP085_SlaveAddress+1); //发送设备地址+读信号
msb=BMP085_RecvByte();             //BUF[0]存储
BMP085_SendACK(0);                 //回应 ACK
lsb=BMP085_RecvByte();
BMP085_SendACK(1);                 //最后一个数据需要回 NOACK
BMP085_Stop();                     //停止信号
Delay5 ms();

_data=msb<<8;
_data | =lsb;                      //重组数据
return_data;                       //返回数据
}
```

2. 直流电动机控制程序

直流电动机作为运动系统主要部件，承载机器人进行各向运动。直流电动机如何运动取决于上位机指令，单片机通过串口接收上位机指令并进行处理，然后输出控制信号给直流电动机驱动，驱动电动机工作。直流电动机控制流程如图 7.38 所示。

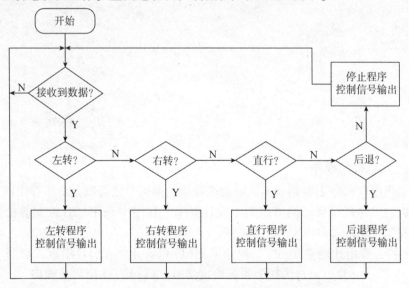

图 7.38 直流电动机控制流程

部分代码如下：

```
void serial()interrupt 4 //中断服务程序
{
    flag=1;
    b=SBUF;
    RI=0；//中断标志
}
void main(void)
{
    while(1)
    {
        .if(flag==1)
        {
            flag=0;
            switch(b)
            {
                case leftdata: left(); break;
                case rightdata: right(); break;
                case godata: go(); break;
                case backdata: back(); break;
            }
            a=b;
            delay1ms(30);
        }
        else
        {
            ENA=0;
            ENB=0;
        }
    }
}
```

3. 无刷电动机控制程序

无刷电动机控制程序主要调节无刷电动机转速，而调节依据则是负压腔当前气压值。本项目对负压腔内气体进行自动调节以满足设计要求，程序中采用 PID 控制算法控制无刷电动机转速来控制气压。

PID 控制器主要由比例单元（P）、积分单元（I）和微分单元（D）组成，理想 PID 控制器结构如图 7.39 所示，其中 $r(t)$ 为控制系统给定信号，$y(t)$ 为被控对象输出，$e(t)$ 为控制误差，K_P 为比例系数，K_P/T_I 为积分系数，$K_P \cdot T_D$ 为微分系数。

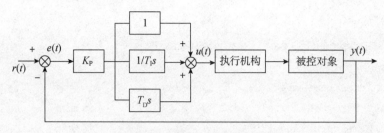

图 7.39 理想 PID 控制器结构

比例控制是一种最简单的控制方式。其控制器的输出与输入误差信号成比例关系。当仅有比例控制时系统输出存在稳态误差。

在积分控制中,控制器的输出与输入误差信号的积分成正比关系。对于一个自动控制系统,如果在进入稳态后存在稳态误差,则称这个控制系统是有稳态误差的或简称有差系统。为了消除稳态误差,在控制器中必须引入积分项。积分项对误差取决于时间的积分,随着时间的增加,积分项会增大。这样,即便误差很小,积分项也会随着时间的增加而加大,它推动控制器的输出增大,使稳态误差进一步减小,直到等于零。因此,比例+积分(PI)控制器可以使系统在进入稳态后无稳态误差。

在微分控制中,控制器的输出与输入误差信号的微分(即误差的变化率)成正比关系;自动控制系统在克服误差的调节过程中可能会出现振荡甚至失稳。其原因是存在有较大惯性组件(环节)或有滞后组件,具有抑制误差的作用,其变化总是落后于误差的变化。解决的办法是使抑制误差的作用的变化"超前",即在误差接近零时,抑制误差的作用就应该是零。这就是说,在控制器中仅引入比例项往往是不够的,比例项的作用仅是放大误差的幅值,而目前需要增加的是微分项,它能预测误差变化的趋势。这样,具有比例+微分的控制器,就能够提前使抑制误差的控制作用等于零,甚至为负值,从而避免了被控量的严重超调。所以,对有较大惯性或滞后的被控对象,比例+微分(PD)控制器能改善系统在调节过程中的动态特性。

无刷电动机 PID 控制流程如图 7.40 所示。

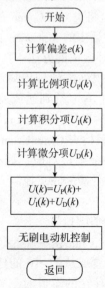

图 7.40 无刷电动机 PID 控制流程

代码如下：

```
doublePIDCalc(PID *pp, double NextPoint)
{
    doubledError, Error;
    Error=pp->SetPoint-NextPoint;         //偏差
    pp->SumError+=Error;                  //积分
    dError=pp->LastError-pp->PrevError;   //当前微分
    pp->PrevError=pp->LastError;
    pp->LastError=Error;
    return(pp->Proportion * Error         //比例项
    +pp->Integral * pp->SumError          //积分项
    +pp->Derivative *dError);             //微分项
}
```

7.5.2　上位机程序设计

上位机主要功能为通过串口向机器人发送控制信号，故上位机设计重点在于串口通信程序设计及定时命令发送。

本项目上位机采用 VB 进行设计，VB 是一种由微软公司开发的包含协助开发环境的事件驱动编程语言，拥有图形用户界面和快速应用程序开发系统。程序员可以轻松地使用 VB 提供的组件快速建立一个应用程序。本项目上位机核心控件为串行通信控件 MSComm。

MSComm 作为一个串行通信控件，为程序员串口通信编程节省了很多时间。在基于对话框的应用中加入一个 MSComm 控件非常简单，只需进行以下操作即可。

打开 Project→Add To Project→Components and Controls→RegisteredActivex Controls（工程/部件/控件），然后选择控件：Microsoft Communication Control，version 6.0（Microsoft Comm Control 6.0）插入当前的工程中。这样就将类 CMSComm 的相关文件 mscomm. cpp 和 mscomm. h 一并加入工程中。编程时只需将控件对话中的 MSComm 控件拖至应用对话框中即可。

MSComm 控件提供了以下两种处理通信的方法。

1）事件驱动通信，这是一种功能很强的处理串口活动的方法。例如，当在 CD（Carrier Detect）线或 RTS（Request To Send）线上有字符到达或发生了改变，就可以使用 MSComm 控件的 OnComm 事件捕获和处理这些通信事件。OnComm 也可以捕获和处理通信中的错误。

2）可以在每个重要的程序功能之后检查 CommEvent 属性的值来检测事件和通信错误。

使用的每个 MSComm 控件都与一个串口对应。如果在应用程序中需要访问多个串口，就必须使用多个 MSComm 控件，可以在 Windows 控制面板中修改串口地址的中断地址。

MSComm 控件属性如下。

1）CommPort 属性：设置并返回通信端口号。

①语法：object. CommPort[value]（value 为一整型值，说明端口号）。

②说明：在设计时，value 可以设置成从 1 ~ 16 的任何数（默认值为 1）。

2）PortOpen 属性：打开一个并不存在的端口时，MSComm 控件会产生错误 68（设备无效）。

3）Settings 属性：设置并返回波特率、奇偶校验、数据位、停止位参数。

①语法：object. Settings［＝value］。

②说明：当端口打开时，如果 value 非法，则 MSComm 控件产生错误 380（非法属性值）。

value 由四个设置值组成，有如下的格式：

"BBBB，P，D，S"

其中，BBBB 为波特率，P 为奇偶校验，D 为数据位数，S 为停止位数。value 的默认值是："9600，N，8，1"。

4）InputLen 属性：设置并返回 Input 属性从接收缓冲区读取的字符数。

①语法：object. InputLen［＝value］InputLen。属性语法包括下列部分：value 整型表达式，说明 Input 属性从接收缓冲区中读取的字符数。

②说明：InputLen 的默认值是 0。设置 InputLen 为 0 时，使用 Input 将使 MSComm 控件读取接收缓冲区中全部数据。

5）portopen 属性：打开或关闭串口。

语法：object. portopen＝true/false。

由于只需要进行数据发送，因此只需了解上述属性，除此之外还需要了解 Command（按钮）、Timer（计时器）、Label（标签）等常用控件及其常用属性。

上位机界面主要包含串口开关、串口选择、波特率选择、方向控制、状态显示等功能键及功能区域。

上位机控制界面如图 7.41 所示。

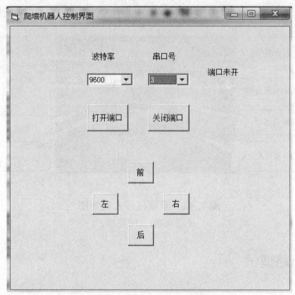

图 7.41 上位机控制界面

操作说明如下：

1）选择波特率及串口，在这之前状态标签显示"端口未开"，默认设置为"9600，N，8，1"，9600 为波特率，N 为无校验位，8 为数据位，1 为停止位；

2）单击"打开端口"按钮，状态标签显示"端口已开"，此时即可通信；

3）随意单击上位机方向键即可操纵小车运动或用键盘〈W〉〈A〉〈S〉〈D〉四键进行控制，其中〈W〉代表前进，〈A〉代表左转，〈S〉代表后退，〈D〉代表右转，操作完毕即可关闭端口，上位机恢复初始状态。

7.6　爬墙机器人的调试

调试工作分硬件调试和软件调试两部分，贯穿整个设计过程，并非是孤立存在的。调试工作同时也是对系统各方面进行动态优化、平衡的过程。硬件是系统基础，软件建立在硬件之上，两者缺一不可，如何把两者有机融合才是调试关键。

7.6.1　系统设计实物图

爬墙机器人实体主要包含密封机构、负压风扇、运动机构、控制器和电源五大部分，控制器又包含主控模块、驱动模块、传感器模块等功能模块。爬墙机器人实物图如图7.42所示。

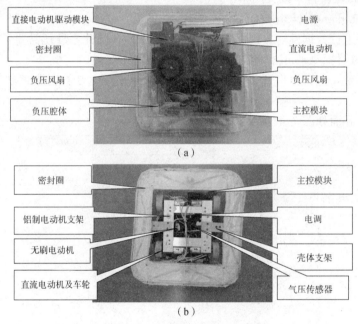

图7.42　爬墙机器人实物图
（a）顶部；（b）底部

7.6.2　硬件电路调试

1. 主控电路调试

主控电路即单片机最小系统电路，本项目中最小系统板为人工焊接，要严格遵守操作规范。焊接完成后要仔细检查测试电路板的以下内容：

1）引脚有无短路、虚焊；

2）元件极性、引脚位置连线是否正确，尤其注意电解电容极性是否正确、电源有无短路，ISP接口是否正常。

实际测试中首先采用万用表检查较严重错误如电源短路、单片机引脚短路等，检查完毕后通过测试程序对系统进行功能测试，仔细观察以发现问题、解决问题。单片机最小系统板如图 7.43 所示。

图 7.43　单片机最小系统板

2. 驱动及传感器电路调试

本项目中所使用直流电动机驱动、无刷电动机驱动均为模块化设计，只需提供电源和控制信号即可，因此对此部分电路的调试实际为测试各模块能否正常可靠工作。

通过测试程序测试各模块综合运行状况，分析各模块控制重点及需要注意的方面，为整体硬件设计奠定基础。传感器模块如图 7.44 所示，直流电动机驱动模块如图 7.45 所示，无刷电动机驱动模块如图 7.46 所示。

图 7.44　传感器模块

图 7.45　直流电动机驱动模块

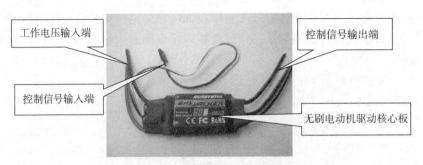

图 7.46　无刷电动机驱动模块

7.6.3　软件调试

软件调试时应分别调试上位机程序和单片机程序,上位机程序采用 VB6.0 进行编写和调试,设计完成后进行功能测试,以保证程序质量;单片机程序的编写和简单调试使用 Keil 软件完成,如图 7.47 所示。

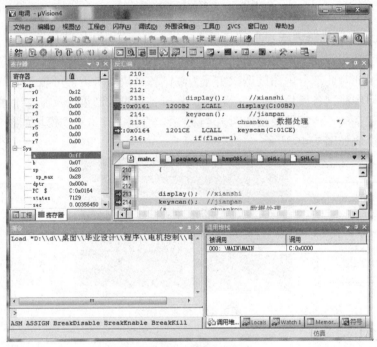

图 7.47　Keil 程序调试界面

单片机程序分为直流电动机控制程序和无刷电动机控制程序。直流电动机控制程序编译通过后下载到单片机进行实际调试,根据现场直流电动机具体运行状态调整程序设计,最终实现本模块程序设计。无刷电动机控制程序调试采用同样方法进行,首先检验基本功能实现状况,再根据实际需要修改程序。

7.6.4　PID 参数整定

在负压腔气压控制中,采用了 PID 控制器,比例控制用来放大气压偏差,控制无刷电动机转速快速上升,但纯比例控制系统的静差并不能满足要求,必须加入积分作用降低静差，在比例积分控制无法满足要求的情况下加入微分控制。

　　本项目 PID 参数整定方法采用试凑法，试凑法就是根据控制器各参数对系统性能的影响程度，边观察系统的运行，边修改参数，直到满意为止。参数整定过程中首先将积分系数 K_I 和微分系数 K_D 取零，即取消微分和积分作用，采用纯比例控制。将比例系数 K_P 由小到大增加，观察系统的响应，直至速度快且有一定范围的超调为止。此时，比例控制系统的静差达不到设计要求，可以加入积分作用。在整定时将积分系数 K_I 由小逐渐增加，积分作用就逐渐增强，观察输出会发现，系统的静差会逐渐减少直至消除。反复试验几次，直到消除静差的速度满意为止。这时的超调量会比原来加大，应适当地降低一点比例系数 K_P。比例积分控制器经反复调整仍达不到设计要求，这时应加入微分作用，整定时先将微分系数 K_D 从零逐渐增加，观察超调量和稳定性，同时相应地微调比例系数 K_P、积分系数 K_I，逐步试凑，直到满足系统要求。

第8章
智能医疗服务机器人

8.1 研究背景与意义

机器人学的进步与应用是 20 世纪自动控制最有说服力的成就, 是当代最高意义的自动化, 尤其在当今的工业制造中, 机器人学已取得了很大的成功。进入 21 世纪, 人们已经能够感受到机器人深入生产、生活和社会的各个方面。一方面, 随着各个国家人口老龄化越来越严重, 更多的老人需要照顾, 社会保障和服务的需求也更加紧迫, 随之酝酿而生的是广大的家庭服务机器人市场。另一方面, 服务机器人将更加广泛地代替人从事各种生产作业, 使人类从繁重的、重复单调的、有害健康和危险的生产作业中解放出来。

据统计, 截至 2021 年年底, 我国 60 岁及以上老年人达到 2.67 亿, 占总人口的 18.9%。老年人口基数大、老龄化速度快, 高龄、失能、独居、留守等老年群体不断增多, 他们既有机构长期照护的刚性需求, 又有依托社区居家便捷享受社会化专业化服务的殷切期待。大力发展养老服务业, 满足广大老年人多层次多样化的养老服务需求, 具有重要而紧迫的意义。

人口老龄化使社会的劳动力减少, 一些老年人不仅不能参加劳动, 而且有的甚至失去了自理能力, 需要人照顾。如果这些群体能够在生活上自理, 行动上不依赖于人, 那么全社会的负担可以减轻不少。

在医院中, 经常能遇到如下场景: 由多位医护人员推着病床上的病人进入手术室、放射室; 医护人员推着坐在轮椅上的病人到病区外散心; 病人拄着拐杖到窗口领取药品; 等等。如果有一种智能医疗服务机器人可以根据病人或用户的要求动作, 到达指定房间, 那医护人员就可以节约大量的时间去更需要他们的地方。医院也可以省下一笔不少的开支, 而且能为病人做手术节约出宝贵的时间。

8.2 智能医疗服务机器人的总体方案设计

8.2.1 系统总体设计框图

1. 机器人模型

机器人结构主要由语音控制系统、键盘辅助系统、主框架、各类模块等组成。

机器人总高度为52 cm；底盘长30 cm，宽25 cm；车轮直径6 cm；轴距23 cm；座椅靠背长20 cm，宽20 cm；座椅离地面高度34 cm；机械手总长38 cm；把手长14 cm，左边宽6 cm，右边宽2 cm；巡线模块离地面高度2 cm。

机器人模型如图8.1所示。

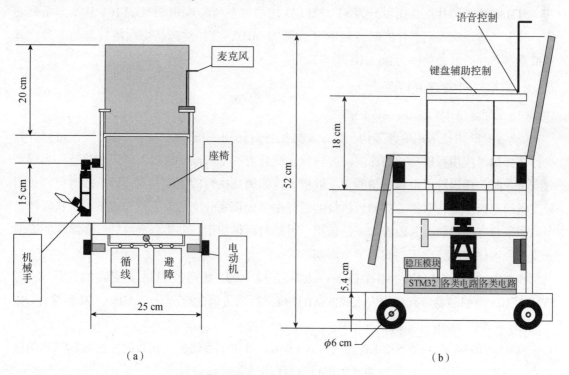

图8.1 机器人模型

（a）主视图；（b）右视图

2. 机器人系统总框图

机器人系统主要由MCU和各种功能模块组成。MCU根据避障模块、巡线模块、语音模块、键盘模块的输入信号，经过处理，控制机械手、电动机驱动模块、座椅切换模块，从而实现机器人的智能控制。

机器人系统总框图如图8.2所示。

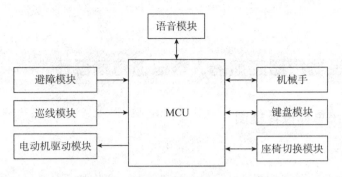

图 8.2　机器人系统总框图

8.2.2　STM32 芯片的概述

1. STM32 芯片介绍

STM32 系列芯片按性能可分为 STM32F103 增强型系列芯片和 STM32F101 基本型系列芯片。其中，增强型系列芯片的时钟频率可达到 72 MHz，是同类产品中性能最高的产品；基本型系列芯片的时钟频率为 36 MHz。

2. STM32F103 芯片特点

(1)采用了 ARM Cortex-M3 内核

Cortex-M3 内核采用哈弗架构，指令和数据各自使用一条总线，所以对多操作可以并行执行，加快了应用程序执行的速度。内核流水线分为三个阶段：取指、译码和执行。当遇到分支指令时，译码阶段也包含预测指令取指，这能提高执行的速度。在译码阶段时可自行对分支目的地指令进行取指。在稍后执行的过程中，处理完分支指令后便知道下一条执行的指令。如果分支不跳转，紧跟着的下一条指令可随时可供使用；如果分支跳转，在跳转的同时分支指令可供使用，空闲时间为一个周期。

和 8/16 位设备相比，ARM Cortex-M3 32 位 RISC 处理器提供了更高的代码效率。STM32F103 微控制器带有一个嵌入式的 ARM 核，所以可以兼容所有的 ARM 工具和软件。

(2)嵌入式 Flash 存储器和 SRAM

STM32F103 芯片内置 512 KB 的嵌入式 Flash，可用于存储程序和数据；内置 64 KB 的嵌入式 SRAM，可以以 CPU 的时钟速度进行读写(不待等待状态)。

(3)嵌套矢量中断控制器(Nested Vectored Interrupt Controller，NVIC)

NVIC 可以处理 43 个可屏蔽中断通道(不包括 Cortex-M3 的 16 根中断线)，提供 16 个中断优先级。紧密耦合的 NVIC 实现了更低的中断处理延迟，直接向内核传递中断入口向量表地址。紧密耦合的 NVIC 内核接口，允许中断提前处理，对后到的更高优先级的中断进行处理，支持尾链，自动保存处理器状态，中断入口在中断退出时自动恢复，不需要指令干预。

(4)外部中断/事件控制器(External interrupt/event controller，EXTI)

外部中断/事件控制器由用于产生中断/事件请求的 19 条边沿探测器线组成。每条线可

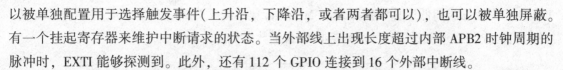

以被单独配置用于选择触发事件(上升沿，下降沿，或者两者都可以)，也可以被单独屏蔽。有一个挂起寄存器来维护中断请求的状态。当外部线上出现长度超过内部 APB2 时钟周期的脉冲时，EXTI 能够探测到。此外，还有 112 个 GPIO 连接到 16 个外部中断线。

(5)时钟和启动

在启动的时候还是要进行系统时钟选择，但复位的时候内部 8 MHz 的晶振被用作 CPU 时钟。可以选择一个外部的 4～16 MHz 的时钟，并且会被监视来判定是否成功。在这期间，控制器被禁止并且软件中断管理也随后被禁止。同时，如果有需要(如碰到一个间接使用的晶振失败)，PLL 时钟的中断管理完全可用。多个预比较器可以用于配置 AHB 频率、高速 APB(APB2)和低速 APB(APB1)，高速 APB 最高的频率为 72 MHz，低速 APB 最高的频率为 36 MHz。

(6)Boot 模式

在启动的时候，Boot 引脚被用来在三种 Boot 选项中选择一种：从用户 Flash 导入、从系统存储器导入、从 SRAM 导入。Boot 导入程序位于系统存储器，用于通过 USART1 重新对 Flash 存储器编程。

(7)低功耗模式

STM32F103 支持三种低功耗模式，从而在低功耗、短启动时间和可用唤醒源之间达到一个最好的平衡点。休眠模式：只有 CPU 停止工作，所有外设继续运行，在中断/事件发生时唤醒 CPU。停止模式：允许以最小的功耗来保持 SRAM 和寄存器的内容；1.8 V 区域的时钟都停止，PLL、HSI 和 HSE RC 振荡器被禁能，调压器也被置为正常或者低功耗模式；设备可以通过外部中断线从停止模式唤醒；外部中断源可以使 16 个外部中断线之一，PVD 输出或者 TRC 警告。待机模式：追求最少的功耗，内部调压器被关闭，1.8 V 区域断电，PLL、HSI 和 HSE RC 振荡器也被关闭。在进入待机模式之后，除了备份寄存器和待机电路，SRAM 和寄存器的内容也会丢失。当外部复位(NRST)，IWDG 复位，WKUP 引脚出现上升沿或 TRC 警告发生时，设备退出待机模式。进入停止模式或者待机模式时，TRC、IWDG 和相关的时钟源不会停止。

8.3　智能医疗服务机器人的硬件设计

8.3.1　控制核心的电路设计

本项目控制系统主控制器采用 STM32 系列单片机 STM32F103VC。STM32F103VC 单片机的最小系统电路如图 8.3 所示。

STM32 系统时钟的设定是比较复杂的，外设越多需要考虑的因素就越多。但这种设定是有规律可循的，设定参数也有一定的顺序规范。对于外置 8 MHz 晶振的情况，系统时钟为

72 MHz，高速总线和低速总线 2 都为 72 MHz，低速总线 1 为 36 MHz，ADC 时钟为 12 MHz，USB 时钟经过 1.5 分频设置就可以实现 48 MHz 的数据传输。

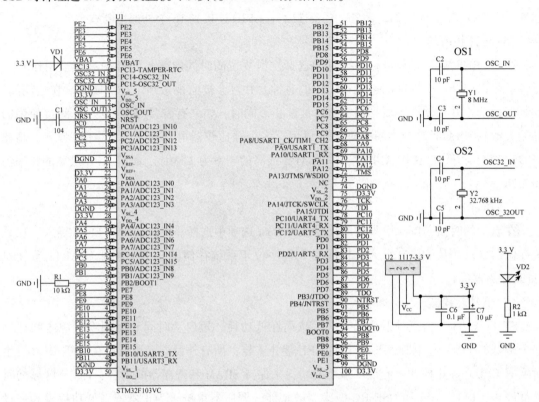

图 8.3　STM32F103VC 单片机的最小系统电路

8.3.2　系统的供电电路设计

每个单片机系统都离不开电源。电源设计的好坏关系到系统的安全运行、抗干扰能力的强弱等。本项目的主系统需要提供两类电源，包括 DC 5 V 和 DC 3.3 V。DC 5 V 为各类模块提供电源，DC 3.3 V 为芯片提供电源。

在单片机系统的电源中，常用三端稳压 IC 作为稳压芯片，它具有价格低、抗干扰能力强等优点，在电子产品中应用广泛。

1.7805 的概述

常用的三端稳压集成电路主要有正电压输出的 78 系列和负电压输出的 79 系列。三端 IC 是指这种芯片只有三根引脚，分别是输入端、接地端和输出端。用 78/79 系列芯片组成稳压电源，所需要的外围元器件较少，芯片内部还具有过热、过流及调整管的保护电路，使用起来方便、可靠。该系列中的 78 或 79 后面的数字代表其三端集成稳压电路的输出电压，如 7805 表示输出电压是+5 V；7909 表示输出电压是−9 V。7805 电路图如图 8.4 所示。

一般来说，三端集成稳压的最小输入/输出电压差约为 2 V，如果输入电压小于输出电压加上此值，则不能输出稳定的电压。电压差一般应保持在 3～5 V，即经变压器、二极管整流桥电容器滤波后的电压应比稳压值高 3～5 V。本项目提供的锂电池电压为 7.4 V，符合应用条件。

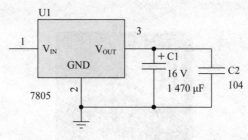

图 8.4　7805 电路图

在实际应用中，应根据所用的功率大小，在三端集成稳压芯片上安装足够大的散热片。如果使用的功率小，则可以不装散热器。

2. 1117-3.3 V 的概述

AMS1117 是一个漏失电压调整器，它的稳压调整管是一个 PNP 晶体管，漏失电压定义为 $V_{DROP} = V_{BE} + V_{SAT}$，在 1 A 电流下压降为 1.2 V。AMS1117 有两个版本：固定输出版本和可调版本，固定输出为 1.5 V、1.8 V、2.5 V、2.85 V、3.0 V、3.3 V、5.0 V，精度为 1%；固定输出电压为 1.2 V，精度为 2%。芯片内部集成了过热保护和限流电路，是电池供电的最佳选择。

在实际应用中，为了确保 AMS1117 的稳定性，对可调电压版本来说输出需要连接一个至少 22 μF 的钽电容。对于固定电压版本来说可采用更小的电容，具体可以根据实际应用确定。通常，调整器的稳定性随着输出电流增加而降低。

1117-3.3 V 供电电路如图 8.5 所示。

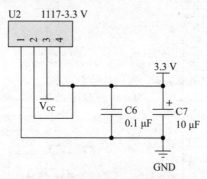

图 8.5　1117-3.3 V 供电电路

8.3.3　语音模块的电路设计

1. LD3320 芯片的概述

LD3320 芯片是一款"语音识别"专用芯片，由 ICRoute 公司设计生产，如图 8.6 所示。

该芯片集成了语音处理器和一些外部设备,包括 D/A、A/D 转换器,声音输出接口,麦克风接口等。这块芯片在设计上考虑了节能与高效,所以不需外接任何辅助芯片(如 RAM、Flash 等),直接集成在产品中就可以实现语音识别和声控等功能。并且,识别的关键词语列表是可以动态编辑的。

图 8.6　LD3320 芯片

2. LD3320 芯片电路

图 8.7 为 LD3320 芯片电路,与 MCU 通信采用 SPI 总线方式,时钟不能超过 1.5 MHz。

使用 SPI 总线方式时,LD3320 的 MD 要设为高电平,SPIS 设为低电平。SPI 总线的引脚有 SDI、SDO、SDCK 及 $\overline{\text{SCS}}$。INTB 为中断端口,当有识别结果或 MP3 数据不足时,会触发中断,通知 MCU 处理。$\overline{\text{RSTB}}$ 引脚为 LD3320 复位端,低电平有效。

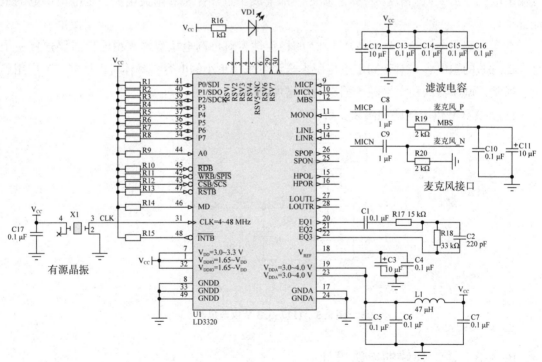

图 8.7　LD3320 芯片电路

3. LD3320 功能介绍

1）通过 ICRoute 公司特有的快速而稳定的优化算法完成非特定人语音识别，不需要用户事先训练和录音，识别准确率95％。

2）不需要外接任何辅助的 Flash 芯片、RAM 芯片和 A/D 转换芯片，就可以完成语音识别功能。真正提供了单片机语音识别的解决方案。

3）每次识别最多可以设置50项候选识别句，每个识别句可以是单词、词组或短句，长度为不超过10个汉字或者79个字节的拼音串。此外，识别句内容可以动态编辑修改，因此一个系统可以支持多种场景。

4）芯片内部已经准备了16位 A/D 转换器、16位 D/A 转换器和功放电路，麦克风、立体声耳机和单声道喇叭可以很方便地和芯片引脚连接。立体声耳机接口输出功率为20 mW，而喇叭接口的输出功率为550 mW，能产生清晰响亮的声音。

5）支持并行和串行接口，串行方式可以简化与其他模块的连接。

6）可设置为休眠状态，而且可以方便地激活。

7）支持 MP3 播放功能，无须外围辅助器件，主控 MP3 数据一次送入 LD3320 芯片内部就可以从芯片相应的引脚输出音乐。可以选择立体声的耳机或者单声道喇叭来获得声音输出，支持 MPEG1（ISO/IEC11172-3）、MPEG2（ISO/IEC 13818-3）和 MPEG2.5layer3 等格式。

8）工作供电为3.3 V，如果用于便携式系统，使用三节5号电池可以满足供电需要。

4. LD3320 电路说明

（1）电压要求

V_{DD}：数字电路用电源输入。

V_{DDIO}：数字 I/O 电路用电源输入。

V_{DDA}：模拟电路用电源输入。

本系统采用统一的3.3 V 电压输入以简化设计。数字电压和模拟电压进行隔离使得芯片有更好的效果。

芯片引脚输入电压范围：高电压（逻辑"1"）：$0.7V_{DDIO} \sim V_{DDIO}$；低电压（逻辑"0"）：$0 \sim 0.3V_{DDIO}$。

（2）时钟

芯片必须连接外部时钟，可接受的频率范围是4~48 MHz；而芯片内部还有 PLL 频率合成器，可以特定的频率提供模块使用。

本系统采用的外部晶振为22.118 4 MHz。

（3）复位

对芯片的复位（$\overline{RSTB}$）必须在 V_{DD}、V_{DDA}、V_{DDIO} 都稳定后进行。无论芯片正在进行何种运算，复位信号都可以使它恢复初始状态，并使各寄存器复位。如果没有后续的指令（对寄存器的设置），复位后芯片将进入休眠状态。此后，一个 CSB＊信号就可以重新激活芯片，使其进入工作状态。

（4）并行接口

本芯片可通过并行方式和外部主 CPU 连接，此时使用 8 根数据线（P0 ~ P7），4 个控制信号（$\overline{\text{WRB}}$、$\overline{\text{RDB}}$、$\overline{\text{CSB}}$、A0），以及一个中断返回信号（$\overline{\text{INTB}}$）。

（5）串行接口

串行接口通过 SPI 协议和外部主 CPU 连接，首先要将 MD 接高电平，而将 $\overline{\text{SPIS}}$ 接地。此时，只使用 4 个引脚：片选（$\overline{\text{SCS}}$）、SPI 时钟（SDCK）、SPI 输入（SDI）和 SPI 输出（SDO）。

（6）寄存器

对芯片的设置和命令，包括传送数据和接收数据，它们都是通过对寄存器的操作来完成的。例如进行语音识别时，设置识别的关键词语列表，设定芯片的识别模式，识别完成后获得识别结果都是通过读/写寄存器来完成的。播放声音时，就是将 MP3 格式的数据循环放入 FIFO 对应的寄存器。识别结果是通过寄存器返回识别出的关键词语在关键词语列表中的排列序号 Index 数值，该 Index 数值是在设置关键词语列表时指定的。

（7）扬声器音量的外部控制

除了用特定寄存器来控制音量以外，芯片外部的电路也可以控制扬声器的音量增益。使用的是 EP1、EP2、EP3 对应的引脚。

5. LD3320 引脚说明

LD3320 引脚说明如表 8.1 所示。

表 8.1 LD3320 引脚说明

引脚编号	名称	I/O 方向	A/D 分类	说明
1，32	V_{DDIO}	—	—	数字 I/O 电路用电源输入
7	V_{DD}		D	数字逻辑电路用电源
8，33	GNDD	—	D	I/O 和数字电路用接地
9，10	MIC[P，N]	I	A	麦克风输入（正负端）
11	MONO	I	A	单声道 LineIn 输入
12	MBS	—	A	麦克风偏置
17，24	GNDA	—	A	模拟电路用接地
18	V_{REF}		A	声音信号参考电压
27，28	LOUT[L，R]	O	A	LineOut 输出
30	—	—	—	作为芯片上电指示
31	CLK	I	D	时钟输入 4 ~ 48 MHz
34	P7	I/O	D	并行口（第 7 位）连接上拉电阻
35	P6	I/O	D	并行口（第 6 位）连接上拉电阻

引脚编号	名称	I/O 方向	A/D 分类	说明
36	P5	I/O	D	并行口(第5位)连接上拉电阻
37	P4	I/O	D	并行口(第4位)连接上拉电阻
38	P3	I/O	D	并行口(第3位)连接上拉电阻
39	P2/SDCK	I/O	D	并行口(第2位),共用SPI时钟
40	P1/SDO	I/O	D	并行口(第1位),共用SPI输出
41	P0/SDI	I/O	D	并行口(第0位),共用SPI输入
42	$\overline{WRB}/\overline{SPIS}$	I	D	写允许(低电平有效),共用SPI允许(低电平有效)
43	$\overline{CSB}/\overline{SCS}$	I	D	并行方式片选信号,共用SPI片选信号
44	A0	I	D	地址或数据选择。在$\overline{WRB}$有效时,高电平表示P0～P7是地址,而低电平表示P0～P7是数据
45	$\overline{RDB}$	I	D	读允许(低电平有效)
47	$\overline{RSTB}$	I	D	复位信号(低电平有效)
48	$\overline{INTB}$	O	D	中断输出信号(低电平有效)

注:I/O方向:I表示输入;O表示输出。

A/D分类:A表示模拟信号;D表示数字信号。

8.3.4　电动机驱动模块的电路设计

L298 是 ST 公司生产的一种大电流、高电压电动机驱动芯片。该芯片采用 15 引脚封装。主要特点是:工作电压高,最高工作电压可以达 46 V;输出电流的瞬间峰值可达 3 A,持续工作电流为 2 A;额定功率为 25 W;内含两个 H 桥的高电压大电流全桥式驱动器,可以用来驱动直流电动机、继电器线圈和步进电动机等感性负载;采用标准的逻辑电平信号控制;有两个使能控制端,在不受输入信号影响的情况下允许或禁止器件工作,有一个逻辑电源输入端,使内部逻辑电路部分在低电压下工作;可以外接检测电阻,将变化量反馈给控制电路。使用 L298 芯片可以驱动一台两相步进电动机或四相步进电动机,也可以驱动两台直流电动机。电动机驱动模块电路如图 8.8 所示。

机器人驱动电路采用 L298 驱动模块,可以实现电动机的正向旋转和反向旋转。这些电动机包括驱动轮的四个电动机。机械手与座椅转换的控制分别使用六个数字舵机和两个模拟舵机来实现。

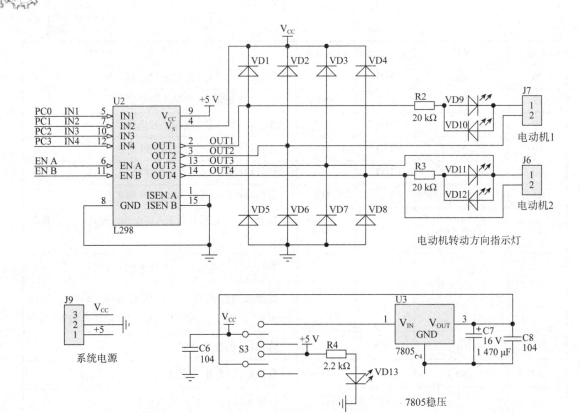

图 8.8　电动机驱动模块电路

8.3.5　巡线模块的电路设计

机器人巡线通常采取的方法是红外探测法，也可用 CCD、CMOS 摄像头方案。

红外探测法：利用红外光在不同颜色物体的表面具有不同反射强度的特点，机器人在行驶过程中，不断向地面发红外光，当红外光遇到白色时发生漫反射，反射光被装在机器人上的接收管接收；红外光如果遇到黑线则被吸收，无法被机器人上的接收管接收。单片机根据是否收到反射回来的红外光来确定黑线的位置和机器人的行走路线。常用的红外探测元件有红外发光管、红外接收管、红外接收头、一体化红外发射接收管。

红外光是不可见光。所有高于绝对零度(-273.15 ℃)的物质都可以产生红外光。人的眼睛能看到的可见光按波长从长到短排列，依次为红、橙、黄、绿、青、蓝、紫。其中，红光的波长范围为 0.62~0.76 μm；紫光的波长范围为 0.38~0.46 μm。比紫光波长还短的光叫紫外光，比红光波长还长的光叫红外光。

在本模块中我们使用到的是一体化红外发射接收管。一体化红外发射接收管是将红外发射管、接收管紧凑地安装在一起，靠反射光来判断前方是否有物体。目前常见的有 TCRT5000、RPR220。RPR220 是一体化反射型光电探测器，其发射器就是一个砷化镓的红外发光二极管，而接收器则是一个高灵敏度的光电晶体管。

智能机器人巡线通常分为两路、三路、五路循迹，三路循迹与两路循迹相比可提高机器人的行进速度，五路循迹进一步提高机器人巡线的可靠性。

本项目机器人采用 RPR220 的五路循迹，电路如图 8.9 所示。该电路检测距离为 10 mm

左右，检测距离短，容易受环境光干扰。在可靠性要求较高的场合需要对红外光进行调制。由振荡电路产生 38 kHz 的脉冲信号，驱动红外发光二极管，向外发射调制的红外脉冲。红外接收电路(或红外接收头)对接收信号进行解调后输出控制脉冲。此方法检测距离远，抗干扰能力强，所以可以用在可靠性要求比较高的场合。

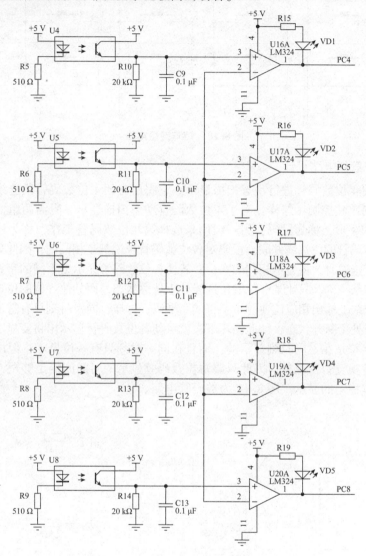

图 8.9　巡线模块电路

8.3.6　键盘模块的电路设计

键盘模块主要由 4×4 的矩阵键盘、4 位数码管组成。

1. 4×4 矩阵键盘的电路设计

矩阵键盘又称为行列式键盘，它是用 4 条 I/O 线作为行线，4 条 I/O 线作为列线组成的键盘。在行线和列线的每一个交叉点上，设置一个按键。这样，按键就有 4×4 个。这种矩阵键盘能够有效地提高系统中 I/O 的利用率。矩阵键盘电路如图 8.10 所示。

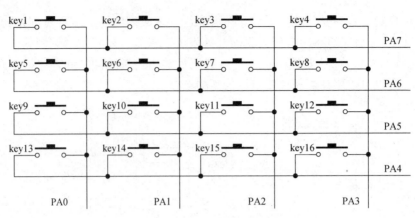

图 8.10 矩阵键盘电路

2.4 位数码管的电路设计

本项目采用 4 位数码管进行动态扫描显示。它将所有的 4 位数码管段选线相应地并接在一起，位选线则单独控制。这样，对于 4 位数码管动态扫描显示，只需两组信号控制，一组用来控制显示的字形，称为段码；另一组用来选择第几位数码管工作，称为位码。

由于各位数码管的段选线并联，段码对各位数码管来说都是相同的，因此如果各位数码管的位选同时处于选通时，将显示相同的字符。若要各位数码管显示出不同的字符，就必须采用扫描方式。即在某一刻，只让某一位的位选线处于选通状态，而其他各位的位选线处于断开状态。同时，段选线上输出相应位要显示字符的字形码。这样，同一时刻只有选通的那一位显示字符，而其他位处于断开状态，如此循环下去就可使各位数码管显示出将要显示的字符。

虽然这些字符是在不同时刻显示的，而且在同一时刻只有一位显示，但由于数码管有余辉特性和人眼有视觉暂留现象，因此只要每位数码管显示的时间间隔足够短，给人眼的视觉印象就会是连续稳定的显示。图 8.11 为数码管电路。

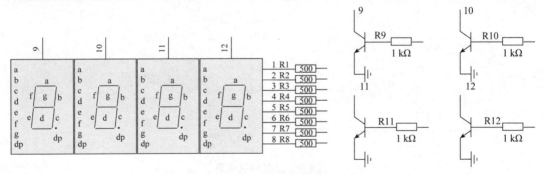

图 8.11 数码管电路

8.3.7 避障模块的电路设计

避障工作原理：红外避障模块前端拥有一个红外发射管和一个红外接收管。模块通电后红外发射管向前方不断发射一定频率的红外线，红外线遇到前方障碍物时，返回被接收管接收，此时输出端输出低电平；如前方无障碍物，射线未被反射，则输出端输出高电平。

机器人在巡线过程中，如果检测到前方有人或者障碍，就会立刻停下。

避障模块电路如图 8.12 所示。

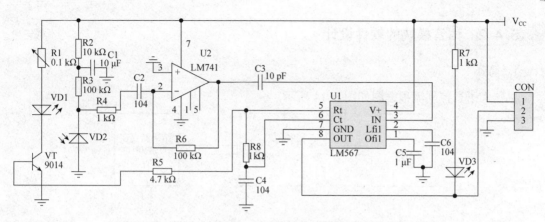

图 8.12 避障模块电路

8.4 智能医疗服务机器人的软件设计

8.4.1 系统软件的总体设计流程

在设计智能医疗服务机器人时，除了系统硬件设计外，大量的工作就是根据每个对象模块的实际需要设计应用程序。因此，软件设计在智能医疗服务机器人的设计中占据非常重要的地位。

图 8.13 是智能医疗服务机器人软件总体设计流程，根据此流程设计所有模块，编译相应的软件。

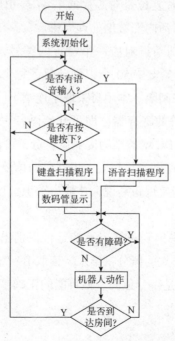

图 8.13 智能医疗服务机器人软件总体设计流程

8.4.2 语音模块的软件设计

1. 简介

机器人语音控制流程框图如图 8.14 所示。

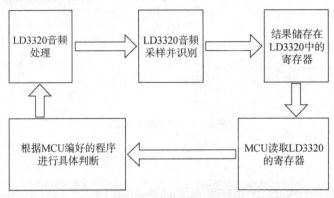

图 8.14　语音控制流程框图

语音识别的操作顺序是：先进行语音识别的初始化，然后写入识别列表，系统即开始进行语音识别，并准备好中断响应函数，打开中断允许位。这里如果不用中断方式，也可以通过查询方式工作。在"开始识别"后，读取寄存器 B2H 的值，如果为 21H 就表示有识别结果产生。具体过程如下。

1)通用初始化和语言识别用初始化。在初始化程序里，主要完成软复位、模式设定、时钟频率设定和 FIFO 设定。芯片复位是对芯片的第 47 号引脚发送低电平，然后对片选 CS 做一次拉低至拉高的操作，以激活内部数据处理模块。

2)写入识别列表。每个识别条目对应一个特定的编号，编号可以相同，可以不连接，但是数值要小于 256。本芯片最多支持 50 个识别条目，每个识别条目是标准普通话的汉语拼音，每两个字之间用一个空格间隔。本项目采取了连续不同编号的识别条目。

3)开始识别。设置若干相关的寄存器，即可开始语音识别，识别流程如图 8.15 所示。ADC 通道为麦克风输入通道，ADC 增益则为麦克风音量，可设定值为 00H～7FH，建议设置值为 40H～6Fh，值越大表示麦克风音量越大，识别启动越敏感，但可能带来更多的误识别；值越小代表麦克风音量越小，需要近距离说话才能启动识别功能，其好处是对远处的干扰语音没有反应。

4)响应中断。如果麦克风采集到声音，不管是否识别出正常结果，它都会产生一个中断信号。而中断程序要根据机器人的值分析结果。读取 BA 寄存器的值，可以知道有几个候选答案，而 C5 寄存器里的答案是得分最高、最可能的正确答案。

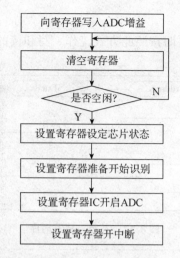

图 8.15 语音识别流程

图 8.16 是语音识别系统中断服务程序流程。

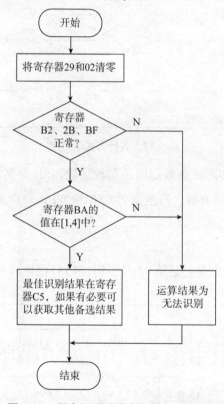

图 8.16 语音识别系统中断服务程序流程

2. 寄存器操作

本芯片的各种操作都必须通过寄存器的操作来完成,如设置标志位、读取状态、向 FIFO 写入数据等。寄存器读写操作有四种方式,即并行方式(软、硬)和串行 SPI 方式(软、硬)。

（1）并行方式

第46号引脚（MD）接低电平时按照此方式工作。写和读的时序分别如图8.17、图8.18所示。

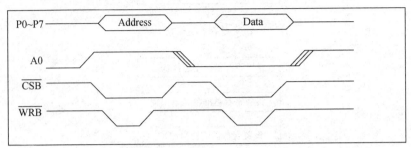

图8.17　并行方式写时序

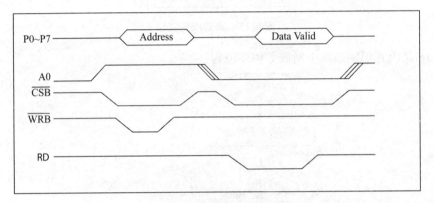

图8.18　并行方式读时序

由此可见，A0负责通知芯片是数据段还是地址段。A0为高时是地址，为低时是数据。发送地址时 $\overline{CSB}$ 和 $\overline{WRB}$ 必须有效，写数据时 $\overline{CSB}$ 和 $\overline{WRB}$ 同样必须有效，而读数据时 $\overline{CSB}$ 和 $\overline{RDB}$ 必须有效。

（2）串行SPI方式

第46号引脚（MD）接高电平，且第42号引脚（ $\overline{SPIS}$ ）接地时按照此方式工作。写和读的时序分别如图8.19、图8.20所示。

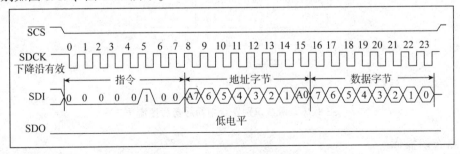

图8.19　串行SPI方式写时序

写的时候要先给SDI发送一个"写"指令（04H），然后给SDI发送8位寄存器地址，再给SDI发送8位数据。在这期间， $\overline{SCS}$ 必须保持在有效（低电平）。

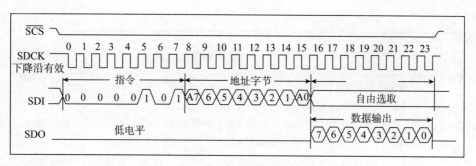

图8.20 串行 SPI 方式读时序

读的时候要先给 SDI 发送一个"读"指令(05H)，然后给 SDI 发送 8 位寄存器地址，再从 SDO 接收 8 位数据。在这期间，$\overline{SCS}$ 必须保持在有效(低电平)。

本项目采用并行方式工作。

3. 寄存器介绍

寄存器大部分都有读和写的功能，有的是接收数据的，有的是设置开关和状态的。寄存器的地址空间为 8 位，可能的值为 00H ~ FFH。但是，除了在本项目中介绍的寄存器，其他大部分为测试或保留功能的寄存器。

寄存器详细说明如表 8.2 所示。

表8.2 寄存器详细说明

编号 (十六进制)	说明
01	FIFO_DATA 数据口
02	FIFO 中断允许 第 0 位：允许 FIFO_DATA 中断 第 2 位：允许 FIFO_EXT 中断
05	FIFO_EXT 数据口
06	(只读)FIFO 状态 第 3 位：1 表示 FIFO_DATA 已满，不能写 第 5 位：1 表示 FIFO_EXT 已满，不能写 其余位 Bit：Reserved
08	清除 FIFO 内容(清除指定 FIFO 后再写入一次 00H) 第 0 位：写入 1→清除 FIFO_DATA 第 2 位：写入 1→清除 FIFO_EXT
1C	ADC 开关控制 写 00H ADC 不可用 写 0BH 麦克风输入 ADC 通道可用(芯片引脚 MIC_P、MIC_N、MBS，引脚 9、10、12)
29	中断允许(可读写) 第 2 位：FIFO 中断允许，1 表示允许，0 表示不允许 第 4 位：同步中断允许，1 表示允许，0 表示不允许

编号 （十六进制）	说明
2B	中断请求编号（可读写） 第 4 位：读取值为 1 表示语音识别有结果产生；MCU 可清零 第 2 位：读取值为 1 表示芯片内部 FIFO 中断发生。MP3 播放时会产生中断标志请求外部 MCU 向 FIFO_DATA 中重新加载数据 第 3 位：读取值为 1 表示芯片内部已经出现错误。注意：如果在中断响应时读到这位为 1，需要对芯片进行重启，才可以继续工作
37	语音识别控制命令下发寄存器 写 04H：通知 DSP 要添加一项识别句 写 06H：通知 DSP 开始识别语音 在下发命令前，需要检查 B2 寄存器的状态
85	内部反馈设置 初始化时写入 52H 目前程序中设为 10∶30kohm
B2	ASR：DSP 忙闲状态 0x21 表示闲，查询到为闲状态可以进行下一步 ASR 动作
B4	ASR：Vad Start，表示需要连续多长时间的语音才可以确认是真正的语音开始 Default：0x0FH，相当于 150 ms，数值范围：8～80（相当于 10～800 ms）
B9	ASR：当前添加识别句的字符串长度（拼音字符串）初始化时写入 00H，每添加一条识别句后要设定一次
BA	中断辅助信息，（读或设为 00） ASR：中断时，语音识别有几个识别候选 Value：1～4 表示 N 个识别候选，0 或者大于 4 表示没有识别候选
BD	初始化控制寄存器 写入 00H；然后启动；为 ASR 模块； 写入 20H；Reserve 保留命令字，具体使用按照给出的参考程序代码使用
BF	ASR：ASR 状态报告寄存器 读到数值为 0x35，可以确定是一次语音识别流程正常结束，可与（0xb2）寄存器的 0x21 值配合使用
CD	DSP 休眠设置 初始化时写入 04H 允许 DSP 休眠
CF	内部省电模式设置 初始化时写入 43H MP3 初始化和 ASR 初始化时写入 4FH

表 8.2 中部分专业数据简介如下。

ASR：自动语音识别技术（Automatic Speech Recognition）。

FIFO：英文 First In First Out 的缩写，是一种先进先出的数据缓存器，它与普通存储器的区别是没有外部读写地址线，使用起来非常简单。

MCU：表8.2中专指外部电路板的主控芯片，是对 LD3320 芯片进行控制的微控制器。

DSP：表8.2中专指本芯片 LD3320 内部的专用 DSP，是实现语音识别和语音播放的算法。

8.4.3　电动机驱动模块的软件设计

巡线机器人采用四台直流电动机，分别为 M1、M2、M3 和 M4。L298 驱动模块共有十一个引脚，四个为信号输入端，一个接电动机的正向电压，一个接+5 V，一个接地，还有四个分别接电动机的引脚。M1 和 M3 并接，M2 和 M4 并接。L298 驱动模块流程如 8.21 所示。

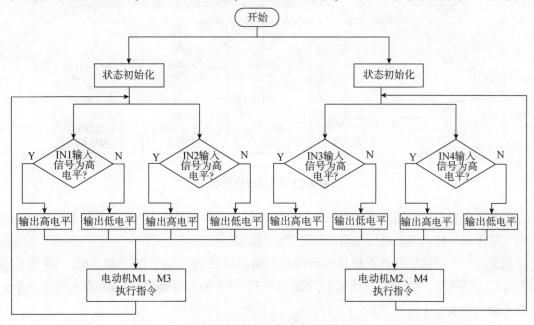

图 8.21　L298 驱动模块流程

单片机只需控制其 IN1、IN2、IN3、IN4 信号输入端，就能控制电动机的转向，如表8.3 所示。当 IN1 接高电平，IN2 接低电平时，电动机 M1、M3 正转(如果 IN1 接低电平，IN2 接高电平，电动机 M1、M3 反转)。控制另一台电动机是同样的方式，IN3 接高电平，IN4 接低电平，电动机 M2、M4 正转(反之则反转)。

表 8.3　电动机控制方法

电动机	旋转方式	IN1	IN2	IN3	IN4
M1、M3	正转	高	低	—	—
	反转	低	高	—	—
	停止	低	低	—	—
M2、M4	正转	—	—	高	低
	反转	—	—	低	高
	停止	—	—	低	低

8.4.4 巡线模块的软件设计

巡线模块一共有七个引脚，一个接+5 V电源，一个接地，还有五个为状态输出口。巡线模块流程如图8.22所示。

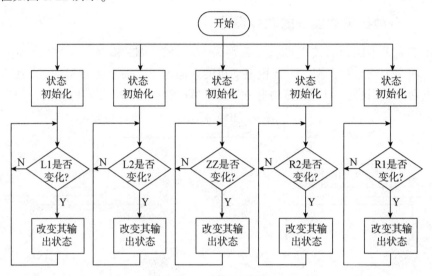

图8.22 巡线模块流程

机器人在场地巡白线前进，当一体化红外发射接收管压到白线时，其比较器正向输入端的电压低于反向输入端的电压并输出高电平，LED熄灭。

如果这五个一体化红外发射接收管的状态输出口分别用L1、L2、ZZ、R2、R1来代替（L1为左边第一个，L2为左边第二个，ZZ为中间，R2为右边第二个，R1为右边第一个），其状态输出如表8.4所示。

表8.4 红外巡线模块状态输出

序号	L1	L2	ZZ	R2	R1	压线	机器人动作
1	0	0	1	0	0	ZZ	前进
2	0	1	1	0	0	ZZ、L2	右转
3	0	1	0	0	0	L2	右转
4	1	1	0	0	0	L1、L2	右转
5	1	0	0	0	0	L1	右转
6	0	0	1	1	0	ZZ、R2	左转
7	0	0	0	1	0	R2	左转
8	0	0	0	1	1	R1、R2	左转
9	0	0	0	0	1	R1	左转

8.4.5 键盘模块的软件设计

1.4×4 键盘的软件设计

图 8.23 为键盘流程。

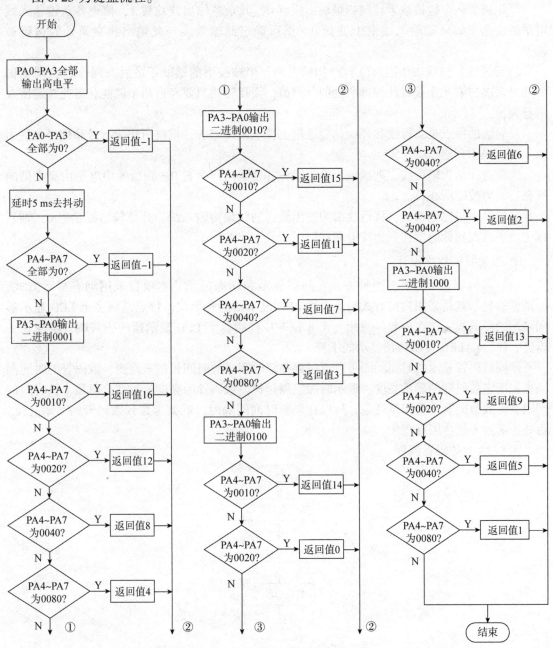

图 8.23 键盘流程

当矩阵键盘有键按下时，要逐行或逐列扫描，以判断是哪一个键按下，通常扫描方式有两种：扫描法和反转法。

1)扫描法。扫描法的接口特点是：每条作为键输入线的行线（或列线）都通过一个上拉电阻接到+5 V，只与该列（或行）各按键的测试端相连；每条作为键扫描输出的列线（或行线）都不接上拉电阻和+5 V，只与该列（或行）各键的接零端相连。扫描过程分为以下两步。

①监测有无键被按下：让所有键扫描输出线均置0，检查各键输入线电平是否有变化。

②识别哪一个键被按下：键扫描输出线置0，其余各输出线均置1，检查各条键输入线电平的变化，如果某输入线由1变为0，则可确定此输入线与此输出线交叉处的按键被按下。

2)反转法。扫描法要逐列（或行）扫描查询，当被按下的键处于最后一列（或行）时，则要经过多次扫描才能获得此按键所处的行列值。而反转法只要经过两步就能获得此按键所在的行列值。

反转法的特点是：行线和列线都要通过上拉电阻接+5 V。按键所在的行号和列号分别由以下两步操作判定。

①将行线编为输入线，列线编为输出线，并使输出线全置0，则行线中电平由高变低的所在行就为按键所在行。

②同第一步完全相反，将行线编为输出线，列线编为输入线，并使输出线全置0，则列线中电平由高到低的所在列为按键所在列。

2. 数码管的软件设计

LED数码管显示主要有两种方式：静态显示和动态显示。本项目采用动态显示方式。所谓动态显示就是采用扫描方式轮流点亮LED显示器的各个位。特点是将多个LED显示器同名端的段选线复接在一起，只用一个8位I/O控制各个LED显示器的公共端，实现逐一点亮，使每位LED显示该位显示的字符。

不同数码管显示的时间间隔可以通过调整延时程序的时间长短来改变。数码管的时间间隔也能确定数码管的显示亮度。显示时间间隔越长，数码管的亮度就越亮。但是，长时间的间隔会导致数码管产生闪烁现象，所以在调整时间间隔时，既要考虑到数码管的显示亮度，也要考虑到不产生闪烁现象。

图8.24为数码管流程。

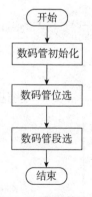

图8.24　数码管流程

在进行LED数码管编码时还要考虑数码管是共阴极还是共阳极的，LED段选码和显示字符之间的关系如表8.5所示。

表 8.5 LED 段选码和显示字符之间的关系

显示字符	共阴极段选码	共阳极段选码	显示字符	共阴极段选码	共阳极段选码
0	3FH	C0H	A	77H	88H
1	06H	F9H	B	7CH	83H
2	5BH	A4H	C	39H	C6H
3	4FH	B0H	D	5EH	A1H
4	66H	99H	E	79H	86H
5	6DH	92H	F	71H	8EH
6	7DH	82H	P	73H	82H
7	07H	F8H	.	80H	7FH
8	7FH	80H	=.	C8H	37H
9	6FH	90H	"全灭"	00H	FFH

8.5 智能医疗服务机器人的调试

8.5.1 机器人设计实物图

智能医疗服务机器人实物图如图 8.25 所示，场地布置示意图如图 8.26 所示。

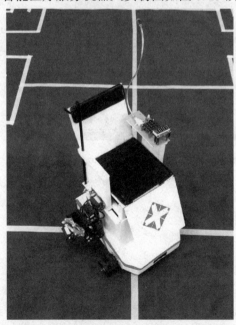

图 8.25 智能医疗服务机器人实物图

图 8.26 场地布置示意图

8.5.2 STM32-ISP 下载调试

1. STM32-ISP 原理

STM32 系列 CPU 自带固化的 ISP 程序,在芯片上电的时候会检查 BOOT0(pin_94)与 BOOT1(pin_37)引脚的电平状态。如果 BOOT0 = 1 且 BOOT1 = 0,则会进入自带的 ISP 程序。在网上能下载官方 ISP 软件:Flash Loader Demostrator,如图 8.27 所示。

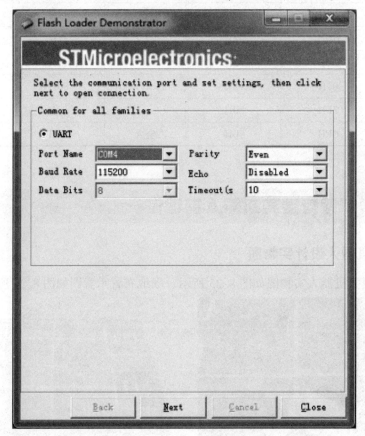

图 8.27 ISP 软件 STMicroelectronics Flash Loader Demostrator

2. STM32-ISP 下载调试

1)用串口线将芯片 ISP 端口连接到计算机串口端。

2)检查 BOOT0 是否为高电平,BOOT1 是否为低电平。

3)给目标板上电。

4)打开程序 STMicroelectronics Flash Loader Demostrator。

5)选中 UART 单选按钮,然后选择串口为“COM4”(串口序号可在设备管理器中查看),设置波特率为“115200”,单击 Next 按钮。

6)如果连接正常,则会进入图 8.28 所示界面,提示 Flash 是 256 KB 大小。若异常,则会出现图 8.29 所示界面。此时,需要检查目标板是否上电,是否已经将 BOOT0 置为高电平，且 BOOT1 为低电平。然后重新尝试。没有错误提示后，单击 Next 按钮。

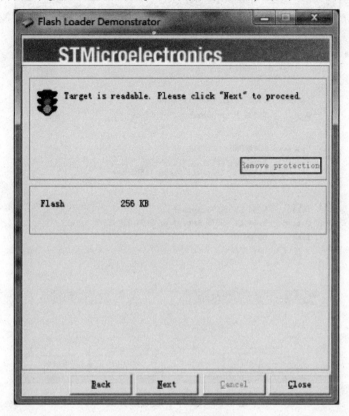

图 8.28   正常连接界面

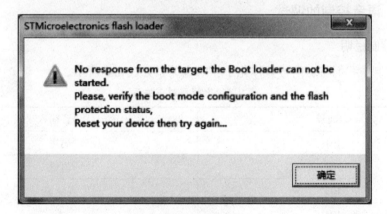

图 8.29   连接错误界面

7）确认 Flash 的信息后，单击 Next 按钮。

8）选择 Download to Device，然后选择需要下载的 HEX 文件。单击 Next 按钮，即可开始下载。

9）出现图 8.30 所示界面时表明程序下载完成。此时，先将目标板电源断开，插上 BOOT0 短路帽使得 BOOT0 为低电平，重新给目标板上电。芯片就能正常工作了。

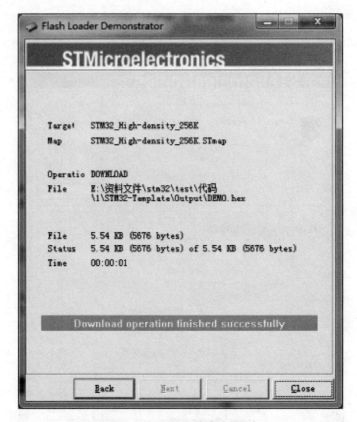

图 8.30　文件下载成功界面

8.5.3　语音控制的调试

1. 语音控制说明

在语音控制中我们将房间号具体化了，对应关系如表 8.6 所示。

表 8.6　房间号对应关系

房间号	语音输入
101	病房
102	门诊
103	娱乐室
104	手术室
105	药房
106	放射室

2. 语音控制调试过程

1）将机器人移动到起始位置，如图 8.31 所示。

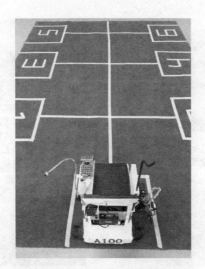

图8.31 将机器人移动到起始位置

2）打开机器人总电源，如图8.32所示。

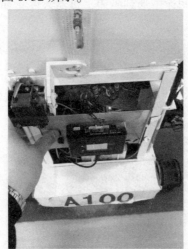

图8.32 打开机器人总电源

3）按住按键语音输入"101房间"，如图8.33所示。机器人行进过程中如图8.34所示，机器人到达101房间如图8.35所示。

图8.33 按住按键语音输入"101房间"

 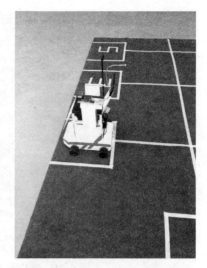

图8.34 机器人行进过程中　　　　图8.35 机器人到达 101 房间

4）去 104 房间。去 104 房间途中遇到障碍，机器人停止如图8.36 所示；到达 104 房间，病床模式如图8.37 所示。

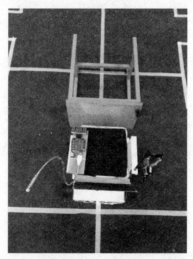

图8.36 去 104 房间途中遇到障碍，机器人停止

图8.37 到达 104 房间，病床模式

5）机械手动作。机械手动作如图 8.38 所示，机械手抓起水杯如图 8.39 所示，机械手调整水杯角度如图 8.40 所示。

图 8.38　机械手动作

图 8.39　机械手抓起水杯

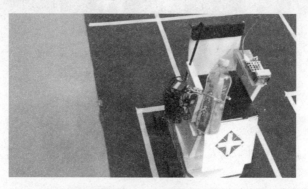

图 8.40　机械手调整水杯角度

8.5.4　键盘辅助控制的调试

1. 键盘辅助控制说明

键盘共有 16 个按键，特别说明：13 键为病床座椅切换键，14 键为机械手动作，15 键为删除、返回键，16 键为确认键。键盘为辅助控制，系统主要以语音控制为主。如果使用者暂时性或者永久性无法语音输入，则键盘就可以作为其控制方法。键盘模块实物图如图 8.41 所示。

图 8.41　键盘模块实物图

2. 键盘辅助控制调试过程

1）将机器人移动到起始位置，如图 8.42 所示。

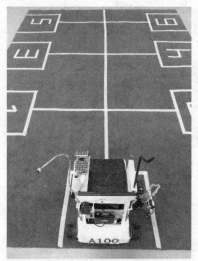

图 8.42　将机器人移动到起始位置

2）给机器人上电。

3）通过键盘对机器人控制。输入 101 房间号如图 8.43 所示，机器人在行进过程中如图 8.44 所示。

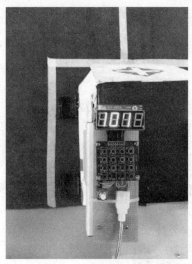

图 8.43　输入 101 房间号

图 8.44　机器人在行进过程中

第9章
单足自平衡机器人

9.1 研究背景与意义

信息化社会的不断发展和进步，使得机器人在人类生活、生产中有了更多领域的推广应用。其中，应用最广、研发最早的一类机器人就是移动机器人，移动机器人按照形态的不同可分为履带式、腿式、蛇行式、跳跃式、复合式和轮式。履带式机器人能与地面充分地接触，因此接地压力小，在比较松软的地形中行进的附着性和通过性比较好，攀爬阶梯、翻越障碍时的平稳性较高，本身系统具有较好的自复位功能。履带式机器人的缺点也很多，如移动速度变慢、消耗的能量大、转弯时会对地面产生较大的破坏。腿式机器人可以在很多特殊的环境中工作，实现很多其他机器人不能实现的功能，但由于其机制的自由度太高，因此稳定性得不到提高，系统编程较为烦琐复杂，控制起来极为困难，而且行走速度很慢，消耗的功率也比较大。蛇行式和跳跃式机器人在未知环境中的机动性和灵活性能等方面无可替代，但它们也存在着致命的缺陷，如负重性能和平稳行驶性能较差。复合式机器人可以在一些特殊的环境下执行任务，如美国制造的最新的管道机器人，能在狭窄的管道中完成作业。还有的复合式机器人甚至可以改变形态，但这类机器人的结构设计和控制方式都比较复杂。轮式机器人就是通过驱动轮子来移动和工作的机器人。由此看来，轮式机器人可以说是移动机器人中的佼佼者，因为它集中了上述机器人的优点，而且缺点相对较少。例如，轮式机器人的平稳性能相对于其他移动机器人较好，而且可以以较高的速度运行，控制简单、功耗少。尽管轮式机器人的运动平稳性和路况好坏有着较大的关系，但因为它具有较多的不可替代的优点而被广泛应用在工业、农业、家庭等方面。

在轮式机器人中，轮子的个数和机器人本身设计的技术难度息息相关，轮式机器人的功用也会发生一些改变。因此，轮式机器人都是根据其轮子个数进行分类的。当下生产生活中已经被研发出来并使用的轮式机器人可分为以下几类：单轮机器人、两轮机器人、三轮机器人、四轮机器人、六轮机器人和复合轮式机器人。在生活中，三轮机器人较为简单实用；四轮机器人的平稳性能较好，载重性能较强。在这些轮式机器人中，单轮自平衡移动机器人比多轮式移动机器人在很多方面性能更为突出。

20世纪80年代，自平衡这类的机器人被定义为自身不稳定自主平衡移动机器人。早在几年前，基于自平衡平台的机器人就已经在各个领域推广应用，它依然属于轮式机器人家族中最具吸引力的一员，并且添加了移动自主的思想，是轮式机器人中比较特别的一类。这样的创意来源于一级倒立摆的二维模型的设计，对其数学模型进行分析，可知其系统是一个多变量、非线性和强耦合的不稳定的系统。一般的移动机器人设计平台都建立在运动学和动力学基础之上。运动学可以说是对机器人的执行机制最根本的探索，运动学模型以研究机器人的状态变量为主。动力学是对机器人机体系统运行时的实时运动状态和受力状况的探索，主要包括力、力矩、加减速和直线运动等方面。

在机器人领域中，基于双轮的平衡机器人和四轮平衡机器人相比，在环境的适应性能和体积大小方面有了很大的改进。传统概念中的机器人移动平台一般是由履带轮或两个以上的轮子实现的，它们在自然静止状态下稳定性高，但仅在重心低的移动下才会具有好的效果。如果重心突然改变或重心偏高，那就会很容易摔倒，如在刹车的时候。这些情况严重限制了它们的应用范围。制作机器人结构的时候一般需要将摄像头等传感器安放在一个合适高度，这会使机器人的重心变高，影响机器人的稳定运行。若是在狭窄的道路上行驶，常用的轮式机器人或履带式机器人如果想要转向，都需要一个合适的转弯半径，行动非常不便。

本项目设计一个单足自平衡机器人，通过平衡调节器，使其在足球上近似平稳地站立，达到一个动态平衡。足球与地面有一个微小的接触点，和一般的轮式机器人相比，其灵活性更好，可以实现零转弯半径在任何方向上移动，同时能够极大地免除因重心改变而倾倒的担忧。因此，本项目机器人在狭窄、拥挤和多扰动的复杂情况下均能运行。

9.2 单足自平衡机器人的总体方案设计

9.2.1 系统框图设计

1. 机器人系统模型

机器人结构主要由主控制器、主框架、蓝牙模块、陀螺仪模块等组成。机器人总高度为28 cm；身长25 cm，宽25 cm；全向轮直径5 cm；球直径18 cm。

机器人模型如图9.1所示。

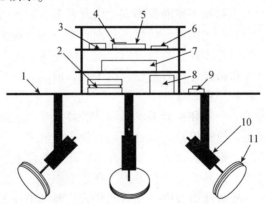

1—构架；2—电动机驱动；3—主控制器独立电源；4—OLED；5—主控制器；6—蓝牙模块；
7—24 V电源；8—稳压模块；9—总开关；10—直流电动机；11—全向轮。

图9.1 机器人模型

2. 机器人控制系统设计

本项目设计的单足自平衡机器人，以 STM32F103C8T6 为控制核心，以 MPU-9150 实现姿态检测，得到角速度和角加速度，经过卡尔曼数据融合得到真实的姿态值，通过 PID 控制器对实时姿态值的处理得到 PWM 波。PWM 可以对以 F2807S 为开关晶体管的 H 桥电动机驱动进行控制。以三号足球为机器人的单足，实现机器人在足球上保持平衡。利用 OLED 显示屏实现人机交互，通过蓝牙模块进行通信。

机器人系统总框图如图 9.2 所示。

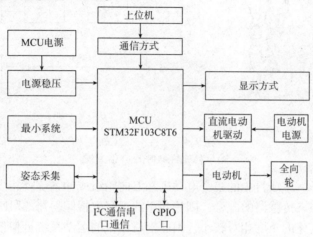

图 9.2　机器人系统总框图

9.2.2　系统数学模型设计

本项目通过控制三个万向轮在足球上运动、调节，从而使机器人达到平衡的效果。电动机结构模型如图 9.3 所示。

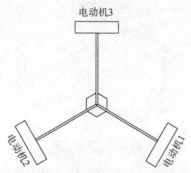

图 9.3　电动机结构模型

本项目设计的自平衡机器人需要在 18 cm 直径的足球上运动，在选择电动机的个数时，首先考虑的是要组成一个平面。本项目采用三个电动机完全符合要求，三个电动机的安装相差 120°，因此对于数学模型的建立和运动模型的分析处理就会相对简单。若是使用三个以上的电动机，则安装要求相对较高，而且制作机器人的成本也会相应地提高，数学模型建立起来也较复杂。

让机器人维持平衡的直观经验来自人类日常生活。如图 9.4 所示，人类身体器官感知非常丰富，大脑控制手臂的自由移动来保持木棍直立。其实，要实现这样的效果需要两个条件：一是需要托着木棍的手臂可以快速移动；二是人的眼睛必须实时观测木棍的倾斜角度与倾倒趋势(姿态角)，这也是控制系统中的负反馈调节机制。

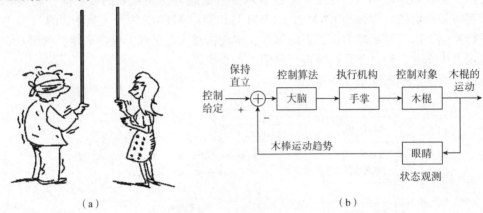

（a）　　　　　　　　　　　　　　　　　　（b）

图 9.4　保持木棍直立

（a）示意图；（b）简化的控制系统

根据上述的例子，本项目中的三个电动机和万向轮组成的系统就相当于能够迅速自由移动的手，控制器和姿态传感器的配合，则相当于能观察木棍倾斜角的眼睛。在机器人维持平衡的过程中，由于变化的角度相对较小，因此把机器人的运动系统近似地看成平面，建立图9.5 所示的运动模型。

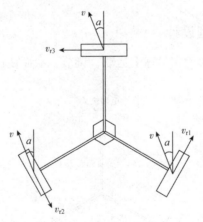

图 9.5　运动模型

模型中三个电动机两两相隔 120°，v_r 是万向轮运动的正方向的运动速度，v 是任意的某一方向的运动速度，a 是 v 和 0°线间的夹角，此时需要通过调节三个电动机的转速和正反转来合成 v。由于本模型的建立是在刚性物体的基础上，因此可得到以下公式：

$$v_{r1} = v\cos(30+a) \tag{9.1}$$

$$v_{r2} = -v\cos(30-a) \tag{9.2}$$

$$v_{r3} = v\cos(90-a) \tag{9.3}$$

通过上述的公式便可实现机器人的二维运动，但是要是实现机器人的自平衡，不仅仅需要能够向随意方向运动，还需要对电动机系统进行 PID 调节，实现最优控制。

9.2.3 系统卡尔曼滤波工作原理

伴随着数字处理技术的发展，卡尔曼滤波器应用得越来越广泛，特别是在自主和协助方面。这对于解决大部分的问题是最有效率的，甚至是最有用的。卡尔曼滤波算法在导航、控制、数据融合等领域应用较为广泛，甚至在军事领域的雷达控制及导弹追踪系统方面也有所涉及，这几年来，其更多地被用在计算机图像处理方面，包括图像识别、图像分割、图像边缘识别等。

加权平均法在算法中是一种单一的融合方法，因此它的运算识别度很低；神经网络法拥有较好的非线性和高效的自我模拟能力，但运用模型建模，参数优化比较难，用在本系统中特别不合适。国外有研究人员通过加速度计和陀螺仪的互补特点发明出互补滤波算法，其通俗易懂并且拥有非常好的实时性与稳定性，可以比较好地计算出姿态值。由于本项目使用的加速度器的特性比较差，互补滤波在自身原理上根本不能挽救器件特性不足，故本项目采用了卡尔曼滤波融合算法作为姿态值数据融合方法。

卡尔曼滤波器能够把一连串测量数据（包括干扰数据）中的动态系统的实时状态推算出来。卡尔曼滤波器不但能推算出信号的过去和实时状态，还能推算出未来的状态。卡尔曼滤波器通过定义一个数学模型（随机线性微分方程）来处理离散时间的控制，令卡尔曼滤波数学模型 k 时刻真实状态是从 $k-1$ 时刻推算出来，如下式：

$$x_k = Ax_k + Bu_k + w_k \tag{9.4}$$

式中，x_k 是 k 时刻的实时值；A 是 $k-1$ 时刻的状态变换矩阵；B 是工作在控制器向量 u_k 上的输入控制矩阵；w_k 是过程干扰量，令其平均值为 0，那么，协方差矩阵 Q_k 是一个正态分布：

$$w_k \sim N(0, Q_k) \tag{9.5}$$

k 时刻相应的实时状态 x_k 和测出 z_k 满足下式：

$$z_k = H_k x_k + v_k \tag{9.6}$$

式中，H_k 是观测矩阵，把实时控制映射作为观测空间；v_k 为观测干扰值，它的平均值为 0，协方差矩阵 R_k 是一个正态分布：

$$v_k \sim N(0, R_k) \tag{9.7}$$

我们认为最开始的状态和某一时刻的干扰是互相独立的。卡尔曼滤波器的控制主要有两个方面：预测与更新。在预测的时候，滤波器通过上一时刻状态的判断，计算出实时状态；在更新的时候，滤波器通过实时观测值使预测阶段取得的测量值最优化，得出一个更线性的最新估计值。在卡尔曼滤波算法的运行过程中，先执行卡尔曼初值的初始化，进入中断后，将陀螺仪采回的角加速度值和角速度值加入，执行以下步骤。

1）先验状态估计：

$$\hat{x}_k{}_{|k-1} = A\hat{x}_{k-1} + Bu_{k-1} \tag{9.8}$$

2）先验估计误差协方差：

$$P_k{}_{|k-1} = A_k P_{k-1} A^{\mathrm{T}} + Q \tag{9.9}$$

3）卡尔曼增益：

$$K_k = P_k{}_{|k-1} H^{\mathrm{T}} (HP_k{}_{|k-1} H^{\mathrm{T}} + R) \tag{9.10}$$

4）后验状态估计：

$$\hat{x}_k = \hat{x}_k{}_{|k-1} + K_k(z_k - H\hat{x}_k{}_{|k-1}) \tag{9.11}$$

5)后验误差协方差：

$$P_k = (I - K_k \boldsymbol{H}) P_k \mid_{k-1} \tag{9.12}$$

式中，A 表示作用在 $\hat{x}_{k-1}$ 上的 n 阶矩阵；B 表示作用在控制向量 $\boldsymbol{u}_{k-1}$ 上的 $n\times1$ 输入控制矩阵；Q 表示 $n \times n$ 过程干扰协方差矩阵模型；R 表示 $m\times m$ 过程干扰协方差矩阵模型。

经过上面五个主要步骤后保存误差值，并将较准确的角度值输出。

9.2.4 系统 PID 控制原理

现在的自动控制都是在反馈调节基础之上的概念，反馈控制含有三个重点：检测、验证和增益。检测系统要输出的量与期望值相比较，计算出误差使之对控制系统的响应进行改正调节控制。PID 控制因结构简单、稳定性较高和便于调整的特性，成为生产中的最主要的控制方法之一。PID 控制示意图如图 9.6 所示。

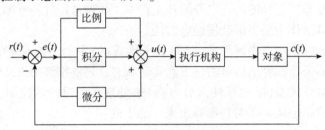

图9.6 PID 控制示意图

图 9.6 中，$r(t)$ 为输入量；$e(t)$ 为稳态误差量；$u(t)$ 为 PID 输出量；$c(t)$ 为实际输出量。PID 的输入 $e(t)$ 与输出 $u(t)$ 的等式为：

$$u(t) = K_{\mathrm{P}}\left[e(t) + \frac{1}{T_{\mathrm{I}}}\int_0^t e(t)\,\mathrm{d}t + T_{\mathrm{D}}\frac{\mathrm{d}e(t)}{\mathrm{d}t}\right] \tag{9.13}$$

式中，K_{I} 为比例系数；T_{I} 为积分系数；T_{D} 为微分系数。

由于 PID 调节器原理简单、使用方便、适应性强和鲁棒性高，因此本项目使用 PID 调节器实现单足自平衡机器人的方案设计。

9.3 单足自平衡机器人的硬件设计

9.3.1 控制核心电路设计

本项目的主控制器单片机是 STM32F103C8T6，采用独立电源给主控制器供电，电源选用 3.7 V、1 000 mA 锂电池，要求主控制器的功耗要尽量低，而且运行电压必须低于 3.7 V。本项目的机器人需要用到 PWM 控制电动机，所以主控制器中必须有三个以上的 PWM 波输出口和定时器。本项目用到蓝牙模块，必须有 UART 串口和足够多的 GPIO 口。另外，本项目中还会用到滤波算法和 PID 调节算法，所以要求主控制器的运行速度要足够快，Flash 空间要足够大。STM32F103C8T6 可以满足这样的要求，特点如下。

1)Cortex-M3 内核：STM32F103C8T6 的中央内部核心是基于哈弗架构的 Cortex-M3。由于数据和指令各占用了一条总线，所以处理器可以同时执行多个任务，极大地加快了程序执行的效率。内核流水线共有三个阶段：取值、译码和执行。

2）Flash 和 RAM：本项目使用的 STM32F103C8T6 芯片内部含有 128 KB 的 Flash 和 64 KB 的 RAM，支持 CPU 的时钟进行读写操作。

3）中断控制器：提供了 43 个中断通道和 16 个中断服务优先级选择器。

4）频率：芯片初始化时，首先必须对系统的时钟进行配置，硬件电路可以选择一个外部的 4～16 MHz 的 RC 晶振，经过分频处理后最高可达到 72 MHz 的稳定系统时钟频率，还可以超频运行。

5）功耗低：STM32F103C8T6 支持三种低功耗模式，包括休眠模式、停止模式和待机模式。

STM32F103C8T6 最小系统电路如图 9.7 所示。该电路使用 3.7 V 供电，但是单片机的运行电压为 3.3 V，所以图中 P9 是一个 3.3 V 的三端稳压器，RC 晶振使用 32.768 kHz 和 8 MHz 两种型号，32.768 kHz 提供给时钟芯片，8 MHz 提供给系统的内部时钟，分频处理后时钟频率可以达到 72 MHz。

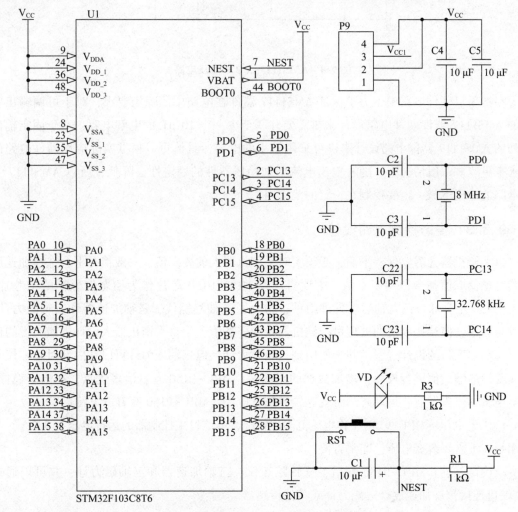

图 9.7　STM32F103C8T6 最小系统电路

9.3.2 系统的供电电路设计

本项目使用的主控制器和部分传感器需要 3.3 V 的电压供电，AMS1117-3.3 V 稳压芯片在 ADJ 引脚接地的情况下可稳定输出 3.3 V 电压，符合本项目的电源要求，并且该芯片由于价格低、强抗干扰能力等优点，在当代电子产品电路中的应用尤为广泛。

主控制器使用的是 STM32F103C8T6，此款 MCU 的供电电压为 3.3 V，本项目的独立电源是 3.7 V 的锂电池，需要将 3.7 V 电压转成 3.3 V 给单片机供电，于是选用了 AMS1117 三端稳压器为主芯片设计一个稳压电路，如图 9.8 所示。

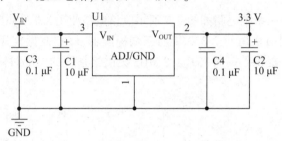

图 9.8　AMS1117-3.3 V 稳压电路

在本项目硬件电路中，为了保证 AMS1117 器件在电路中的稳定要求，对于可调输出系列的 AMS1117 器件硬件电路设计来讲需要并联至少一个 10 μF 的电解电容，对于固定输出系列的 AMS1117 器件电路设计来讲可采用较小的电容，具体可以根据实际应用硬件电路的要求来更改。一般情况下，随着输出电流增加稳压器件的稳定性会降低，所以 AMS1117 器件电路的输出电流一定要控制在一定的范围内。

9.3.3 姿态检测电路设计

自平衡机器人需要保持平衡，必须实时采集机器人的姿态值，一般情况下会选择加速度计和陀螺仪取值整合得到姿态值。本项目选用 MPU-9150 芯片作为姿态传感器的主芯片，MPU-9150 是全球首例九轴运动处理组件，整合了三轴陀螺仪、三轴加速器和三轴磁力计，通过对加速度值和速度值的处理可得到机器人的姿态值，是自平衡机器人设计中最关键的传感器。在本项目的设计过程中并未使用到三轴磁力计，但三轴磁力计可以在内部对陀螺仪和加速度计的输出值进行校验，增加数据的正确性。MPU-9150 有着诸多优点，在电子稳像、光学稳像、行人导航、运动感测游戏等领域都有应用。MPU-9150 有着以下特点。

1）供电电压：MPU-9150 工作电压范围比较广，本项目主控制器的运行电压为 3.3 V，与之相符，不需要改变电压，非常方便。

2）内部结构：MPU-9150 囊括了三轴陀螺仪、三轴加速器和三轴磁力计，并可以通过 I^2C 端口连接扩展加速度计、磁力计或其他传感器。

3）测量范围广：MPU-9150 的角速度感测范围广，最小可为±250°/s，最大可为±2 000°/s，可准确追踪或快或慢的动作，并且用户可通过编程控制加速器全格感测范围为±2g。

4）微型封装尺寸：在全球范围内，MPU-9150 是首例九轴运动处理器，和多组件案例相比，它消除了加速器与陀螺仪组合时的轴间差的问题。

5）低功耗：MPU-9150 在省电模式下的加速器电流只有 20 mA，运行模式下只有 350 mA。

6）内部数字运动处理引擎：MPU-9150 内部嵌入了数字运动处理引擎组件，通过 I^2C 端口进行数据传输，向单片机端输出完整的九轴融合运算资料库和数据包。

姿态检测电路（见图 9.9）中 V_{DD} 引脚须输入 3.3 V 的电压，3.3 V 电压可从上述的稳压电路中获得，15 和 17 引脚则接地。MPU9150 的 6 和 7 引脚分别是 XDA 和 XCL。XDA 和 XCL 是 I^2C 传输协议的两个信号端，这两个信号端分别与 MCU 的 PB13 和 PB12 相接完成信号传输。图中的电容均用来滤波，2 200 pF 的电容用来过滤低频波，其他的电容用来过滤高频波。

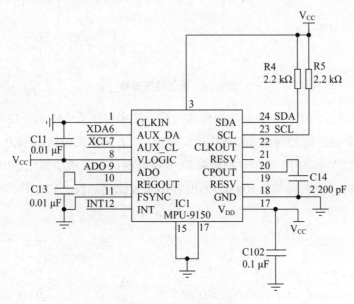

图 9.9 姿态检测电路

9.3.4 电动机驱动电路设计

MOS 管全桥电路是一种典型的驱动电路，本项目使用 21 V 锂电池给电动机供电。为了让电动机能够获得足够大的速度，电动机的驱动电路设计比较关键，在驱动设计时要确定使用何种型号的 MOS 管。MOS 管是一种反应速率极快的开关晶体管，使用 10 kHz 左右的 PWM 波对 MOS 管进行控制，那么输入输出电压等式如下：

$$U_I = U_0 N \tag{9.14}$$

式中，U_I 为 MOS 管的输出电压；U_0 为 MOS 管的输入电压；N 为 PWN 波的占空比。

所以，在电动机驱动中要求 MOS 管额定功率大、导通阻抗小、体积小和质量好。本项目使用的是 N 沟道场效应管系列中的 IRF2807S，其额定电压为 75 V；漏极电流为 82 A；导通阻抗为 13 mΩ；固定的 dU/dt（单位时间内变化的电压）；耐高温，工作温度最高可达到 175 ℃；转换速率快，符合本项目驱动电动机的要求。此外，其开关速度快、坚固耐用、提供最高的功率能力和尽可能低的电阻，这些优越的性能使得 IRF2807S 成为极其可靠高效、应用范围超广的器件之一。

电动机驱动电路设计是经典的 N 沟道 MOS 管全桥电路，其中包括稳压电路、隔离电路、控制电路和主电路四部分，可以实现直流电动机的加减速和正反转的功能。IRF2807S 电动机驱动电路设计如图 9.10 ~ 图 9.13 所示。

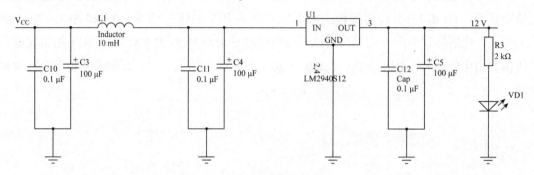

图 9.10　电源稳压电路

图 9.10 为本项目的电动机驱动电源稳压电路，图中稳压管 LM2940S12 给逻辑芯片和半桥驱动器提供一个稳定的 12 V 电源。稳压管 LM2940S12 的输入电压范围为 13.6 ~ 26 V，输出电压为 12 V。21 V 和 GND 两端分别连接 21 V 锂电池的正负端。图中的电容均用来滤波，100 μF 的电容用来过滤低频波，100 μF 的电容用来过滤高频波，VD1 作为指示灯，以亮灭判断是否上电。

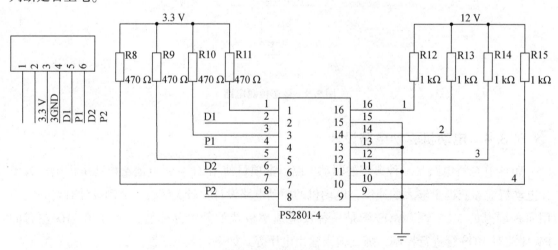

图 9.11　光耦隔离电路

图 9.11 为本项目的电动机驱动光耦隔离电路，通过光电耦合减少外界对控制信号的干扰，并且可将 3.3 V 的控制信号转换为 12 V 的逻辑器可接受电压信号。

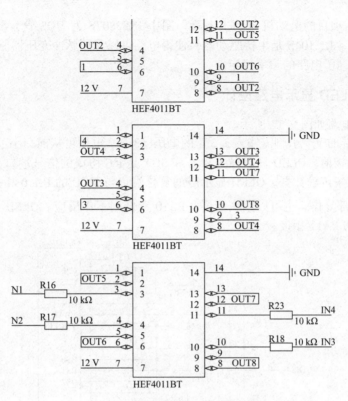

图 9.12 电动机驱动信号逻辑电路

图 9.12 为本项目的电动机驱动信号逻辑电路，通过与非门逻辑器使得控制端口可用 0 和 1 来控制电动机正反转；通过 PWM 波占空比来控制电动机转速，使得电动机控制达到最少输入引脚、独立控制的最优效果。

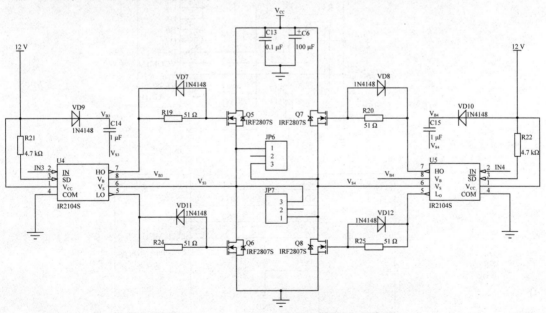

图 9.13 电动机驱动主电路

图 9.13 为本项目的电动机驱动主电路，图中 IRF2807S 为 MOS 管，漏极电流为 82 A，最大电压为 75 V。IR2104S 是半桥驱动器，使得电路可以无须脉冲变压器驱动就得到所需的工作频率，还提高了电路的频率稳定性。

9.3.5　OLED 显示电路设计

OLED 显示电路如图 9.14 所示。

OLED 显示屏的 V_{cc} 引脚需输入 3.3 V 的电压，3.3 V 电压可从前一小节所述的稳压电路中获得，GND 则接地。OLED 显示屏的 SCL 和 SDA 是 I^2C 协议的信号端口，与 MCU 的 PA8 和 PA9 相连，用来传输数据。OLED 显示屏的复位端口与 MCU 的 PA10 相接，PA10 置高时则模块内数据全部复位，也可以用来清屏；PA10 置低则不作反应。OLED 显示屏的 $D/\overline{C}$ 位选端口与 MCU 的 PA11 相接。

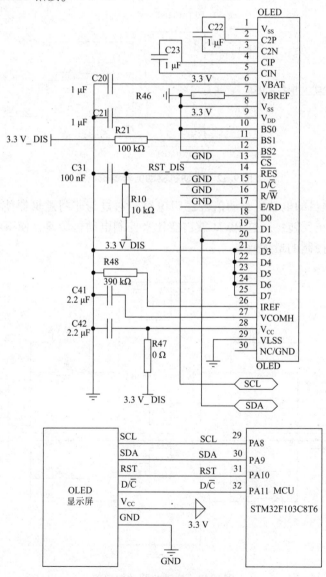

图 9.14　OLED 显示电路

9.3.6 蓝牙通信电路设计

本项目设计的单足自平衡机器人需要使用蓝牙进行无线数据传输，对于本项目而言，蓝牙的要求仅仅是功耗低、安全性高和成本低。CSR BC417 特点如下：

1）符合蓝牙 V2.0 标准；

2）USB 和双 UART 端口 802.11 共存，对用户而言是透明的；

3）1.8 V 的内芯，1.8～3.6 V 的 I/O，模块使用电压范围是 3.3～5 V，可在低功率下运行；

4）可以自行纠错编码、高频率通信、自动调频，并且有较强的抗干扰能力；

5）波特率配置范围广，有 1 200～1 382 400 波特率，可在编程中根据用户实际需求来配置，在本项目中使用的是 9 600；

6）支持规格为 2 Mbit/s 和 3 Mbit/s 的调制方式，全网全程高速蓝牙操作；

7）封装有 TFBGA 8×8 mm 96 球和 VFBGA 6×6 mm 96 球，集成 1.8 V 稳压器；

8）支持外部扩展 8 Mbit 的 Flash。

CSR 公司一直位于蓝牙创新的前沿，并生产了大量的蓝牙设备。BlueCore 系列是世界上许多最流行电子产品的心脏，并可以保持功耗低和 RF 性能最佳，是唯一的开放式 DSP 核心器件。在新一代的 BlueCore 蓝牙芯片平台的基础上，提高了性能和集成水平，并在市场上拥有最完整的测试软件系统。在本项目中，BC417 作为蓝牙通信模块的主芯片，用来实现数据传输的功能，主要实现无线控制和无线调试，为本项目的后期调试带了极大的便利。

蓝牙通信电路(见图 9.15)由蓝牙模块、MCU 和电源接口组成，V_{CC} 引脚需输入 3.3～5 V 的电压，实际运用中使用 4.2 V 的锂电池供电。蓝牙模块的 GND 接锂电池的负极；RX 和 TX 是串行端口，与 MCU 的 UART3 中的 TX3 和 RX3 相连；TX 信号端与 MCU 的 21 号引脚相连；RX 信号端与 MCU 的 22 号引脚相连。

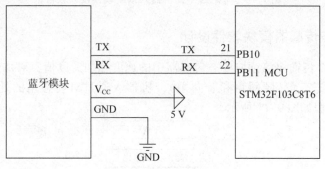

图 9.15 蓝牙通信电路

9.4 单足自平衡机器人的软件设计

9.4.1 系统软件总体设计

单足自平衡机器人大量的设计工作主要集中于编写程序来实现功能，这就要设计每个功能模块的程序。软件设计在单足自平衡机器人的设计中有着非常重要的地位，这是机器人能执行指定动作的关键步骤。

单足自平衡机器人系统软件设计流程，如图9.16所示。

系统程序执行时，先执行系统初始化程序，包括内部主控制器系统初始化程序和外部传感器系统初始化程序。内部主控制器需设定主频、时钟、中断、UART、I^2C、GPIO等初始化程序；外部传感器需设定陀螺仪、OLED、蓝牙等初始化程序。系统初始化程序完成后执行主程序，本项目中，主程序分为三部分：数据输入、数据处理、数据输出。数据输入主要包括陀螺仪采值和蓝牙数据输入；数据处理主要包括卡尔曼滤波和PID调节；数据输出主要包括PWM控制电动机、蓝牙输出数据和OLED显示。

图9.16　单足自平衡机器人系统软件设计流程

9.4.2　姿态传感器模块软件设计

控制器通过I^2C传输协议读取姿态传感器中的速度和加速度值，对加速度值和速度值进行处理，可以得出姿态角（倾斜角和航向角），机器人通过对姿态角的处理可实现自平衡。陀螺仪软件设计流程如图9.17所示。

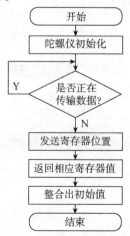

图9.17　陀螺仪软件设计流程

执行姿态传感器程序时，先进行传感器初始化，初始化过程包括寄存器配置和 I^2C 配置。初始化完成后即可进行 I^2C 数据传输，先检测 I^2C 传输是否正在运行，若在忙，则需等到数据传输结束；若不在忙，则可传输数据。若要得到角速度值和角加速度值，则需使用 I^2C 发送存储相应值的寄存器的地址到传感器中。姿态传感器接收到指令后，立即将寄存器中的值返回到控制器中，并经过整合处理方可得到角速度值和角加速度值。

1. 姿态传感器初始化软件设计

姿态传感器初始化软件设计代码如下：

```
Single_Write(MPU9150_Addr, PWR_MGMT_1, 0x00);  //解除休眠状态
Single_Write(MPU9150_Addr, SMPLRT_DIV, 0x07);  //姿态采样率, 0x07
(125 Hz)
Single_Write(MPU9150_Addr, CONFIG, 0x06);  //低通滤波频率, 0x06(5
Hz)
Single_Write(MPU9150_Addr, GYRO_CONFIG, 0x18);
Single_Write(MPU9150_Addr, ACCEL_CONFIG, 0x01);
```

姿态传感器初始化程序包括寄存器配置和 I^2C 配置，程序中将 I^2C 传输协议中的 SCL 和 SDA 配置成刷新频率为 50 Hz 的开漏输出，将陀螺仪配置成开启状态，此时采值频率为 125 Hz，陀螺仪不自检，测量范围为 $(0 \sim 2\,000)°/s$，将加速度计配置成不自检状态，测量范围为 $0 \sim 2g$，高通滤波频率为 5 Hz。

2. 姿态检测软件设计

姿态检测软件设计代码如下：

```
BUF[0]=Single_Read(MPU9150_Addr, ACCEL_XOUT_L);
BUF[1]=Single_Read(MPU9150_Addr, ACCEL_XOUT_H);
A_X=(BUF[1]<<8)|BUF[0];                //读取计算 X 轴角加速度数据
BUF[6]=Single_Read(MPU9150_Addr, GYRO_XOUT_L);
BUF[7]=Single_Read(MPU9150_Addr, GYRO_XOUT_H);
G_X=(BUF[7]<<8)|BUF[6];                //读取计算 X 轴角速度数据
```

姿态传感器程序中包括读取相应寄存器中的值和整合处理得出初始值两个部分，其中 BUF[12] 是一个用于陀螺仪数据缓存的数组，ACCEL_XOUT_L、ACCEL_YOUT_L、ACCEL_ZOUT_L 分别表示 X、Y、Z 轴的角加速度值的低八位数据；ACCEL_XOUT_H、ACCEL_YOUT_H、ACCEL_ZOUT_H 分别表示 X、Y、Z 轴的角加速度值的高八位数据；GYRO_XOUT_L、GYRO_YOUT_L、GYRO_ZOUT_L 分别表示 X、Y、Z 轴的角速度值的低八位数据；GYRO_XOUT_H、GYRO_YOUT_H、GYRO_ZOUT_H 分别表示 X、Y、Z 轴的角速度值的高八位数据；A_X、A_Y、A_Z 为整合处理后的角加速度初始值；G_X、G_Y、G_Z 则为整合处理后的角速度初始值。

9.4.3 卡尔曼滤波软件设计

在实际应用中，使用单一惯性传感器就可以得出姿态角，但准确性往往不太高，这主要由惯性传感器的精度来决定，仅仅从改善硬件电路和生产工艺方面入手，想要使准确性大幅度提升非常困难，而且系统的误差会不断地累积，这样就不能长时间地进行姿态测量。正因为这样，难以获得相对真实的机器人姿态值，出于对系统测量姿态角度准确性的考虑，本项目引入了多传感器信号数据融合的卡尔曼滤波算法，以获得最佳姿态值，便于电动机的精准控制。卡尔曼滤波软件设计流程如图 9.18 所示。

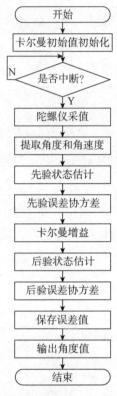

图 9.18　卡尔曼滤波软件设计流程

1. 卡尔曼滤波初始化软件设计

卡尔曼滤波初始化软件设计代码如下：

```
float dt =0.01, R_angle =0.48, Q_gyro =0.0032, Q_angle =0.001;
char C_0 =1;
floatAngle_err, PCt_0, PCt_1, E, K_0, K_1, Q_bias, t_0, t_1;
floatPdot[4] ={0, 0, 0, 0};
float PP[2][2] ={ {1, 0}, {0, 1} };
floatGyro_y, Angle_gy, Accel_x, Angle_ax, Angle, value;
```

2. 卡尔曼滤波软件设计

卡尔曼滤波软件设计代码如下：

```
Angle_ax=Accel/1126514;              //弧度转换为度
Gyro_y=-Gyro /16.4;                  //计算角速度值，负号为方向处理
Angle+=(Gyro_y-Q_bias) * dt;         //先验估计
Pdot[0]=Q_angle-PP[0][1]-PP[1][0];
Pdot[1]=-PP[1][1];
Pdot[2]=-PP[1][1];
Pdot[3]=Q_gyro;
PP[0][0]+=Pdot[0] * dt;              //先验估计误差协方差微分的积分
PP[0][1]+=Pdot[1] * dt;              //先验估计误差协方差
PP[1][0]+=Pdot[2] * dt;
PP[1][1]+=Pdot[3] * dt;
Angle_err=Angle_ax-Angle;           //zk-先验估计
PCt_0=C_0 * PP[0][0];
PCt_1=C_0 * PP[1][0];
E=R_angle+C_0 * PCt_0;
K_0=PCt_0 /E;
K_1=PCt_1 /E;
t_0=PCt_0;
t_1=C_0 * PP[0][1];
PP[0][0]-=K_0 * t_0;                 //后验估计误差协方差
PP[0][1]-=K_0 * t_1;
PP[1][0]-=K_1 * t_0;
PP[1][1]-=K_1 * t_1;
Angle+=K_0 * Angle_err;
Q_bias+=K_1 * Angle_err;
Gyro_y  =Gyro_y-Q_bias;
```

在编程中使用公式 Angle+=（Gyro_y-Q_bias）* dt 就可以计算出机器人某一个轴的角度，Q_bias 表示陀螺仪输出值与期望值之间的误差。再用积分出来的初始倾斜角 Angle 就是系统预先估计值，可以得到观测方程；但加速度传感器采回的角度值 Accel 就是系统中的测量值，可以得出系统的状态方程式。

在本项目程序中 Q_angle 和 Q_gyro 各代表了系统对加速度传感器及陀螺仪传感器的信任程度。根据 Pdot[0]=Q_angle-PP[0][1]-PP[1][0] 计算出先验估计协方差的微分值，把实时估计值进行线性化，计算系统估计角度的协方差矩阵 PP。计算卡尔曼增益 K_0 和 K_1，其中 K_0 用于最优预算值，K_1 用于处理最优预算值的偏差和刷新协方差矩阵 PP。通过进一步的计算得出较真实的机器人姿态值。

9.4.4　OLED 显示软件设计

OLED 显示模块是常用的一种输出设备，可以直观地看到控制器里的数据的变化，对后期的调试有着非常大的帮助。OLED 有着编程简单、功耗小等特点，受到工程师们的青睐。本项目用的 OLED 是一种通过 I^2C 协议传输的简化的黑白屏 OLED，分辨率为 128×64。此款 OLED 上显示一个字符占用 8×16 个像素，即最多可显示 64 个字符，对于本项目来讲，字符数能满足要求。OLED 显示软件设计流程如图 9.19 所示。

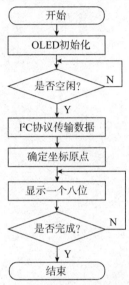

图 9.19　OLED 显示软件设计流程

编写程序时，先对 OLED 显示屏进行初始化配置，OLED 显示屏的初始化过程包括 GPIO 的定义和寄存器的初始化。完成初始化后进行 I^2C 数据传输，先判断 I^2C 传输是否正忙，不忙时即可传输数据。显示过程中，需预先确定一个原点坐标后才可以显示。OLED 的一个像素点的显示就相当于点亮一个 LED 灯，两端给个高低电平就会亮。I^2C 传输的数据是八位一组，所以 OLED 的显示也是八位一组的显示，直到数据传输完毕为止。

1. OLED 初始化软件设计

OLED 初始化软件设计代码如下：

```
void OLED_Init(void)
{
    SCL_1; RST_0;
    delay_ms(50);
    RST_1;
    LCD_Wcmd(0x40);              /设置显示起始行(0x00~0x3f)
    LCD_Wcmd(0xcf);              /设定输出电流设定亮度
    LCD_Wcmd(0xa1);              /列扫描方向
```

```
    LCD_Wcmd(0xc8);                    //行扫描方向
    LCD_Wcmd(0xa6);                    //设置正常显示
    LCD_Wcmd(0xd5);                    //设置显示时钟分频比/振荡器频率
    LCD_Wcmd(0x80);                    //100帧/秒
    LCD_Wcmd(0xaf);
    LCD_Fill(0x00);                    //清屏
    LCD_Set_Pos(0, 0);                 //原点初始化
}
```

OLED 初始化程序包括 GPIO 的定义和 OLED 寄存器的初始化。其中，GPIO 口定义包括 SCL、SDA、RST、D/C 引脚的定义，SCL 和 SDA 是 I^{2}C 传输协议中的两根信号线，RST 是 OLED 复位引脚(常作清屏用)，D/C 是数据片选引脚。OLED_Init( )程序就是通过 I^{2}C 协议发送数据到 OLED 中，让 OLED 配置成初始状态。

2. OLED 软件设计

OLED 软件设计代码如下:

```
void Dis_Num(char x, char y, char num, char N)
{
    unsigned char j=0;
    unsigned char n[6]={0};
    x=x*8;
    n[0]=(num/10000)%10;
    n[1]=(num/1000)%10;
    n[2]=(num/100)%10;
    n[3]=(num/10)%10;
    n[4]=num%10;
    n[5]='\0';
    for(j=0; j<5; j++)n[j]=n[j]+16+32;
    LCD_P8x16Str(x, y, &n[5-N]);
}
```

Dis_Num(x, y, num, N)程序是本项目中的 OLED 显示子程序，其中 x 和 y 表示原点坐标，x 为行坐标，取值范围为 0~15；y 为列坐标，取值可为 0、2、4、6。num 是一个字符型变量，代表需要在 OLED 中显示的数字；N 代表显示数字的位数。n[6]数组是缓存数组，缓存的是显示数字的每一位。LCD_P8x16Str(x, y, &n[5-N])子程序是显示程序。

9.4.5　蓝牙传输软件设计

蓝牙模块是常用的无线传输设备，具有传输波特率可调、传输准确性高、体积小等特点。蓝牙通信软件设计流程如图 9.20 所示。

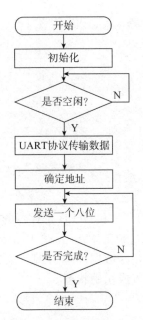

图 9.20　蓝牙通信软件设计流程

蓝牙的传输协议是 UART 协议，类似于 I²C 传输协议。首先要进行蓝牙初始化，然后在传输时，先要检测标志位，通过标志位可以知道 UART 协议是否正在传输，确定没有数据正在传输时才可以进行这一组数据的传输。在传输过程中，首先要寻址，将对应的数据发送给对应的从机，找到相应的从机后，开始发送真正的数据，其中包括八位数据位和一位停止位，停止位用来检测前面的八位数据位是否已经传输完毕，直至所有的数据传输完毕为止。

1. 蓝牙模块初始化软件设计

蓝牙模块初始化软件设计代码如下：

```
USART_InitStructure.USART_BaudRate=9600;
USART_InitStructure.USART_WordLength=USART_WordLength_8b;
USART_InitStructure.USART_StopBits=USART_StopBits_1;
USART_InitStructure.USART_Parity=USART_Parity_No;
USART_Init(USART3,&USART_InitStructure);
```

UART 程序执行时，首先打开 GPIO 和 USART 部件的时钟，将 USART 的 T 引脚配置成推挽复用模式，将 USART 的 RX 引脚配置为浮空输入模式。设置 USART3 的参数，若检测到接收数据寄存器存满，则产生中断服务，本项目中蓝牙模块比特率设置为 9 600，程序中须对 UART 比特率配置成 9 600，在主程序执行中对 UART 串口初始化设置。

2. 蓝牙通信软件设计

1）串口发送程序实现代码如下：

```
USART_SendData(USART3,(u8)ch);
while(USART_GetFlagStatus(USART3,USART_FLAG_TXE)==RESET);
```

2）串口接收程序实现代码如下：

```
    if(USART_GetITStatus(USART3,USART_IT_RXNE)!=RESET)//判断标
志位
    {
        ly_dat=USART_ReceiveData(USART3);
        USART_ClearITPendingBit(USART3,USART_IT_RXNE);
    }
```

9.4.6 I²C 传输协议软件设计

I²C 传输协议是由飞利浦公司最先推出的一种串行总线传输协议，I²C 总线技术在生产生活中的应用非常广泛。因为 I²C 总线有两根双向信号线，所以大大地提高了数据传输的速度，并且可靠性得到了提高。I²C 总线的双向信号线分别是 SDA 和 SCL 信号线，SDA 是 I²C 的数据线，SCL 是 I²C 的时钟线。I²C 传输协议中通过数据线和时钟线的配合可产生起始信号、终止信号和应答信号等。I²C 传输协议通过这样的形式提高了数据传输的有效性和稳定性。I²C 信号时序图如图 9.21 所示。

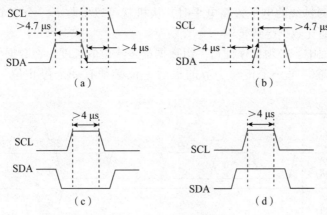

图 9.21　I²C 信号时序图

(a)起始信号 S；(b)终止信号 P；(c)应答/"0"；(d)非应答/"1"

1. 起始信号与终止信号

起始信号的产生是由 SCL 时钟线置高电平，SDA 数据线产生一个下降沿的过程；终止信号的产生是由 SCL 时钟线置高电平，SDA 数据线产生一个上升沿的过程。起始和终止信号图如图 9.22 所示。

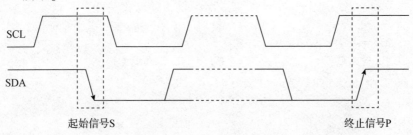

图 9.22　起始和终止信号图

由主机发出起始信号和终止信号，当起始信号发出后，总线就处于"忙"的状态；终止信号产生后，I²C 总线就处于"闲"的状态，这时就可以进行下一组数据传输。

起始信号程序实现代码如下：

```
SDA_H; SCL_H; I2C_delay();
if(! SDA_read)return FALSE; SDA_L; I2C_delay();
if(SDA_read)return FALSE; SDA_L; I2C_delay();
return TRUE;
```

停止信号程序实现代码如下：

```
SCL_L; I2C_delay(); SDA_L; I2C_delay();
SCL_H; I2C_delay(); SDA_H; I2C_delay();
```

2. 应答信号

在从机接收完一个字节的数据后，有可能需要完成其他的工作，因此在下一个字节到来时不可以立马接收，这时从机就会将 SCL 时钟线的电平置低电平，使得主机处在等待状态；到从机器件将 SCL 时钟线的电平置高电平时，从机就可以接收下一个字节，释放 SCL 时钟线变成高电平，从而让数据继续传输。

在数据传输过程中，必须要保证每一组数据都是八位的长度。在数据传输的时候，将最高位的数据最先传输，每一个传输字节的最后一位必须有一个停止位。应答信号图如图9.23 所示。

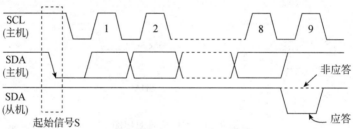

图 9.23　应答信号图

接收一个八位数据程序实现代码如下：

```
u8 i=8, ReceiveByte=0;
SDA_H;
while(i--)
{
    ReceiveByte<<=1;
    SCL_L; I2C_delay(); SCL_H; I2C_delay();
    if(SDA_read)ReceiveByte|=0x01;
}
SCL_L;
returnReceiveByte;
```

9.4.7 PID控制软件设计

比例、积分和微分是PID调节器常用的三个部分。PID调节是控制系统中非常重要的算法，代表输出与输入之间的响应。顾名思义，比例环节是输出与输入按一个比例进行的，可调节快慢，通常是改变反馈。积分环节就是当输入量改变很大时，输出量只按时间的长短发生改变，在这过程中起到了滤波作用，因此积分环节也叫滞后调节。微分环节是当输入数据出现"抖动"现象时，输出数据就会产生激烈的反应；当输入不发生变化的情况下，不管输入数据有多大，输出数据都为零。微分环节也叫超前调节，在系统中起到加速的作用。

在系统中，PID调节的作用非常大，它控制着系统稳定。因此，程序的编写及PID参数的确定在整个编程中有着举足轻重的作用。PID算法流程如图9.24所示。在本项目中，U_k代表卡尔曼数据融合后机器人的实时倾斜角；U代表机器人直立时的倾斜角；e_k为实时倾斜角度值与期望值的误差；K_P、K_I和K_D分别为比例、积分和微分环节的系数；P_P、P_I和P_D分别为比例环节、积分环节和微分环节的增益量；P则为PID输出量，用来控制PWM波的占空比，进而控制电动机的转速；B为设定误差；k为第k个T时刻。

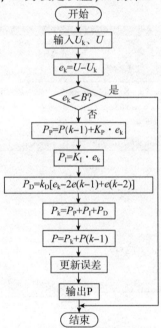

图9.24 PID算法流程

代码如下：

```
un=a0*b+a1*b1+a2*(b-2*b1-b2);
if(un>4)un=4;                        //限幅
if(un<-4)un=-4;
b2=b1;                               //更新误差
b1=b;
pwm1=b*cos((20+a)*3.1415926/120)*un;//PWM波计算
pwm2=-b*cos((20-a)*3.1415926/120)*un;
pwm3=b*cos((60-a)*3.1415926/120)*un;
```

9.5 单足单平衡机器人的调试

9.5.1 调试工具

硬件设计与软件设计为单足自平衡机器人的成功运行打下了坚实的基础，但机器人是否能稳定和快速地运行则需要通过精心的调试才能确定。本项目采用了模块化的设计思想，因此可以采用模块化的调试方法。

1. STM32 调试工具

本项目中软件编程使用的是 Keil 4 集成 C 语言开发环境，是由 Keil 公司开发的专门面向 STM32 所有 MCU 嵌入式应用 C 语言开发的工具软件。Keil 开发软件的调试界面如图 9.25 所示。

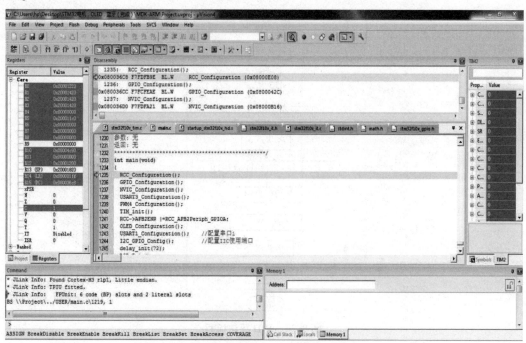

图 9.25　Keil 开发软件的调试界面

2. 卡尔曼滤波调试工具

本项目中使用的滤波调试工具是 Serial Digital Scope V2（串口虚拟示波器），单片机将初始数据和处理后的数据通过 UART 串口发送到虚拟示波器中，直观地显示在虚拟示波器上，方便设定卡尔曼参数。虚拟示波器界面上有很多控件，有对波形进行放大、缩小、跟踪和读值的功能，更重要的是可以将波形保存，方便以后进行分析。

虚拟示波器调试界面如图 9.26 所示。

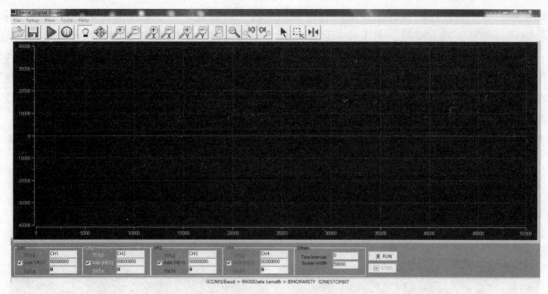

图 9.26　虚拟示波器调试界面

9.5.2　硬件电路调试

用 DXP 完成主控制器和电动机驱动的 PCB 绘图，待 PCB 制作完成后，用万用表仔细检查电路的连接是否正确，检查完即可用电烙铁将元器件焊好，完成后检查是否存在短路、虚焊等情况，尤其要注意电源极性是否正确。在确认硬件电路连接无误后，上电使用 J-link 对主控制器进行在线调试，看是否能连接到 STM32 最小系统。检测正常后，向单片机下载测试程序。如果能够正常下载程序，观察 LED 是否正常闪动。再用数字示波器检查 PWM 波输出口是否能正常输出 PWM 波，用同样的方法检测其他的接口。通过控制器输出不同占空比的 PWM 波来观察电动机转速是否变化，确定两个电极输出电压的极性用主控制器输出 PWM 波信号，保证 PWM 输出正电压时，电动机正转；PWM 输出负电压时，电动机反转。若上述测试均能正常通过，则表明系统硬件电路工作正常。

9.5.3　姿态检测系统调试

姿态传感器用来检测机器人的姿态角，这关系到机器人是否能站起来。所以，对于本项目来说，对姿态传感器的采值及处理的过程是调试工作的重点和难点。

姿态传感器包括陀螺仪和加速度计，首先要对陀螺仪和加速度计进行调试。观察陀螺仪和加速度计是否能正常工作，并且要对陀螺仪的偏置电压进行更改，让电路的温漂减到最小，以此来提高陀螺仪输出值的稳定性和准确性。将机器人与地面的夹角分别置于 0°、45° 和 90°，通过 OLED 显示模块显示出具体的数值，通过实际值和显示值之间的差值来更正软件的算法。

由于机器人运行过程中存在干扰，因此需要通过滤波算法对姿态传感器的输出进行滤波。在本项目中，由于机器人在调节过程中会出现轻微的抖动现象，因此使用卡尔曼滤波使抖动的部分更为平缓。在对滤波器进行调试的过程中，要对卡尔曼滤波器的陀螺仪和加速度计的权值 Q_gyro、Q_angle 和卡尔曼增益 R_angle 设定参数，设定完成后可发送数据到上位机显示。本项目使用的调试工具是串口虚拟示波器，通过蓝牙将姿态值的初始信号和处理后的信号一起发送给上位机，由上位机的图形化显示便可以清晰地看出滤波前后的区别。

图9.27为卡尔曼滤波调试图，图中1号曲线代表姿态传感器输出的原始值，2号曲线代表卡尔曼滤波之后的值。从图中可以看出，姿态值的初始信号的波形有很多的尖峰，而且噪声比较大，甚至有些时刻尖峰和噪声的值超过了实际值，但是经过卡尔曼滤波后的波形就非常平滑，这时才可以比较精确地体现出机器人姿态的真实情况。

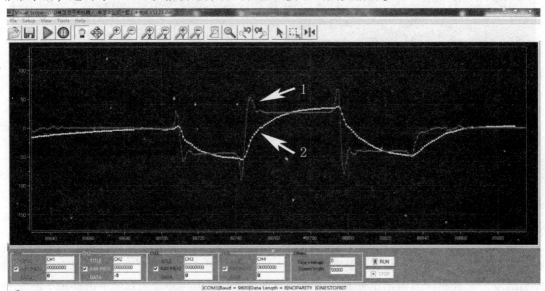

图9.27　卡尔曼滤波调试图

在进行卡尔曼滤波调试的过程中，还使用了OLED显示屏对系统的各个参数进行实时监控，便于卡尔曼算法的参数的整定。图9.28为OLED显示屏的实时显示。

图9.28　OLED显示屏的实时显示

本项目的OLED显示屏中显示的数据有机器人整体的倾斜值、卡尔曼算法的三个参数值、X轴和Y轴的倾斜值，以及PID的三个环节的系数值(PID参数整定时用到)。

9.5.4　控制系统PID参数整定

在实际应用中整定PID参数的方法有很多，常用的方法有两种：第一种是理论计算整定法，第二种是工程整定法。理论计算整定法是在系统的数学模型基础上建立的，通过理论计算得出 PID 控制器系数。这种方法计算得出的数据不一定可以直接使用，可能还需要通过应用的实际情况进行整定。工程整定方法取决于应用实战的经验，可以随时在系统的调试中进行参数整定，此方法相对比较简单，容易了解掌握，在实际应用中得到了广泛的应用。

通过对本项目系统的控制条件分析得出，只使用比例调节器就可以让本项目机器人完成动态平衡，但这样做的后果是机器人的反应时间相对较长，而且会在稳定的位置不停地抖动。所以，本项目加入了积分和微分调节使机器人的动态偏差减小，大大地减短调节反应时间。

对 PID 参数的整定可以使用试凑法。第一步，调整比例系数值的大小，使机器人能直立起来，可能会伴随着抖动现象。第二步，将比例系数值降低到设定值的 70% 左右，小幅度地增大微分系数值的大小让机器人可以稳定。经过不断地调试，本项目机器人可以满足单足自平衡的要求。单足自平衡机器人站立如图 9.29 所示。

图 9.29　单足自平衡机器人站立

第 10 章
校园自动巡航机器人

学校的安全工作是社会安全工作的重要组成部分，直接关系到青少年学生能否安全、健康地成长，关系到千千万万个家庭的幸福安宁。人的生理特征使得人在工作中难免有所疏忽，校园自动巡航机器人凭着对环境的自适应能力、分析任务空间的能力和执行操作规划的能力，能帮助保安提高巡查校园环境的效率，并及时返回巡航信息，通报发生的状况并采取一些必要的措施，起到安保的重要作用。研究和充分发挥校园自动巡航机器人的功能和作用，进行自动化安保，将有着重要的意义。

10.1 研究背景与意义

中国医疗、教育、公共服务等领域对于服务机器人拥有较大的市场需求，因此服务机器人已经成为机器人行业的重要组成部分。据统计，2018—2021 年中国服务机器人市场规模持续增长，2021 年市场规模超过 300 亿元，达到 302.6 亿元，较 2020 年增长 36.18%，处于快速增长阶段。

基于 GPS 的自动巡航机器人作为服务机器人的一种，已经开始应用于大型楼宇、机场、交通枢纽、仓储基地、军事基地等的安保工作。上海世博会应用了一系列安保机器人，保障世博会的安全运营。其中，反恐防爆机器人是一款中型特种排爆排险机器人，体积小、质量轻，用于处置各种突发涉爆、涉险事件，在反恐怖、反劫持等领域发挥重要作用；微型爬壁机器人是面向反恐侦察开发的紧凑型侦察系统，在噪声控制、运动灵活性、密封方式、壁面适应性等方面取得了重要技术突破，应用于楼宇、飞机表面的侦察作业和大型储物罐、桥梁等装置的探伤、危险品检测等领域；水下机器人用于对水下悬浮、沉底或附着在其他物体上的不明可疑物进行近场探测和处置，能够为世博园区内及其周边水域提供更为安全高效的水下排查处置手段。

10.1.1 国内外研究现状分析

安保、监控机器人经历了数字化、网络化两大时代，其中防爆机器人、作战机器人在技术上和功能上都体现出先进的科技水平。在伊拉克和阿富汗战场上，美军共使用了 5 000 多台机器人，它们能够执行各种任务。"剑"式武装巡逻机器人和 iRobot 防爆机器人就是其中的佼佼者，二者分别如图 10.1 和图 10.2 所示。"剑"式武装巡逻机器人的全称是"观察、侦察与探测特种武器系统"，这种机器人身高 0.9 m，最高速度 9 km/h，配备有 5.56 mm 口径的 M249 机枪，外加 M16 系列突击步枪与 M202-A16 mm 榴弹发射器。除此之外，"剑"式武装巡逻机器人还拥有摄像机、夜视镜、变焦设备等光学侦察设备，以及高精度导航设备，保证其在任何时候、任何天气状况下都能轻易通过楼梯、岩石堆和铁丝网，并在雪地及河水中行走自如，并可在关键时候执行情报侦察任务。可见，自动巡航机器人在航空、海洋巡航中已经得到了充分的应用，本项目在现有的基础上加以改进。

图 10.1 "剑"式武装巡逻机器人

图 10.2 iRobot 防爆机器人

10.1.2 系统的关键技术

对于校园自动巡航机器人的导航系统来说，很多理论还需要改进，目前所取得的理论成果还需要在实际的工程应用中不断完善，其涉及的范畴，不仅包含环境感知、定位、运动控制和路径规划和决策，还包括传感器和多传感器信息融合等。

1. 环境感知技术

校园自动巡航机器人要在未知环境中移动，必须依靠各种传感器获取外界的环境信息，以引导其行为。因此，获取环境信息成为机器人导航系统研究的关键技术之一，环境感知技术包括传感器技术和环境综合建模技术。通常，依据感知环境信息的不同把机器人传感器分为内、外两类传感器。内传感器用来感知机器人自身的状态，从而调整机器人的行动，常用的内传感器有 GPS、陀螺仪、加速度计、里程仪等；外传感器用来获取周围环境信息、障碍物及目标物体的状态特征，使机器人与外部环境之间发生作用，从而使机器人对环境具有自我校正和自我适应能力，目前常用的外部传感器包括机器视觉(CCD 图像传感器和摄像机)、红外传感器、激光测距仪、超声波传感器等。

环境信息综合是对传感器感知到的信息进行综合建模的过程。环境模型的精度很大程度上取决于机器人的定位精度(传感器精度或者滤波算法)，而机器人的定位精度又离不开环

境模型建立的准确度。一个合适的环境模型将有助于机器人对环境的理解，降低规划和决策的计算量，有效地辅助机器人实现导航控制，是感知到认知的重要标志。

2. 路径规划技术

路径规划是室外监控机器人按照某一性能指标搜索一条从当前位置移动到目标位置的最优无碰撞路径。当前，机器人路径规划的研究主要包括以下三种类型：基于环境先验完全信息的路径规划，基于传感器信息的不确定环境的路径规划，基于行为的路径规划。其中，前者为已知条件下的离线全局规划，它的任务是根据全局地图数据库信息规划出自起始点至目标点的一条无碰撞的最优路径，常用的方法包括栅格法、人工势场法等。后两种为局部路径规划方法，主要用于在环境信息完全未知、室外机器人没有任何先验知识的情况下，提高室外机器人的避障能力，常用的方法包括人工势场法、遗传算法、人工神经网络法、模拟退火法、蚁群算法和粒子算法等。

3. 障碍物检测

对于室外监控机器人来说，实现无障碍运动的首要目标是检测出障碍物的位置、速度。目前，常用的传感器有超声波传感器、红外传感器和视觉传感器等。但是，每种传感器都有其局限性。超声波传感器价格便宜，但探测波束角过大、方向性差；红外传感器探测视角小，但无法提供距离信息；视觉传感器容易受光线强弱的影响且图像处理复杂。因此，常常使用多种传感器共同探测障碍物的位置和速度。

4. 运动控制

运动控制是校园自动巡航机器人的导航系统实现其导航功能的最后一个环节。校园自动巡航机器人使用内、外传感器感知到的环境信息，在建立好的环境模型中依据规划的路径（或者依据传感器的信息反应式）控制机器人到达目标位置。常用的方法包括基于路径规划的移动机器人路径跟踪控制和基于传感器–执行器直接映射的运动控制。大量研究表明，后者是一种比较灵活的控制方法。

由于校园自动巡航机器人的导航系统是一个较为复杂的系统，涉及的内容较为广泛，因此本项目只针对环境感知技术和多传感器信息融合技术进行研究。

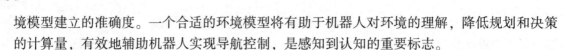

10.2 校园自动巡航机器人的总体方案设计

校园自动巡航机器人是采用计算机远程控制的机器人，通信使用 GSM 通信模块，通过短信的方式发送指令和数据；定位传感器主要以 GPS 模块为主，GPS 模块的有效定位范围在 10 m 以内，可以使用其达到粗定位；使用 OV7620 摄像头获知周边环境，实现精确定位、路径规划、障碍物的判断，摄像头配有专门的数据处理器和实时显示彩屏；机器人控制器采用专门设计的以 32 位处理器 STM32 为核心、16 位 320×240 带有触摸板的彩屏、16 MB 板载 Flash 和 512 KB SRAM 等构建的高性能、高运算能力的控制器；电源采用双电源供电。

10.2.1 系统总体结构和设计框图

校园自动巡航机器人是一种适合在复杂的非结构化环境中工作的自主式移动机器人，按照总体结构和性能指标要求,它具有高度的自规划、自组织、自适应能力。因此,本项目采用基于嵌入式单板计算机(PC 104)的分布式主从控制结构,上位机系统采用 Intel 公司的 CORE2 作为微控制器,主要负责数据融合、任务分解、策略选择制订,以及协调控制各子模块工作等,在实际应用过程中微控制器采用了 Intel Celeron-M 超低功耗 CPU,并以通用的 Microsoft Windows XP 作为运行环境;下位机采用意法半导体公司生产的具有 Cortex-M3 内核的 STM32F103 为微控制器,主要负责数据采集和运动控制。整个实验平台由上位机系统、环境感知子系统、运动控制子系统、监控子系统、人机交互子系统五部分构成,并采用规范化封装的功能模块。当上位机需要某个模块的数据时,子模块直接向上位机提供该模块经过处理以后的数据。系统总体结构如图 10.3 所示。

图 10.3 系统总体结构

本项目的控制部分主要以计算机为主,实现远程自动化控制技术。控制部分主要有计算机、计算机软件、GSM 通信模块及发射天线。执行部分主要是车型机器人,其组成主要包括 GSM 通信模块及发射天线、ARM 处理器、摄像头+数据处理+彩屏显示、GPS 定位模块、电动机驱动和电源部分。系统的总体设计框图如图 10.4 所示。

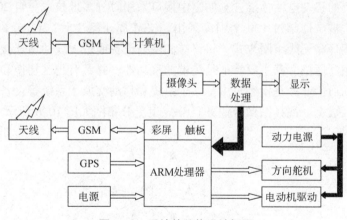

图 10.4 系统的总体设计框图

10.2.2 定位传感器和远程控制的方案设计

1. 定位传感器的方案设计

机器人的工作环境在室外,能良好地接收卫星信号。GPS 定位技术现已成熟地运用在各种定位和导航系统中,因此本项目选用 GPS 模块定位方案。早期的 GPS 是美国军方研制的一种子午仪卫星定位系统,该系统用 5~6 颗卫星组成的星网工作,随着定位精度的需求现已达到 24 颗卫星在互成 120°的三个轨道上实现高精度定位,粗码精度达 100 m,精码精度达 10 m。用户装置由 GPS 接收机和卫星天线组成。GPS 卫星分布图如图 10.5 所示。

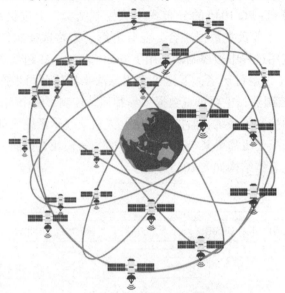

图 10.5　GPS 卫星分布图

2. 远程控制的方案设计

考虑到机器人的移动范围和控制可靠性，本项目选用 GSM 模块作为控制命令和数据的通信系统。GSM 是 Global System for Mobile Communications 的缩写，即全球移动通信系统，是当前应用最广泛的移动电话标准。它的空中接口采用时分多址技术。自 20 世纪 90 年代中期投入商用以来，被全球超过 100 个国家采用。GSM 属于第 2 代（2G）蜂窝移动通信技术。蜂窝移动通信采用蜂窝无线组网方式，将终端和网络设备通过无线通道连接起来，进而实现用户在活动中可相互通信。其主要特征是终端的移动性，并具有越区切换和跨本地网自动漫游功能。蜂窝移动通信业务是指经过由基站子系统和移动交换子系统等设备组成蜂窝移动通信网提供的话音、数据、视频图像等业务。GSM 卫星分布图如图 10.6 所示。

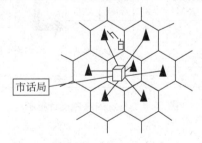

市话局

□ 移动交换中心(MSC)

▲ 基站(BTS)　□ 移动台(MS)

图 10.6　GSM 卫星分布图

10.2.3　周边环境感知传感器的方案设计

图像是包含信息元素最丰富的资源，摄像头将图像转换成计算机能处理的数字信号，本项目选择 OV7620 摄像头作为感知传感器。摄像头利用透镜将前方的景物投影到底部的 CMOS 感光芯片上，通过数字处理芯片将数据写入内部缓存区，由内部控制器通过 SPI 协议或并行传输协议，利用场中断信号 VSYNC、行中断信号 HREF、像素中断信号 PCLK 进行同步数据，场又分为奇场和偶场（由 FODD 信号决定）。OV7620 摄像头内部结构如图 10.7 所示。

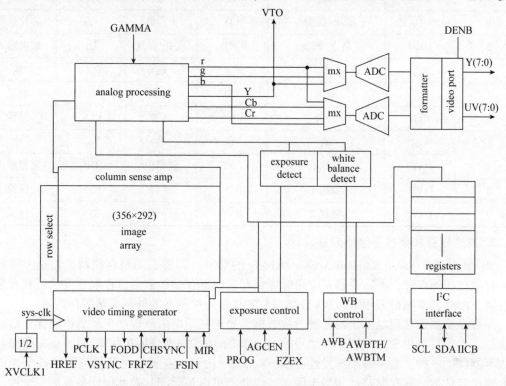

图 10.7　OV7620 摄像头内部结构

10.2.4　控制器的方案设计

1. 人机交互界面的方案设计

本项目使用友信 320×240 像素 16 位 LCD 作为控制器的信息输出，附带电阻触摸屏作为输入设备。LCD 的控制芯片为 SSD1289，它将每个像素的红、绿、蓝三个发光管 256 级灰度的控制转为采用 8080 接口通信的对内部寄存器的操作。16 位彩色分别为 R∶G∶B=5∶6∶5。电阻触摸屏的控制芯片是 ADS7843，它是一个内置 12 位模数转换、低导通电阻模拟开关的串行接口芯片。供电电压 2.7～5 V，参考电压 V_{REF} 为 1 V～$+V_{CC}$，转换电压的输入范围为 0～V_{REF}，最高转换频率为 125 kHz。通过电阻触摸屏的纵横电阻值计算触摸点。

2. 大容量数据存储方案设计

SD 卡是一种基于半导体闪存工艺的存储卡，低速卡通常支持 0～400 kbit/s 数据传输率，采用 SPI 和 1 位 SD 传输模式。高速卡支持 0～100 Mbit/s 数据传输速率，采用 4 位 SD 传输模式；STM32 处理器带有硬件 SDIO 接口，主机模块（SDIO）在 AHB 外设总线和多媒体卡、SD 存储卡、SDIO 卡和 CE-ATA 设备间提供了操作接口。可以实现与多媒体卡系统规格书版本 4.2 全兼容，支持三种不同的数据总线模式。数据和命令输出使能信号，用于控制外部双向驱动器。SD 卡的不同传输模式下的引脚功能如表 10.1 所示。

表 10.1 SD 卡的不同传输模式下的引脚功能

引脚	4 位 SD 传输模式		1 位 SD 传输模式		SPI 传输模式	
	名称	描述	名称	描述	名称	描述
1	CD/DAT3	卡检测/数据位 3	CD	卡检测	CS	芯片选择
2	CMD	命令/回复	CMD	命令/回复	DI	数据输入
3	V_{SS1}	地	V_{SS1}	地	V_{SS1}	地
4	V_{CC}	电源	V_{CC}	电源	V_{CC}	电源
5	CLK	时钟	CLK	时钟	CLK	时钟
6	V_{SS2}	地	V_{SS2}	地	V_{SS2}	地
7	DAT0	数据 0	DAT	数据位	DO	数据输出
8	DAT1	数据 1	RSV	保留	RSV	保留
9	DAT2	数据 2	RSV	保留	RSV	保留

3. 高速缓存和参数存储器方案设计

SRAM 是英文 Static Random Access Memory 的缩写，即静态随机存储器。它是一种具有静止存取功能的内存，不需要刷新电路即能保存它内部存储的数据，存取速度快且具有较高的性能。因此，本项目采用 IS61WV5128ALL 芯片作为控制器的外部高速缓存。

参数存储器负责记录系统的各种参数数据，要求在断电后或程序更新后也能保证数据的安全性，本项目采用 SST39 VF640 型号的 16 MB 的 16 位片外 Flash 存储器。Flash 存储器属于闪存器件的一种，是一种不挥发性（Non-Volatile）内存；在没有电流供应的条件下也能够长久地保持数据，其存储特性相当于硬盘。因此，可以长时间有效地保证参数的安全性。

4. 大容量数据存储器的存取方案设计

本项目的大容量数据存储设备选用 SD 卡，SD 卡是通用的媒体存储卡，其具有容量大、方便携带和通用性强等特点。为了方便文件和数据在计算机上调试，本项目采用和计算机通用的存取方式，即 FatFs 文件系统。图 10.8 为通过 FatFs 文件系统访问 SD 卡的结构。文件系统是操作系统用于明确磁盘或分区上的文件的方法和数据结构。计算机将信息保存在硬盘上称为"簇"的区域内。使用的簇越小，保存信息的效率就越高。FAT32 文件系统由于采用了更小的簇，因此可以更有效率地保存信息。FatFs 文件系统是一个通用的文件系统模块，用于在小型嵌入式系统中实现 FAT 文件系统。FatFs 的编写遵循 ANSI C，因此不依赖于硬件平台，可以方便地移植到便宜的微控制器中，如 8051、PIC、AVR、SH、Z80、H8、ARM 等，不需要作任何修改。

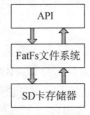

图 10.8 通过 FatFs 文件系统访问 SD 卡的结构

10.2.5 数据处理器的方案设计

图像数据为100×100的二维数组数据。每个像素数据以0~255的灰度值表示，在分析和处理中计算量较大，因此本项目采用单独的一片STM32芯片来处理，数据分析处理后将机器人要执行的命令通过串口的方式发送给核心控制器，并将图像实时显示到128×160像素的显示器上，显示器选用GYTF018M1B0M。数据处理器方案结构如图10.9所示。

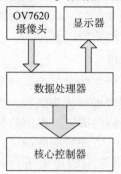

图10.9 数据处理器方案结构

10.2.6 电动机控制的方案设计

机器人的动力由直流电动机提供，直流电动机调速主要是对其平均功率的调节，本项目采用PWM波技术，通过改变PWM波的占空比调节电动机的平均功率达到调速效果。STM32单片机内置PWM硬件外设，通过对相关寄存器的配置即可输出符合要求的PWM波信号。驱动采用全桥MOS管控制，将PWM信号放大后驱动电动机。电动机驱动控制方案如图10.10所示。

图10.10 电动机驱动控制方案

10.2.7 系统供电的方案设计

本项目系统采用双电源供电。由于处理器对电源的要求较高，而电动机对电源的干扰又较大，因此一般的稳压电路和滤波电路不能达到要求。双电源采用一个6 V的铅酸电池，其容量大、鲁棒性强，用作电动机的动力电源，主要负责给电动机提供电能；一个7.4 V的锂电池，其体积小、电压稳定，主要负责给主控制器、数据处理器及各种传感器等电源要求比较高的系统供电。双电源供电方案如图10.11所示。

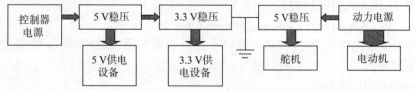

图10.11 双电源供电方案

10.3 校园自动巡航机器人的硬件设计

10.3.1 机械结构的数学建模

在机器人的设计中机械结构是最基础的，从车模的选型到电动机的安装，再到转向舵机的改装，都是关系到后期机器人性能的重要因素。

1. OV7620 的安装设计和数学建模

在机器人的硬件设计中，摄像头的安装对于后期的图像处理和机器人稳定工作起着至关重要的作用。在摄像头的固定中，要考虑摄像头的稳定性和前瞻性。要使摄像头坚固稳定，首先要有坚固的支架，采用螺母进行刚性固定，再用热熔胶加固，增强支架的柔软性。摄像头的固定采用倾斜角可调的结构设计，方便后期的调试。

摄像头安装固定好之后，要对摄像头的角度进行调整。摄像头支架的数学建模如图 10.12 所示。摄像头的中心线与路面交于点 O，摄像头的最远前瞻投影在路面上的点 A，最近瞻投影在路面上的点 B，AB 的距离即是摄像头拍摄的范围。AB 的距离越大，机器人的预知能力越强，但分辨率越小；AB 的距离越小，机器人的分辨率就越高，但预知能力就会下降。因此在机器人设计中，应根据实际路况选择具体的平衡点。

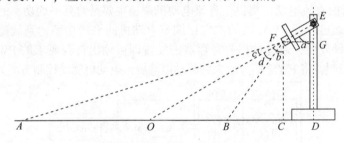

图 10.12 摄像头支架的数学建模

由 $\angle a = \angle b$（平行线等位角相等），$\angle c = \angle d$（角平分线分得的两角相等）得：

$$AC = FC\tan(b + c)$$
$$BC = FC\tan(b - d)$$
$$AB = AC - BC$$

则有：

$$AB = FC\left[\tan(b + c) - \tan(b - d)\right] \tag{10.1}$$

再由 $FC = GD = ED - EG$ 得：

$$FC = ED - FE\cos a \tag{10.2}$$

将式（10.2）代入式（10.1）得：

$$AB = (ED - FE\cos a)\left[\tan(a + e/2) - \tan(a - e/2)\right] \tag{10.3}$$

式中，ED 为摄像头支架的高度；FE 为旋转支点到摄像头透镜的距离；a 为摄像头的俯角；e 为摄像头的广角。

2. 转向舵机的安装设计

舵机摆杆是将舵机的旋转运动转换成横摆运动的一种机构。在前轮转向的机器人小车里，通过舵机摆杆将舵机转矩传递到前轮上面的横杆，实现轮子的左右转动，从而实现转向。转向在机器人的运行中至关重要，而摆杆的设计直接关系到转向灵敏度。舵机转矩的计算公式如下：

$$舵机转矩 = 舵机摆杆作用力 \times 摆杆长度 \qquad (10.4)$$

通过式（10.4）可以得出：摆杆作用力越大，反应越灵敏，转向速度越快。而转矩一定时，摆杆越长，作用力就越小，所以摆杆又不能太长。经过试验，我们发现舵机摆杆的长度在 60 mm 左右比较合适。同时，最终的转向机构还应该尽量符合阿克曼转向原理，依据阿克曼转向几何设计的车辆，沿着弯道转弯时，利用四连杆的相等曲柄使内侧轮的转向角比外侧轮大 2°～4°，使四个轮子路径的圆心大致上交会于后轴的延长线上瞬时转向中心，这样可以使车辆在过弯时转向轮处于纯滚动状态，减少过弯时的阻力，减小轮胎的磨损。阿克曼转向原理如图 10.13 所示。

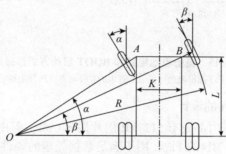

图 10.13 阿克曼转向原理

10.3.2 核心控制器的设计

本项目控制器以 STM32F103ZET6 为核心处理器，通过 FSMC 外扩 512 KB SRAM、8 MB Flash、SD 卡的卡槽、触摸屏接口和 USB Device 等硬件资源，引出 1 路 UART 串口通信、4 路 PWM 输出、3 路输入和若干 I/O 控制引脚。为了增强控制器的前瞻性设计，还增加了 3 路 AD 和 1 个 TL431 硬件资源用来为温度传感器的 AD 测量提供基准。另外，板子上方还设计了 2 只颜色不同的 LED 方便程序的调试。

1. MCU 主控芯片的设计

控制器的处理器采用 ST 公司的 STM32F103ZET6 增强版高存储芯片，外围元件包括高频振荡电路、低频振荡电路、备份电源电路和 BOOT 启动方式选择电路。高频振荡电路由电阻 R6、晶振 Y2 和两个起振电容 C17 和 C18，接至芯片的 23 脚和 24 脚高频通道；低频振荡电路由晶振 Y1 和两个起振电容 C15 和 C16 组成，接至芯片的 8 脚和 9 脚。如图 10.14 所示。

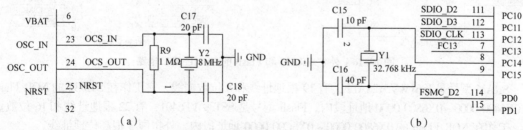

图 10.14 高频振荡电路与低频振荡电路
(a)高频振荡电路；(b)低频振荡电路

STM32F103ZET6 处理器内部设有 42 个 16 位的备份寄存器，可用来存储 84 个字节的用户应用程序数据。它们处在备份域里，当 V_{DD} 电源被切断时，仍然由 VBAT 维持供电。当系统在待机模式下被唤醒，或系统复位或电源复位时，它们也不会被复位。备份电池电路如图 10.15(a)所示，由单相保护二极管 VD1、VD2 和纽扣电池座 BAT 组成。BOOT 启动方式选择电路如图 10.15(b)所示，由上拉电阻 R13、R15 和短路帽 BOOT 组成。BOOT1、BOOT0 用来选择启动方式，二者分别设置成 0、0 时为内部 Flash 启动。

图 10.15　备份电池电路和 BOOT 启动方式选择电路

(a)备份电池电路；(b)BOOT 启动方式选择电路

2. 片外 SRAM 和 Flash 的设计

STM32F103ZET6 处理器内部设有 512 KB 的片内 SRAM，但由于数据量比较大，因此外扩一 512 KB 的 SRAM 和 16 MB 的 Flash 用于满足数据处理的硬件需求，外扩 SRAM 和 Flash 的 FSMC 接口电路如图 10.10 所示。

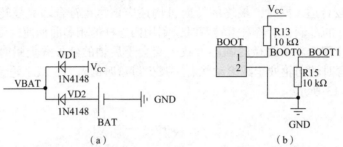

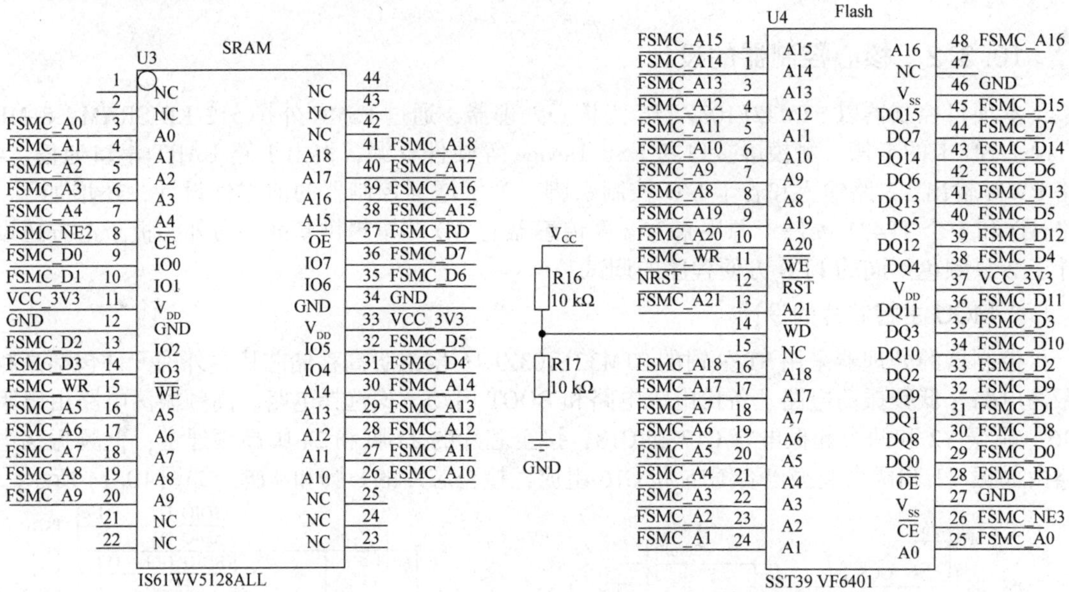

图 10.16　外扩 SRAM 和 Flash 的 FSMC 接口电路

SRAM 型号是 IS61WV5128ALL，有 19 根地址线和 8 位数据线，它工作在 STM32 的 NOR Flash 的 0X6400 0000 ～ 0X6800 0000 地址段内。Flash 型号是 SST39 VF6401，有 22 根地址线和 16 位数据线，工作在 NOR Flash 的 0X6800 0000 ～ 0X6C00 0000 地址段内，外扩展 3 根高位地址线。

3. SD 卡与 LCD 接口设计

控制器外置 SD 卡的卡槽用来通过文件系统对地图背景图片及系统文件进行存储，接口采用 SD 模式 4 线高速模式，最高可达到 100 Mbit/s。SD 卡与 LCD 接口电路由上拉电阻 R8 ~ R12 和 R24，以及卡槽组成，如图 10.17 所示。LCD 显示同样采用 FSMC 接口，控制器上采用带电阻触摸板的显示器，触摸板采用 SPI 通信与处理器进行数据交换。接口包括 16 位数据线和 5 位控制线，用一路 PWM 波控制屏幕背光亮度。SPI 包括 1 根中断线和 4 根通用通信线。

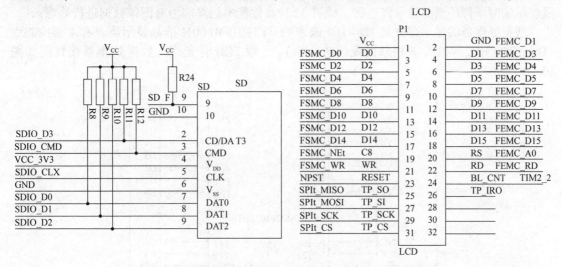

图 10.17　SD 卡与 LCD 接口电路

4. PCB 的设计和布局

PCB 本着美观、紧凑、简介的原则布线，垂直走线优先考虑，尽可能减少分布电容的存在和线与线之间的干扰问题。板子尺寸和显示器的尺寸一致，四角的螺孔完美地将屏幕和主板衔接为一体，最后由制造商加工为成品进行焊接调试。控制器主板 PCB 示意图如图 10.18 所示。

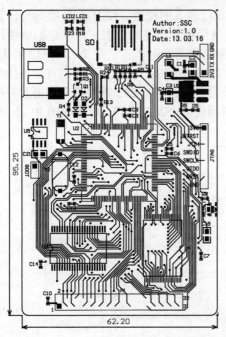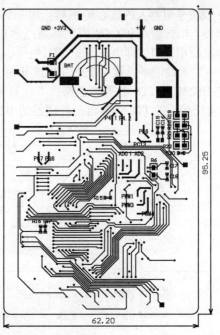

图 10.18　控制器主板 PCB 示意图

10.3.3　数据处理器的设计

数据处理器的 MCU 同样采用以 STM32F103ZET6 为核心的最小系统板，板上有 3.3 V 稳压电路、一个 USB 供电接口和一个 JTAG 接口，所有引脚引出。通过它将摄像头和主控制器及显示实时图像的液晶显示屏连接。凭着 32 位高性能的运算能力对图像数据进行处理。

数据处理器的显示部分是 128×160 像素的 GYTF018M1B0M 液晶显示屏，有 4 根控制线（CS、RS、RD、WR）；8 根数据线（D7～D0）；1 根 LED 背光线。数据处理器接线图如图 10.19 所示。

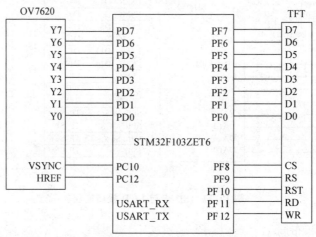

图 10.19　数据处理器接线图

10.3.4　GPS 模块及 GSM 模块接口电路的设计

GPS 模块是机器人的核心传感器，用来感知机器人的位置。GSM 为机器人与计算机唯一的通信部件。GPS 模块和 GSM 模块都通过串口通信和外界进行数据交换，它们所使用的接口都是计算机通用接口，即电平不是 TTL 电平，而是负逻辑电平，它定义+5～+12 V 为低电平，而−12～−5 V 为高电平，这对于单片机或其他 TTL 电平的接口来说是不可以直接连接的，因此需要一个 RS232 转 TTL 电平的电路。本项目采用专门的 MAX232 转换电路，芯片外部只需用4 只电容将转换后的 TTL 信号再与处理器的串口相连。RS232 转 TTL 电路如图 10.20 所示。

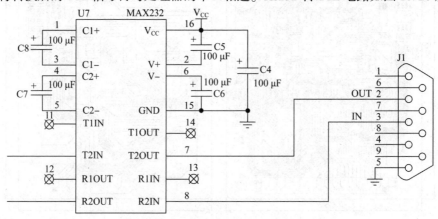

图 10.20　RS232 转 TTL 电路

10.3.5　电动机驱动的设计

由于机器人体积庞大，因此电动机需要一定的功率驱动，电动机驱动电路关系到机器人加减速和上坡的性能。本项目采用 H 桥 NMOS 管全桥驱动，电路如图 10.21 所示，主要由 VT1、VT2、VT3、VT4 和 VD1、VD2、VD3、VD4 组成。当 VT1、VT4 导通，VT2、VT3 截止时，电动机正转；VT2、VT3 导通，VT1、VT4 截止时，电动机反转。在设计中不可出现 VT1、VT2 或 VT3、VT4 同时导通，否则将造成电源短路。

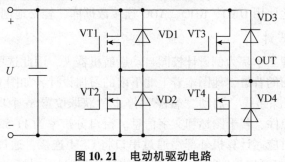

图 10.21　电动机驱动电路

10.3.6　双电源设计

由于 GPS、GSM、摄像头、液晶屏等对电源要求比较高，为了防止电动机和转向舵机等大电流器件对电源造成的不可预测的干扰问题，本项目采用双电源供电，分别为 7.4 V 的控制器电源和 6 V 的动力电源。双电源控制电路如图 10.22 所示，在输出级使电源共地，这样可以最有效地抑制文波干扰。

常用的三端稳压集成电路有正电压输出的 78×× 系列和负电压输出的 79×× 系列，本项目用的是 7805、1117-3.3 V。三端 IC 是指这种芯片只有 3 根引脚，分别是输入端、接地端和输出端。用 78/79 系列芯片组成的稳压电源所需的外围元件很少，芯片内部有过流、过热及调整管的保护电路，使用起来可靠、方便。三端集成稳压电路的最小输入/输出电压差约为 2 V，如果输入电压小于输出电压加上此值则不能输出稳定的电压。一般地，应使电压差保持在 3~5 V，即输入电压较输出电压大 3~5 V。本项目输入电压为 7.4 V 锂电池，一级降压输出 5 V，二级降压输出 3.3 V。在实际应用中，应根据所用的功率大小，在三端集成稳压芯片上安装散热良好的散热片。

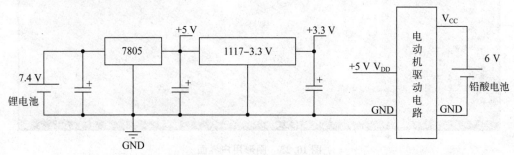

图 10.22　双电源控制电路

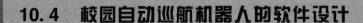

10.4 校园自动巡航机器人的软件设计

10.4.1 下位机软件的设计

校园自动巡航机器人的监控软件采用 VB 编写，VB 拥有图形用户界面和快速应用程序开发系统，可以轻易地使用 DAO、RDO、ADO 连接数据库，轻松地创建 ActiveX 控件。

1. 图形用户界面设计

本项目是以常熟理工学院为例设计校园自动巡航机器人，因此选用常熟理工学院的二维平面地图为上位机界面的背景，地图本着上北下南的习惯设计，如图 10.23 所示。其中界面包括："打开串口""清除路线""启动""暂停""停止""获取位置"6 个功能按钮，以及 1 个定时器、1 个 MSComm 控件、若干图标和文字信息。窗口分辨率为 11 520×18 495 像素，其像素与实际经纬度一一对应。计算机外部需通过串口将 GSM 连接，通过文本框输入选择串口号，如正常连接单击"打开串口"按钮，显示"成功打开"并显示绿灯，表示串口已成功连接，可以正常工作。此时单击"获取位置"按钮，软件将通过 GSM 发送"获取位置"指令给机器人，机器人接收到指令后开始将接收到的 GPS 信号返回给计算机，计算机收到后会在地图上显示当前位置，此时移动鼠标单击屏幕上的白色区域就可设置路线；单击"启动"按钮，机器人会沿着设定的路线开始巡航，巡航过程中地图上会实时地显示机器人的具体位置，此时可以单击"暂停"和"停止"按钮，使机器人暂停或停止巡航。

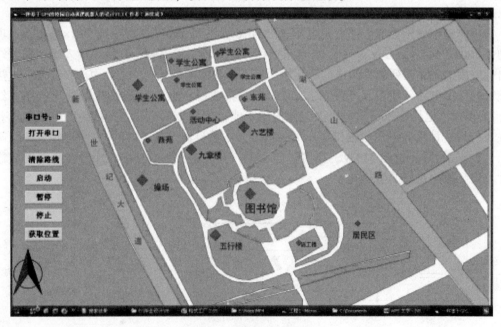

图 10.23　图形用户界面

2. 主要控件的程序实现

本项目的启动控件为下位机的主要控件，它将预先设置好的路线通过 GSM 发送给机器人并让机器人开始运行。计算机是多线程执行方式，因此设计了一个500 ms 的定时器，即500 ms 轮询一次，检查有无 GPS 信号返回，如果返回数据有效就调用转换函数，将经纬度信号转换成像素坐标信号，然后通过图形用户界面控制使下位机兼当上位机，在界面上实时地显示机器人的位置。启动控件程序流程如图 10.24 所示。

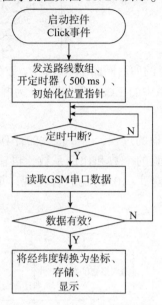

图 10.24 启动控件程序流程

10.4.2 曲线拟合系数的计算

1. 拟合的原理

通过地图绘制软件获知校园四周的坐标，代码如下：

```
(120.762767190887, 31.5937313510495)(0, 0)Label "Pt 1";
(120.778091011053, 31.5937266811291)(1280, 0)Label "Pt 2";
(120.778095027456, 31.5837756121138)(1280, 976)Label "Pt 3";
(120.762759589362, 31.5837686107933)(0, 976)Label "Pt 4";
```

通过公式 $X = N\cos B\cos L$；$Y = N\cos B\sin L$；$Z = N(1-e^2)\sin B$（其中 $N = a/\omega$）可以计算出在地图像素中 X，Y 的坐标，但是由于 GPS 模块的误差，接收的结果存在偏差。实验表明，返回的数据需要通过最小二乘法曲线拟合系数对数据进行补偿。最小二乘法进行曲线拟合的思想就是使计算结果与实际结果误差的平方和最小：

$$\begin{cases} a\sum_{i=1}^{n} Q_i^0 + b\sum_{i=1}^{n} Q_i^1 + c\sum_{i=1}^{n} Q_i^2 = \sum_{i=1}^{n} p_i Q_i^0 \\ a\sum_{i=1}^{n} Q_i^1 + b\sum_{i=1}^{n} Q_i^2 + c\sum_{i=1}^{n} Q_i^3 = \sum_{i=1}^{n} p_i Q_i^1 \Rightarrow \\ a\sum_{i=1}^{n} Q_i^2 + b\sum_{i=1}^{n} Q_i^3 + c\sum_{i=1}^{n} Q_i^4 = \sum_{i=1}^{n} p_i Q_i^2 \end{cases} \begin{cases} \dfrac{\partial\varphi}{\partial a_0} = -2\sum_{i=1}^{n}(Y_i - a_0 - a_1 X_i) = 0 \\ \dfrac{\partial\varphi}{\partial a_1} = -2X_i\sum_{i=1}^{n}(Y_i - a_0 - a_1 X_i) = 0 \end{cases}$$

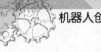
$$\Rightarrow \begin{cases} \alpha = \dfrac{\sum\limits_{i=1}^{n} Y_i}{n} - \dfrac{\beta \sum\limits_{i=1}^{n} X_i}{n} \\ \beta = \dfrac{n\sum\limits_{i=1}^{n} X_i Y_i - \sum\limits_{i=1}^{n} X_i \sum\limits_{i=1}^{n} Y_i}{n\sum\limits_{i=1}^{n} X_i^2 - \left(\sum\limits_{i=1}^{n} X_i\right)^2} \end{cases} \tag{10.5}$$

以上是经纬度转化，N 为该点的卯酉圈曲率半径，B、L 分别为大地坐标系中的大地纬度、大地经度，X、Y、Z 为大地坐标系中的三维直角坐标，e 为椭球之长半轴，a 为椭球长半径。

2. 程序的实现

由式(10.5)知，计算是个烦琐的过程，需要很大的计算量。本项目使用 Visual C++程序编写辅助计算程序，开始需要实验的个数和比例系数，再输入所有的实验数据，按〈Enter〉键即可计算出结果，程序主要是对式(10.5)的软件实现。最小二乘法拟合系数计算程序流程如图 10.25 所示。

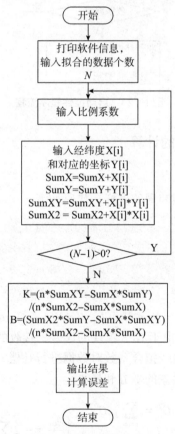

图 10.25 最小二乘法拟合系数计算程序流程

3. 计算结果的验证

实验中的一组数据运行结果如图 10.26 所示，计算出了斜率 K 和分量 B，下面还列出了通过拟合后的系数反运算得到的结果和误差。可以观察到，误差在十万分之一以下。

图 10.26　最小二乘法拟合系数的计算

为了更直观地观察拟合后系数的准确性，我们通过 C++的 MFC 界面设计的 Pen 绘出了像素坐标和经纬度坐标的对应关系，如图 10.27 所示。

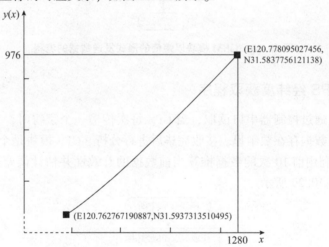

图 10.27　像素坐标和经纬度坐标的对应关系

10.4.3　GSM 通信程序的设计

GSM 模块通过串口发送短信的方式发送经纬度，它采用 AT 指令集。首先发送"AT \ 0"等待 1 s，响应 OK；发送"AT+CMGF＝1 \ 0"等待 1 s，响应 OK；发送字符指令"AT+CSCS＝"GSM" \ 0"等待 1 s，响应 OK；发送"AT+CSMP＝17，168，0，0 \ 0"等待 1 s，响应 OK；发送接收号码"AT+CMGS＝"+8615606239116" \ 0"等待 1 s，响应">"符号；发送短信内容；发送 0x1A 即发送字符 ctrl+z。单片机发送短信就是用串口方式发送上述指令，每一条指令单独发送，发送后延时 1 s，等待 GSM 响应，每条语句发三遍，以确保发送到。应该注意的是如果发送响应错误，需要从头开始发送。GSM 模块以短信的形式发送数据的流程如图 10.28 所示。

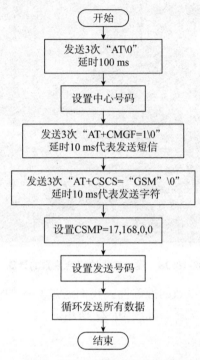

图 10.28　GSM 模块以短信的形式发送数据的流程

10.4.4　GPS 经纬度获取程序

GPS 经纬度是通过控制器串口读取，当 GPS 每次传输一个字符时，处理器会产生一个中断，在中断中将数据存在数组里，接收完毕后进行分析。GPS 模块是个慢速设备，大约 1 s 返回一次数据，利用前 10 次的数据推算当前数据的有效性并估计误差进行修正。GPS 获取经纬度流程如图 10.29 所示。

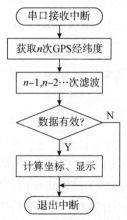

图 10.29　GPS 获取经纬度流程

10.4.5　OV7620 图像采集程序

本项目主要用到 OV7620 的场中断、行中断和 8 位数据线，场中断到来标志一帧图片的开始，行中断到来标志着一行的开始，OV7620 通信时序图如图 10.30 所示。在程序中可以通过检测场中断对行计数清除，即复位到图像的首行；行中断用来清除像素计数变量，即复位到图像某行的开始，在行中断中通过开始延时选择从图像的哪一列开始，像素取值之间的延时用来决定是逐点读取还是隔点读取。摄像头采集流程如图 10.31 所示。

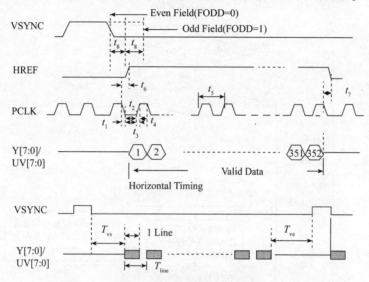

图 10.30　OV7620 的通信时序图

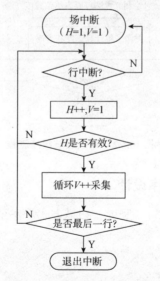

图 10.31　摄像头采集流程

10.4.6　机器人系统巡航程序设计

规划好的路线由 GSM 接收到后，保存在结构体数组 POS[100]中，结构类型为 typedef

struct{u8 b，u8 x；u8 y}POS_TypeDef，其中 b 表示是否经过此点，x、y 分别代表机器人要转弯路口的坐标。控制器逐个读取并到达，到达后将标志位 b 置"1"。程序由一个 while 循环体构成，循环条件是 Loop=1；在循环中如果收到暂停或停止信号，则使 Loop=0 退出循环，退出函数调用。在循环体内不断检测有无 GPS 信号数据返回，如果有则判断是否已到达，如果没有到达，则通过调用转换函数得到像素坐标值，显示在 LCD 上并发送给计算机。系统巡航程序流程如图 10.32 所示。

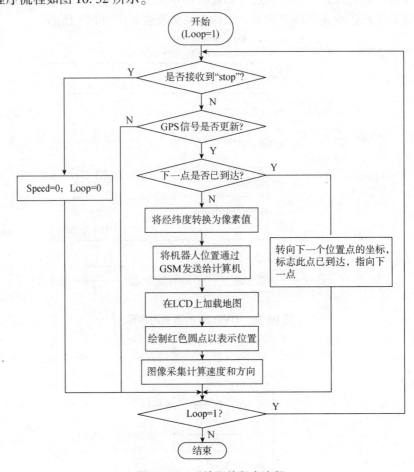

图 10.32　系统巡航程序流程

10.4.7　LCD 初始化程序设计

LCD 初始化成 16 位(5∶6∶5)，竖屏，扫描方式从左至右、从上往下。
关键代码如下：

```
void LCD_init(void)
{
    u16 num;
    LCD_RST(0); delayms(1); LCD_RST(1);
    Reg_Write(0x0001, 0x0002);　 //MODE_SEL1
```

```
Reg_Write(0x0002, 0x0012);    //MODE_SEL2
Reg_Write(0x0003, 0x0000);    //MODE_SEL3
Reg_Write(0x0004, 0x0010);    //MODE_SEL3

LCD_SetRamAddr(0, 127, 0, 159);
for(num=20480; num>0; num--)
LCD_Write_Data16(0xffff);
Reg_Write(0x0005, 0x0008);    //VCO_MODE
Reg_Write(0x0007, 0x007f);    //VCOMHT_CTRL
Reg_Write(0x0008, 0x0017);    //VCOMLT_CTRL
Reg_Write(0x0009, 0x0000);    //write SRAM window start X point
Reg_Write(0x0010, 0x0000);    //write SRAM window start y point
Reg_Write(0x0011, 0x0083);    //write SRAM window end x point
Reg_Write(0x0012, 0x009f);    //write SRAM window end y point
Reg_Write(0x0018, 0x0000);    //SRAM x position
Reg_Write(0x0019, 0x0000);    //SRAM y position
Reg_Write(0x0017, 0x0000);    //SRAM contrl
Reg_Write(0x0006, 0x00c5);    //DAC_OP_CTRL2
delayms(10);                  //延时
}
```

10.5 校园自动巡航机器人的调试

10.5.1 机器人实物图

本项目机器人外形紧凑、简介、美观，如图 10.33 所示。

图 10.33 校园自动巡航机器人实物图

控制器经原理图设计，PCB 布局、制作和焊接调试，以及控制器程序编写调试完成，实物图如图 10.34 所示。

图 10.34　控制器实物图

机器人内部由 GPS 模块、摄像头数据处理器、显示器、稳压板、控制器、电动机驱动组成，实物图如图 10.35 所示。

图 10.35　机器人内部实物图

10.5.2　摄像头的标定

在使用摄像头作为传感器时，摄像头的标定是一项非常重要的环节，它直接影响到后期的图像处理和控制。摄像头安装固定好之后，要对其进行标定，将预先绘制好的标定板放在机器人前方，观察显示器上显示的图像是否为左右对称、前瞻是否足够，如果不能达到要求，则对摄像头支架进行调整，直到满足要求，将摄像头支架上的活动螺母拧紧固定。摄像头的标定如图 10.36 所示。

图 10.36　摄像头的标定

10.5.3　图像的二值化

二值化的原理就是设有一个基准值 H0，灰度值大于它的像素为 1（或 0），小于它的为 0（或 1），这样就使整幅图片数据变成了像素点上有无数据的一个二维数组。基准值 H0 的选择需要特别注意，值选得太大则会将有效信息掩盖掉，太小则不能有效地将无效信号滤除，在机器人运行过程中光线的强弱也不能保证，因此固定的阈值不能达到本项目的要求。为此，本项目选用动态阈值的方案，先计算出图像的灰度直方图，以直方图中权值大的作为基准值。图 10.37 为摄像头采集的实时图像。图 10.38 是对图 10.37 的数据进行计算的灰度直方图，可以明显地看出灰度范围在 135～155 之间的像素的权值最大，因此选用 145（135～155 之间的值）。

图 10.37　摄像头采集的实时图像

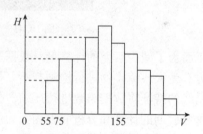

图 10.38　灰度直方图

实验对比证明，动态阈值滤波后的二值化图像要比固定阈值处理后的图像质量好很多，如图 10.39 和图 10.40 所示。

图 10.39　固定阈值处理后的图像数据

图 10.40　动态阈值滤波后的二值化图像数据

对二值化后的数据继续处理，由于二值化后的数据比较杂乱，不方便图像的识别和判断，因此作杂块滤波处理，将微小的像素块滤除。滤除采用周围像素检测算法，将杂块区放大，计算相同像素的个数，如低于某个值就将其舍掉，处理后效果很好，如图 10.41 所示。

图 10.41　将微小杂块滤波后的图像

下面为了减少后期的计算量对数据进行压缩处理，在巡航状态下，机器人的摄像头主要对前方有无人或障碍物进行检测判断。机器人的路线选择为马路右侧的白色斑马线，通过白色斑马线的特征将数据维数进行压缩，但不可将有效信息滤除，压缩后的图像如图 10.42 所示，这对后期的计算和分析有着相当大的帮助。

接下来对斑马线进行形状分析和距离估测，判断机器人是否到达 GPS 指定的转弯点的范围内，并保持机器人始终沿着路右侧行驶，切不可闯入马路中央。有效区域的选择如图 10.43 所示。

图 10.42　压缩后的图像

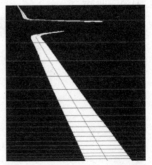

图 10.43　有效区域的选择

10.5.4　机器人现场调试

机器人在正常巡航状态时将 GPS 信号实时地返回计算机，通过上位机监控机器人的位置，机器人沿着马路右边作待命巡逻。机器人在执行巡航作业如图 10.44 所示。

图 10.44　机器人在执行巡航作业

巡航中的机器人遇到行人挡住行进方向并达到一定的安全距离时，机器人停止。机器人遇到前方有行人如图 10.45 所示，机器人图像数据显示屏上显示的信息如图 10.46 所示。

图 10.45　机器人遇到前方有行人

图 10.46　机器人图像数据显示屏上显示的信息

第 11 章
餐厅服务机器人

自 20 世纪 80 年代中期以来，机器人已逐渐从工厂的结构化生产环境进入大众的日常生活当中。在医院、餐厅、家庭中，都能够见到各种智能机器人的身影。机器人的广泛应用给人们的生产生活带来了极大的便利。越来越多的企业家将目光投向了机器人这一新兴事物。可以预见，在不远的将来，高智能而价格低廉的服务型机器人将和大众的日常生活紧密结合。餐厅服务机器人的应用，在减少餐厅人力成本支出的同时，也带来了令人耳目一新的高科技体验。因此，设计一种市场前景良好、实用性强的餐厅服务机器人是符合目前发展要求的。

11.1 研究背景与意义

劳动力的结构性短缺导致餐厅的人力成本支出越来越高。如果能用机器人代替一部分服务员点菜、送餐、结账，不但能提高服务的效率，降低劳动力成本，更能建立独特的餐厅特色，吸引消费者，实现成本与效益的最优化。

目前餐厅服务机器人普遍价位偏高，工作效率偏低，不能够真正带来可观的经济效益。在此背景下，设计一种性价比高、实用性强且易于操作的餐厅服务机器人具有重要意义。

尽管餐厅机器人的性能不断得到改进，越来越人性化，但通过调查研究发现，依然有许多问题阻碍着它的发展。

1) 环境适应能力较差。在实验室环境中，餐厅服务机器人的巡线能力和语音识别功能都表现良好。但实际上，餐厅嘈杂的环境严重干扰机器人的语音识别功能，餐厅人员的走动也会对机器人的巡线和定位功能造成影响。

2) 用户体验有待提高。时下的送餐机器人大多无法将饭菜和汤水平稳送到客人桌上，因此只能将食物端至餐桌并要求顾客自取。机器人与顾客之间的互动还处于非常初级的阶段，使多次光临的顾客难以产生新鲜感。

3) 维护成本高。目前，使用机器人的餐厅都需要面临运营成本高、利润回收慢等问题。机器人的充电与维修都需要耗费相当多的人力物力。尤其是维修，目前只有少数专业人员能够做到，这就直接导致机器人餐厅的实际运营成本比普通人力餐厅高出许多。

2016 年 5 月，广东省梅州市一家餐厅引进智能送餐机器人。这款机器人既能站在门口迎接客人，也能把菜定点送到客人的座位上，还会说上百种预设的服务用语。图 11.1 为梅州餐厅引进的智能送餐机器人，图11.2为本项目设计的餐厅服务机器人。

图11.1　梅州餐厅引进的智能送餐机器人　　图11.2　本项目设计的餐厅服务机器人

11.2　餐厅服务机器人的总体方案设计

11.2.1　功能介绍

本项目设计的机器人主要起到引导及接收服务请求的作用（主要是点餐及买单），当没有收到客人的服务请求时，在指定位置接待客人并将其送至空桌；当有客人的服务请求时，通过前端装设的一排7个灰度传感器巡线，到达餐桌进行服务。前进过程中，避障传感器检测到障碍时停止等待。机器人的呼叫功能由桌面设置的按钮及蓝牙通信模块实现。点餐功能通过触摸屏实现，点餐结束后将点餐信息通过无线方式发送给计算机，最后结账时结算出需付金额，显示给客人，并提供二维码供客人买单。51单片机驱动16×16点阵显示屏来显示桌面号，驱动32×16点阵显示屏显示机器人表情。

11.2.2　总体结构设计

本项目以STM32单片机为核心控制器，控制LCD触摸屏模块、无线通信模块、电动机驱动模块、巡线模块、红外避障模块及蓝牙主机模块。51单片机辅助实现机器人表情显示、餐桌号显示及桌面上蓝牙从机模块的控制。机器人总体结构设计如表11.1所示。

表11.1　餐厅服务机器人总体结构设计

机器人结构	控制器	功能模块
机器人头部	51单片机	32×16点阵显示屏
机器人背部	STM32（1）	LCD触摸屏模块
		无线通信模块

续表

机器人结构	控制器	功能模块
机器人底盘	STM32(2)	电动机驱动模块
		巡线模块
		红外避障模块
		蓝牙主机模块

11.2.3 控制器方案设计

本项目采用 STM32F103ZET6 微控制器作为系统的主控制器，STM32F103ZET6 共有 144 个引脚，Flash 存储器为 512 KB，用于存放程序和数据，内置 SRAM 达到 64 KB，属于大容量产品。4 个基本外设分别是 GPIO、外部中断、定时器、比较器。含 4 个通用定时器，2 个基本定时器、2 个高级控制定时器，工作电压为 2.0 ~ 3.6 V。内嵌 3 个 12 位的 ADC，每个 ADC 共用多达 21 个外部通道。STM32 目前支持的中断有 84 个，包括 16 个内核中断，68 个外部中断。本项目使用的 STM32 开发板如图 11.3 所示。

图 11.3　本项目使用的 STM32 开发板

11.2.4 运动方案设计

基础硬件的设计包括电动机与轮子的选型，需要考虑扭矩、移动速度等诸多因素。本项目机器人重约 20 kg，移动速度约为 0.7 m/s。电动机的选择参考了其他量级相近的机器人的设计，经参数比较后选用 A58SW-555 直流减速电动机。其工作电压为 24 V，额定负载下的转速为 135 r/min，具体参数如表 11.2 所示。

表 11.2　电动机参数

型号	速比	电压/V	空载		额定负载				堵转	
			转速/(r·min⁻¹)	电流/A	转速/(r·min⁻¹)	电流/A	扭矩/(N·m)	功率/W	扭矩/(N·m)	电流/A
A58SW-555	50	24	160	0.4	135	2	186.2	28	490	7

　　轮子的选择除了要考虑上述的扭矩与速度之外，还要考虑其本身的强度。本项目使用的轮子最大承重 25 kg，外径为 125 mm，具体参数如表 11.3 所示。

表 11.3　轮子参数

参数	轮子外径 D/mm	轮子内孔直径 d/mm	轮子宽度 W_1/mm	轮子总宽度 W_2/mm	联轴器直径 D_1/mm
图示					
数值	125	10	24	43	10

1. 电动机驱动方案设计

　　电动机驱动芯片采用 IR2104，接受 STM32 单片机输出的 PWM 信号实现机器人的移动。专有 HVIC 和锁存免疫 CMOS 技术使坚固耐用的单片式结构逻辑输入与标准 CMOS 或 LSTTL 输出下降到 3.3 V。IR2104 实物图如图 11.4(a) 所示，引脚图如图 11.4(b) 所示。电动机驱动由 STM32 模块输出的 DIR 正反转控制信号和 PWM 调速信号控制。图 11.5 为电动机驱动模块控制示意图。

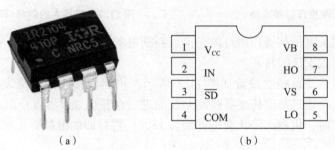

图 11.4　IR2104 芯片

(a)IR2104 实物图；(b)IR2104 引脚图

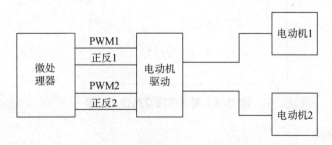

图 11.5　电动机驱动控制示意图

2. 巡线方案设计

　　灰度传感器是一种由发光二极管、光敏电阻、限流电阻和滑动变阻器组成的反射式光电传感器，其电路如图 11.6 所示。灰度传感器对光的反射程度受检测面颜色的影响，光敏电阻返回的阻值也随之改变。发光二极管照射在白色表面上时，白色表面反射大部分光，光敏电阻阻值小，因此分压小，输出电压值高；发光二极管照射在黑色表面上时，黑色表面吸收大部分光，光敏电阻阻值大，因此分压大，输出电压值低。

本项目中机器人前端安装一排 7 个灰度传感器，从左至右编号为 1、2、3、4、5、6、7。1、7 号传感器主要用来检测停止白线，2～6 号传感器用来判别路径。图 11.7 中设置了机器人发生偏移的几种情况及偏移时传感器相对于白线的位置。机器人根据不同的偏移情况调节电动机转速。

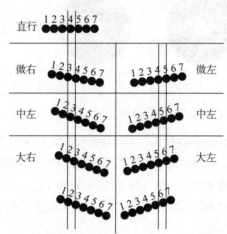

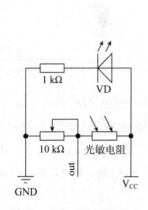

图 11.6　灰度传感器电路　　　　图 11.7　机器人的偏移情况

转弯时，利用灰度传感器检测灯的亮灭，判断机器人是否到达弯道。使用延时俯冲半个机身，灰度传感器依次压线转弯。

本项目餐桌位置及路径的设置如图 11.8 所示，机器人接收到餐桌发出的服务指令时，沿着设置好的白线，通过灰度传感器检测路径前进。在餐桌处设置停止白线，当 1 号或 7 号传感器检测到白线时，机器人停止前进并旋转 180°，将背面的触摸屏正对顾客。

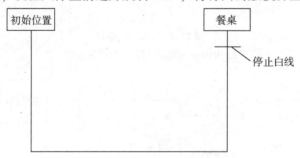

图 11.8　餐桌位置及路径的设置

3. 避障方案设计

本项目避障模块选用的红外避障传感器为 E18-D80NK-N，它是一种 NPN 型光电开关，工作电压为 DC 5 V。这种传感器集发射、接收功能于一体，发射光经调制后发射出去，接收头对反射光解调并输出数字信号。正常状态下是高电平，当检测到物体时输出低电平，单片机根据接收到的信号判断障碍物是否存在。其检测距离通过尾部电位器调节，可以达到 3~80 cm。E18-D80NK-N 实物图如图 11.9 所示，工作原理如图 11.10 所示。

图 11.9 E18-D80NK-N 实物图

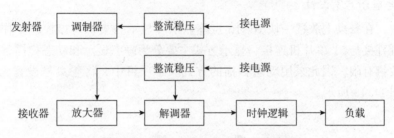

图 11.10 E18-D80NK-N 的工作原理

11.2.5 显示方案设计

1. 机器人表情显示方案设计

计算机存储和处理显示内容，通过串行通信将显示内容和控制指令传输到 51 单片机，51 单片机接收传输内容和控制指令，在经过端口译码扩展后，驱动两块 16×16 的点阵显示屏构成的 32×16 的点阵显示屏，动态显示机器人的表情。图 11.11 为点阵显示屏的工作原理。其中，行选择采用两个 74HC138 组合成的 4-16 译码器，被选通的行，阳极接通。列输出由四片 74HC595 级联而成，通过 SPI 信号把串行数据转换为并行数据。当某列输出信号为高电平时，该列阴极为高电平，所以选通行与该列交叉点不亮。相反，列输出信号为低电平时，该列阴极为低电平，所以选通行与该列交叉点被点亮。选通一行后，74HC595 输出该行数据。总共 16 行依次循环，动态扫描。

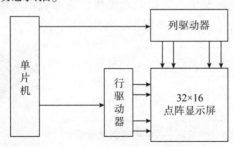

图 11.11 点阵显示屏的工作原理

机器人的眨眼动态是通过三个静态表情(睁眼、微闭、闭眼)的循环显示实现的，这三个静态表情的设计如图 11.12 所示。

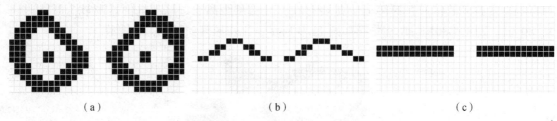

（a） （b） （c）

图 11. 12　机器人静态表情设计

（a）睁眼；（b）微闭；（c）闭眼

2. 餐桌号显示方案设计

本项目中，在餐桌上放置一块 16×16 点阵显示屏显示餐桌号。该模块工作于 +5 V 的低电源电压，可直接与 51 单片机连接，显示方式主要分为静态显示和动态扫描。由于 51 单片机 I/O 端口数量有限，因此采用动态扫描的方式。本项目中，将餐桌号设置为 19，餐桌号点阵设计如图 11. 13 所示。

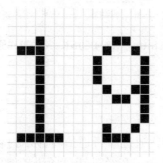

图 11. 13　餐桌号点阵设计

3. 触摸屏显示方案设计

本项目触摸屏选用 ATK-4. 3′ TFTLCD，它由 NT35510 驱动，该芯片自带 GRAM，无须外加驱动器，因而任何单片机都可以轻易驱动；支持 5 点同时触摸，具有非常好的操控效果；板载背光电路，由 5 V 供电，其他模块需 3.3 V 供电，无须外加高压。

触摸屏系统包含信号采集模块、数据处理模块、界面显示模块及通信接口模块，触摸屏硬件结构如图 11.14(a) 所示，实物图如图 11.14(b) 所示。

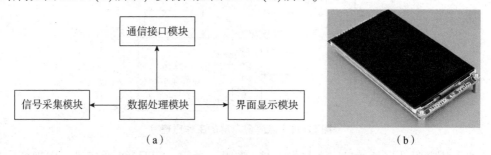

（a） （b）

图 11. 14　ATK-4. 3′ TFTLCD 的硬件结构和实物图

（a）硬件结构；（b）实物图

1）信号采集模块：该模块的主要功能是感应外界对触摸屏的动作。

2）数据处理模块：该模块主要是接收数据并对数据进行运算与处理，将处理后的数据传输至计算机和 LCD 等设备。

3）界面显示模块：单片机将处理后的数据发送至该模块，在屏幕上显示预期的数据，使操作界面更加人性化。

4）通信接口模块：数据采集模块将数据发送给单片机后，单片机通过通信接口与上位机连接，将处理完成的数据传输至上位机，便于系统进一步的延伸与扩展。

4. 点餐界面方案设计

点餐界面的设计基于 PyQt 软件，PyQt 是用来创建图形用户界面应用程序的工具包，是 Python 编程语言与已应用成功的 Qt 库的混合体。PyQt 提供了 Qt designer 来设计窗口界面，支持界面与逻辑分离，通过简单的窗口操作就可以制作出一个简易的界面。PyQt 自动将制作完成的窗口数据转换成 Python 语句，在主程序中可以对窗口界面中的对象进行调用与赋值操作。

11.2.6　无线传输方案设计

无线信号传输采用的是 ESP8266 无线通信模块，该模块是一款高性能的 UART-WiFi（串口-无线）模块，模块采用串口（LVTTL）与 MCU 通信，内置 TCP/IP 栈，能够实现串口与 Wi-Fi 之间的转换。模块工作电压为 3.3 V。通过该模块，传统的串口设备只需要简单的串口配置即可通过网络来传输信息。图 11.15 为 ESP8266 的硬件结构。

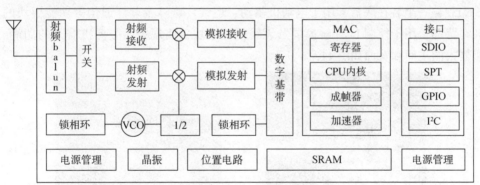

图 11.15　ESP8266 的硬件结构

ESP8266 的控制基于 AT 指令，常用的 AT 指令如表 11.4 所示。

表 11.4　常用的 AT 指令

指令类型	指令格式	说明
测试指令	AT+<x>=？	该指令用于查询设置指令或内部程序设置的参数及其取值范围
查询指令	AT+<x>？	该指令用于返回参数的当前值
设置指令	AT+<x>=<…>	该指令用于设置用户自定义的参数值
执行指令	AT+<x>	该指令用于执行受模块内部程序控制的变参数不可变的功能

11.2.7　蓝牙通信方案设计

蓝牙模块是集成了蓝牙功能的芯片基本电路的集合，用于无线网络通信。本项目中，选择 HC-05 主从机一体蓝牙模块来实现机器人的呼叫功能。桌面放置按钮，由 51 单片机采集信号，桌面上的蓝牙模块接收信息并将信息发送给机器人底盘上的蓝牙模块，经 STM32 控制器处理后，机器人开始巡线运动。

11.2.8　系统供电方案设计

本项目的电源参数主要有 12 V、5 V、3.3 V。系统采用 24 V 锂电池供电，各种电压参数可以通过稳压电路得到。比如，电动机驱动芯片 IR2104 由 LM2940 稳压模块输出的 12 V 电压供电。STM32 开发板自带 5 V 电源，开发板上的 AMS1117 稳压模块可将 5 V 转换为 3.3 V，给 STM32 芯片及其他模块供电。

11.3　餐厅服务机器人的硬件设计

11.3.1　机械结构设计

本项目的餐厅服务机器人以轮式圆形底盘为载体，两个动力轮各由一个电动机驱动，万向轮辅助控制转向。机器人背面装设 LCD 触摸屏与无线通信模块。实际设计过程中需用到两个 STM32，一个装在底盘，用于电动机驱动、巡线、避障及蓝牙通信等功能模块的控制；一个装在背部，用于控制 LCD 触摸屏及无线传输模块，实现餐厅服务机器人的功能。餐厅服务机器人的正面和背面如图 11.16 所示。

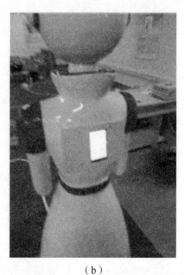

（a）　　　　　　　　　　　　　　（b）

图 11.16　餐厅服务机器人的正面和背面

（a）正面；（b）背面

11.3.2　控制器电路设计

1. STM32 电路设计

本项目中使用的 STM32F103ZET6 是基于 ARM Cortex-M3 核心的 32 位微控制器，与所有的 ARM 和工具兼容。STM32 芯片中可以移植 μC/OS-II 系统，μC/OS-II 是一种基于优先级的可抢占式的硬实时内核，在就绪条件下，该系统选择优先级最高的任务运行，使处理器的运行效率大大提高。

（1）供电电路

STM32 控制器在正常工作时应保证其 V_{DD} 引脚电压在 2.0～3.6 V 之间，V_{DD} 引脚还为 I/O 引脚和内部调压器供电。本项目使用的 STM32 开发板自带 5 V 电源，AMS1117-3.3 V 稳压模块输出 3.3 V 电压，给主控制器供电。主处理器电压电路如图 11.17 所示。

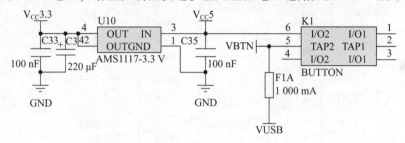

图 11.17　主处理器电压电路

（2）串行外设接口模块电路

串行外设接口模块电路如图 11.18 所示。多达 3 个 SPI 接口，在从或主模式下，全双工和半双工的通信速率可达 18 Mbit/s。3 位的预分频器可产生 8 种主模式频率，可配置成每帧 8 位或 16 位。硬件的 CRC 产生/校验支持基本的 SD 卡和 MMC 模式。所有的 SPI 接口都可以使用 DMA 操作。

（3）ADC 模块电路

本项目机器人内嵌 3 个 12 位的 ADC，每个 ADC 共用多达 21 个外部通道，可以实现单次或扫描转换。ADC 接口上的其他逻辑功能包括：同步的采样和保持、交叉的采样和保持、单次采样。模拟看门狗功能允许非常精准地监视一路、多路或所有选中的通道，当被监视的信号超出预置的阈值时，将产生中断。由标准定时器和高级控制定时器产生的事件，可以分别内部级联到 ADC 的开始触发和注入触发，应用程序能使 A/D 转换与时钟同步。ADC 模块电路如图 11.19 所示。

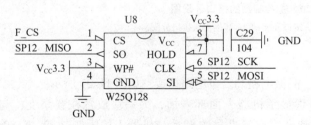

图 11.18　串行外设接口模块电路

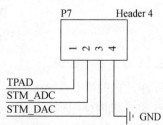

图 11.19　ADC 模块电路

设计中各个功能模块都要与主控制器 STM32 连接，其中，LCD 触摸屏模块单独由一片 STM32 控制。图 11.20 为主控制器的接口分配图。

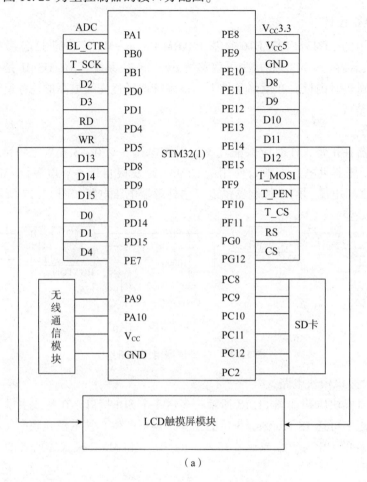

（a）

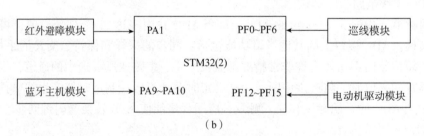

（b）

图 11.20　主控制器的接口分配图
（a）LCD 模块接口分配；（b）其他模块接口分配

2. 51 单片机电路设计

51 单片机的最小系统由电源电路、晶振电路和复位电路构成，如图 11.21 所示。

51 单片机同样用到两块，一块负责显示机器人面部表情，另一块放置在餐桌上，与餐桌号显示模块及蓝牙从机模块连接，辅助实现餐桌号的显示与机器人的呼叫功能。51 单片机接口分配如图 11.22 所示。

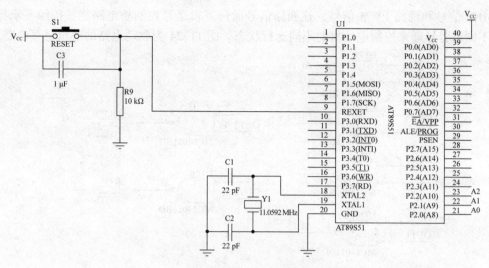

图 11.21　51 单片机的最小系统

图 11.22　51 单片机接口分配

（a）表情显示模块接口分配；（b）餐桌号及蓝牙模块接口分配

11.3.3　运动模块电路设计

1. 电动机驱动电路设计

本项目采用 24 V 电源，因此需要为 IR2104 驱动芯片设计一个供电电路，如图 11.23 所示。

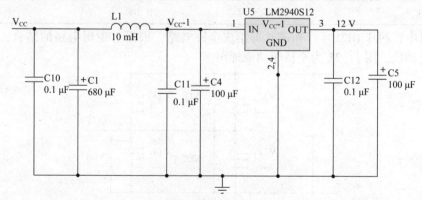

图 11.23　驱动芯片供电电路

图 11.23 中，低压差稳压芯片 LM2940S12 输出 12 V 电压。C1、C4、C5 的作用是滤除高频电源干扰，C10、C11、C12 组成低频滤波电路，具有使直流电压更加稳定的作用。

本项目设计的驱动电路是两轮差动控制，需要四路控制信号驱动电动机。四路信号包括两路 DIR 信号和两路 PWM 信号。这四路信号通过逻辑运算控制桥电路能够按照要求导通，通过不同桥臂导通来控制电动机的不同运行状态。图 11.24 为驱动电路的逻辑运算电路。

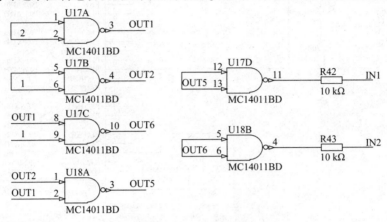

图 11.24　驱动电路的逻辑运算电路

图 11.24 中，MC14011 为一块两输入与非门。电路中门电路所完成的逻辑为：

$$IN1 = \overline{1} \cdot \overline{2} \tag{11.1}$$

$$IN2 = \overline{1} \cdot \overline{2} \tag{11.2}$$

其逻辑电路根据两个输入信号的不同，有四种输出状态，如表 11.5 所示。

表 11.5　逻辑转换状态

输入		输出	
1	2	$\overline{1} \cdot \overline{2}$	$1 \cdot \overline{2}$
0	0	1	0
0	1	0	0
1	0	0	1
1	1	0	0

本项目中，两片 IR2104 半桥芯片即组成全桥电路，根据与逻辑电路的结合，能很好地控制直流电动机。图 11.25 为全桥驱动原理图。

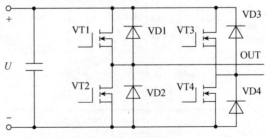

图 11.25　全桥驱动原理图

由图 11.25 可知，电路由 VT1、VT2、VT3、VT4 四个 MOS 管组成，VD1、VD2、VD3、VD4 为 MOS 管自带寄生二极管，为感性负载提供反向通路。VT1 与 VT4 导通，则电动机正转；VT3 与 VT2 导通，则电动机反转；当 VT1、VT3 或 VT2、VT4 导通时，电动机处于制动状态。根据此原理，设计出图11.26所示的全桥驱动电路。

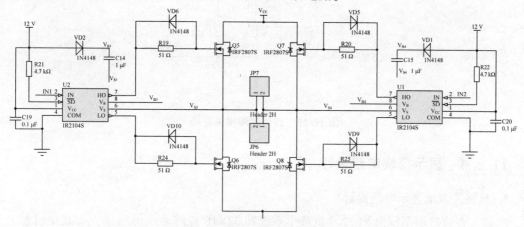

图 11. 26　全桥驱动电路

逻辑转换电路的输出分别为 IN1 与 IN2，两个输出分别接入两个 IR2104S 的 IN 端。由表 11.5 可知 1 端为 DIR 信号，2 端为 PWM 信号。

2. 巡线电路设计

灰度传感器是一种模拟传感器，因此电压输出端需经模数转换，控制器根据转换后的数值判断机器人是否偏离路线。例如传感器在白色平面上方时，输出电压为 4.4 V，在黑色平面上方时，输出电压为 1.0 V，那我们就取中间值 2.7 V 为阈值，由此可以判断出机器人的运动情况。传感器所产生的电信号变化由 2 组 7 根杜邦线接入 STM32 集成电路 I/O 端口。图 11.27 为巡线模块硬件连接图。

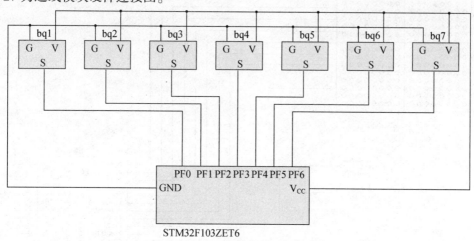

图 11. 27　巡线模块硬件连接图

3. 避障电路设计

机器人在移动过程中还有可能会碰到障碍物，这就需要红外传感器对其周围一定范围内进行检测。E18-D80NK-N 红外避障传感器属于 NPN 型光电开关，正常状态下输出高电平，当检测到障碍时输出低电平，因此外加上拉电阻后可接到 STM32 的 I/O 端口，通过可调电位器调整检测距离。红外避障模块电路如图 11.28 所示。

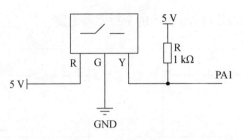

图 11.28　红外避障模块电路

11.3.4　显示模块电路设计

1. 机器人表情显示电路设计

机器人表情显示系统由 51 单片机最小系统和 32×16 点阵显示屏组成，安装在机器人头部。行选择由 74HC138 组合成的 4–16 译码器来选择，被选通的行，阳极接通。列输出由 74HC595 级联而成，通过 SPI 信号把串行数据转换为并行数据。选通一行后，74HC595 输出该行数据。总共 16 行依次循环，动态扫描。

2. 餐桌号显示系统电路设计

本项目采用动态扫描方法显示餐桌号。动态扫描分为行扫描和列扫描，两种方式的区别在于选通端和数据输入端分别是行还是列。本项目采用列扫描，餐桌号显示硬件电路如图11.29 所示。

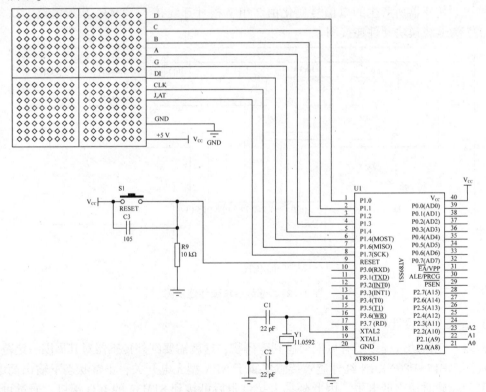

图 11.29　餐桌号显示硬件电路

3. LCD 触摸屏显示电路设计

LCD 触摸屏系统由信号采集模块、数据处理模块、数据显示模块及通信接口模块组成。LCD 采用 16 位 8080 并口，触摸屏采用 I^2C 接口。模块需要双电源供电：5 V 和 3.3 V，都必须接上，才可以正常工作，5 V 电源用于背光供电，3.3 V 用于除背光外的其他电源部分供电。ATK-4.3′ TFTLCD 接口图如图 11.30 所示。

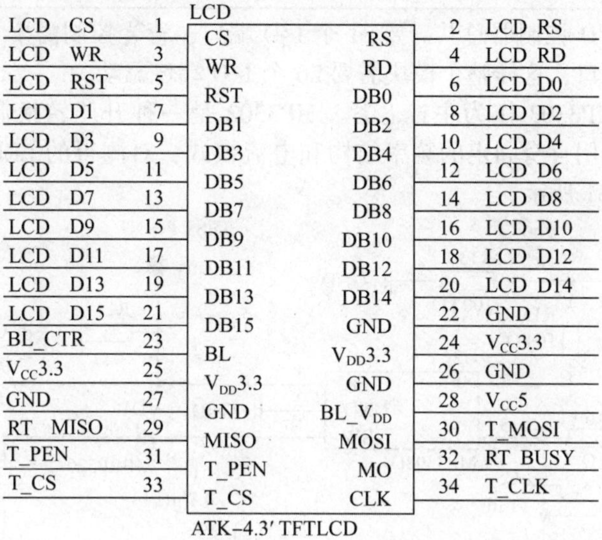

LCD CS	1	LCD			2	LCD RS
LCD WR	3	CS		RS	4	LCD RD
LCD RST	5	WR		RD	6	LCD D0
LCD D1	7	RST		DB0	8	LCD D2
LCD D3	9	DB1		DB2	10	LCD D4
LCD D5	11	DB3		DB4	12	LCD D6
LCD D7	13	DB5		DB6	14	LCD D8
LCD D9	15	DB7		DB8	16	LCD D10
LCD D11	17	DB9		DB10	18	LCD D12
LCD D13	19	DB11		DB12	20	LCD D14
LCD D15	21	DB13		DB14	22	GND
BL_CTR	23	DB15		GND	24	V_{CC}3.3
V_{CC}3.3	25	BL		V_{DD}3.3	26	GND
GND	27	V_{DD}3.3		GND	28	V_{CC}5
RT MISO	29	GND		BL_V_{DD}	30	T_MOSI
T_PEN	31	MISO		MOSI	32	RT BUSY
T_CS	33	T_PEN		MO	34	T_CLK
		T_CS		CLK		

ATK-4.3′ TFTLCD

图 11.30 ATK-4.3′ TFTLCD 接口图

对应引脚的详细功能如表 11.6 所示。

表 11.6 ATK-4.3′ TFTLCD 引脚的详细功能

序号	名称	功能
1	CS	LCD 片选信号(低电平有效)
2	RS	命令/数据控制信号(0，命令；1，数据)
3	WR	写使能信号(低电平有效)
4	RD	读使能信号(低电平有效)
5	RST	复位信号(低电平有效)
6 ~ 21	DB0 ~ DB15	双向数据总线
22，26，27	GND	地线
23	BL	背光控制引脚(高电平点亮背光，低电平关闭)
24，25	V_{DD}3.3	主电源供电引脚(3.3 V)
28	BL_V_{DD}	背光供电引脚(5 V)
29	MISO	NC，电容触摸屏未用到
30	MOSI	电容触摸屏 I^2C_SDA 信号(CT_SDA)
31	T_PEN	电容触摸屏中断信号(CT_INT)

序号	名称	功能
32	MO	NC，电容触摸屏未用到
33	T_CS	电容触摸屏复位信号（CT_RST）
34	CLK	电容触摸屏 I^2C_SCL 信号（CT_SCL）

由上表可知，LCD 控制器总共需要 21 个 I/O 端口，背光控制需要 1 个 I/O 端口，电容触摸屏需 4 个 I/O 端口，这样整个模块需要 26 个 I/O 端口驱动。

背光电路采用 MP3302 作为主控芯片，MP3302 是一种升压转换芯片，专门用于驱动 TFTLCD。MP3302 利用自身固定的频率结构和电流模式，对测得的 LED 电流进行调节。背光驱动电路如图 11.31 所示。

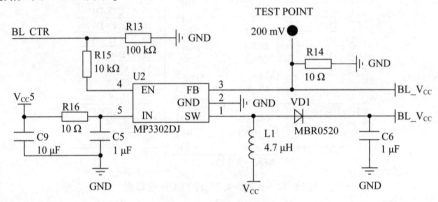

图 11.31　背光驱动电路

在本项目中，LCD 界面的显示内容包括图片，这就需要从 SD 卡中读取存储的图片内容。STM32 的 SDIO 适配器包括与 AHB 总线接口和 SD 卡接口两个模块。SD 卡有 SPI 和 SDIO 两种操作时总线。SPI 总线相对于 SDIO 总线接口简单，但速度较慢。本项目使用 SDIO 模式。SD 在 SDIO 模式时有 1 线模式和 4 线模式，也就是分别使用 1 根或 4 根数据线。4 线模式的传输速度要快于 1 线模式，因此本项目使用 4 线模式。SD 卡电路如图 11.32 所示。

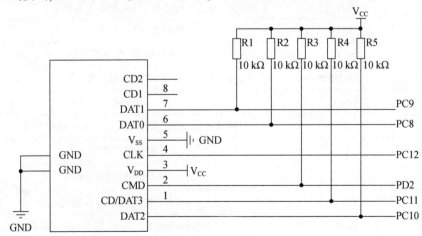

图 11.32　SD 卡电路

11.3.5　无线传输模块电路设计

在本项目中，ESP8266 工作于透传模式，触摸屏通过 UART 将触点采集信息发送给 ESP8266，ESP8266 再通过无线网络将数据传给计算机。同样地，ESP8266 将从计算机处接收到的数据通过 UART 发送给 LCD 触摸屏系统。在硬件方面，模块与单片机之间的连接仅需要占用一个 UART 端口。图 11.33 为 ESP8266 电路。

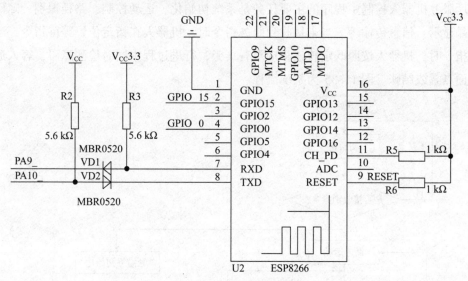

图 11.33　ESP8266 电路

11.3.6　蓝牙模块电路设计

蓝牙通信模块由两片蓝牙构成，一片设置为从机模式，与 51 单片机连接，安装在餐桌上；另一片安装在机器人底盘上，RXD 脚接收到呼叫信号后，经 STM32 处理，驱动电动机开始巡线。蓝牙与单片机连接最少只需要四根线：V_{CC}、GND、TXD、RXD。V_{CC} 和 GND 用于模块的供电，模块的 TXD 和 RXD 则连接单片机的 RXD 和 TXD。HC-05 兼容 5 V 和 3.3 V 单片机系统，因此，可以方便地与 51 单片机开发板和 STM32 开发板连接。蓝牙模块硬件连接图如图 11.34 所示。

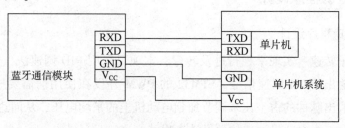

图 11.34　蓝牙模块硬件连接图

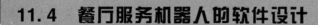

11.4　餐厅服务机器人的软件设计

11.4.1　系统程序设计

餐厅服务机器人控制主程序的主要任务是系统初始化、运动控制、路径识别、障碍物识别、液晶显示、信息传输等。当未接收到服务指令时，机器人在指定位置等待指令；当接收到服务指令时，机器人按照既定轨迹移动至餐桌旁，行进过程中同时检测障碍，客人通过触摸屏界面点餐或结账。图 11.35 为系统流程。

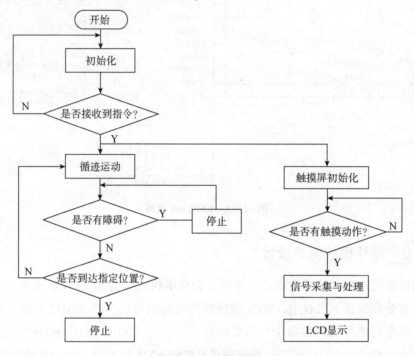

图 11.35　系统流程

11.4.2　运动程序设计

1. 电动机调速程序设计

为了控制轮子转速，实现平稳行进及转弯，本项目采用 PID 调速法，并通过 STM32 自带通用定时器来输出 PWM 调速信号。STM32 的 PWM 外设在使用前需要进行初始化设置。程序中通过调整输出脉冲的占空比来调节加到电动机上的平均电压，从而达到改变电动机转速的目的。图 11.36 为电动机调速软件设计流程。

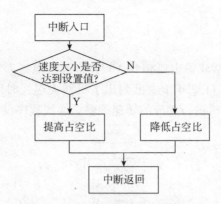

图11.36 电动机调速软件设计流程

代码如下：

```
void SetMoto(uchar mmm, int speed)
{
    If(mmm) //右侧电动机
    {
        If(speed>=0)
        {
            PORTK_PK2 = 0; mright = -speed; //右侧电动机PK2为DIR，电
动机正转时，右轮转速为-speed
        }
        else
          { PORTK_PK2 = 1; mright = speed;} //电动机反转时，右轮转速
为 speed
    }
    else//左侧电动机
    {
        If(speed>=0)
        {
            PORTK_PK0 = 0; mleft = -speed;} //左侧电动机PK0为DIR，电动
机正转时，左轮转速为-speed
        else
        {
            PORTK_PK0 = 1; mleft = speed;} //电动机反转时，左轮转速
为 speed
        }
    }
```

程序对左右两侧电动机的 DIR 与 PWM 控制口进行了定义，同时还定义了电动机正反转时的转速。电动机调速采用 PID 方式，每侧电动机输入一路 PWM，占空比 0~100% 控制转速。STM32 的一个 I/O 作为 DIR 方向信号，控制电动机正反转，DIR 为 0，电动机正转；DIR 为 1，

电动机反转。

2. 巡线程序设计

巡线模块配合单片机 PWM 输出口和 I/O 端口，通过检测 7 个 LED 的亮灭来判断路面情况并及时调整运动速度。在 11.2.4 节中已列出了机器人巡线时出现的几种偏移情况，机器人根据偏移情况对左右电动机进行相应的转速调整。巡线程序设计流程如图 11.37 所示。

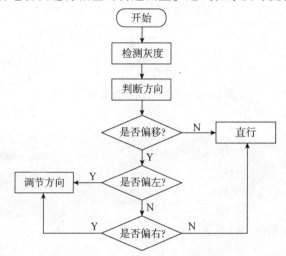

图 11.37　巡线程序设计流程

代码如下:

```
void huanch(uchar h_qh, int h_sd, int wt)
{
    if(h_qh)//前进
    {
        if(bq4)
        {if(! bq3&&bq4&&! bq5)
            {SetMoto(0, h_sd); SetMoto(1, h_sd);}//直行
            else if(bq3&&bq4&&! bq5)
            {SetMoto(0, h_sd); SetMoto(1, h_sd+wt);}//微右偏
            else if(! bq3&&bq4&&bq5)
            {SetMoto(0, h_sd); SetMoto(1, h_sd+wt);}//微左偏
            else if(bq3&&bq4&&bq5)
            {SetMoto(0, h_sd); SetMoto(1, h_sd+wt);}//直行
            else{SetMoto(0, h_sd);
            {SetMoto(1, h_sd);}
        }
        else
        {if(! bq2&&bq3)
```

```
{SetMoto(0, h_sd-wt); SetMoto(1, h_sd+wt);} //中右偏
else if(bq5&&! bq6)
{SetMoto(0, h_sd+wt); SetMoto(1, h_sd-wt);} //中左偏
else if(bq2&&bq3)
{SetMoto(0, h_sd-wt*3); SetMoto(1, h_sd+wt*3);} //大右偏
else if(bq2&&! bq3)
{SetMoto(0, h_sd-wt*4); SetMoto(1, h_sd+wt*4);} //大右偏
else if(bq6&&bq5)
{SetMoto(0, h_sd+wt*3); SetMoto(1, h_sd-wt*3);} //大左偏
else if(bq6&&! bq5)
{SetMoto(0, h_sd+wt*4); SetMoto(1, h_sd-wt*4);} //大左偏
else
{SetMoto(0, h_sd); SetMoto(1, h_sd);}
    }
  }
}
```

3. 避障程序设计

机器人巡线前进过程中，红外避障传感器不断检测地面状况。当前方检测到障碍物时，触发中断，使机器人在障碍物前停止。当前方障碍物被移除时，PA1 口由低电平变为高电平，机器人再次正常前进。避障程序设计流程如图 11.38 所示。

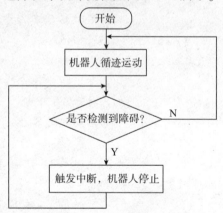

图 11.38 避障程序设计流程

11.4.3 显示程序设计

1. 机器人表情显示

机器人表情模块程序的编写主要有串口通信和 LED 动态显示两个方面。由串行数据函数向 32×16 点阵显示屏发送显示内容，再通过控制程序选择显示程序，显示设定好的机器人表情。其程序设计流程如图 11.39 所示。

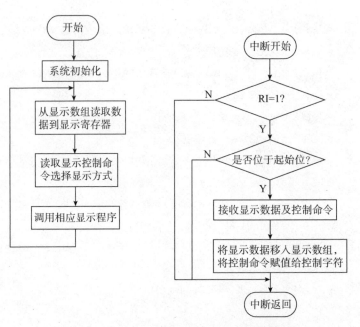

图 11.39 机器人表情显示程序设计流程

本项目设定了机器人的眨眼表情，眨眼表情有三个过程：睁眼、微闭、闭眼，分别存放在三个数组 table1、table2、table3 中，通过定时/计数器完成三个数组的循环显示。代码如下：

```
uint i=0, j=0;
void main()
{TMOD=0X01;                    //定时器 0 工作于方式 1
    TH0=(65536-30000)/256;     //装初值
    TL0=(65536-30000)% 256;
    EA=1;                      //开中断
    ET0=1;                     //打开 T0 中断
    TR0=1;                     //启动定时器 0
    while(1)
    {if(j<=17)                 //延时第 17 次显示 table1 中的表情
        {Display(table1);}
        else if(j==18)         //延时第 18 次显示 table2 中的表情
        {Display(table2);}
        else if(j==19)         //延时第 19 次显示 table3 中的表情
        {Display(table3);}
        else if(j==20)         //延时到第 20 次时，j 返回为 0，进入循环。
        { j=0;}
    }
}
```

2. 餐桌号显示

在本项目的餐桌号显示系统中，动态扫描先选通列，然后从行送入对应列的数据，从第 1 列到第 16 列循环进行。改变显示的信息，只需处理显存中的数据，因此需开辟一块可作为显存使用的内存空间。16×16 点阵每个点用 1 bit，一行即为 1 字节，设置显存为 16 字节即可。

16×16 点阵显示屏动态扫描显示函数 MatrixScan 内容如下：

```
voidMatrixScan()
{
    static unsigned char Select=0；//记录扫描的选择线
    MatrixOutputData(FrameBuffer[Select])；//行数据输出到点阵数据端口

    MatrixOutputSelect(Select)；//扫描信号输出到点阵扫描选择端口
    Select++；//进入下一列扫描
    if(Select>=16)
    {
        Select=0；//所有列已扫描，回到第一列再次开始扫描
    }
}
```

3. LCD 触摸屏显示

（1）设计思路及系统框图

触摸屏旨在实现人机交互功能，因此首先应当对触摸信号进行采集，并对采集到的信号进行分析与判别，最后通过 STM 控制器把显示指令和数据送至 LCD 显示。软件设计过程可分为系统初始化、信号采集、数据处理、串口通信、LCD 显示五大模块。

系统的初始化设置包括 STM 单片机本身 I/O 端口的初始化、触摸屏的初始化及 LCD 的初始化。信号采集是指在单片机与触摸屏的协同工作下，对触摸信号进行采集，并将采集到的有效信号提供给 STM 控制器。串口通信便于系统的软件调试和系统扩展，它主要负责向上位机或者其他嵌入式系统的 MCU 传输数据。

触摸屏总体设计流程如图 11.40 所示。

图 11.40　触摸屏总体设计流程

（2）触摸屏信号采集

电容式触摸屏技术利用人体的电流感应进行工作，是一块四层复合玻璃屏，玻璃屏的内表面和夹层各涂有一层 ITO，最外层是一薄层硅土玻璃保护层，夹层 ITO 作为工作面，四个角上引出四个电极，内表面 ITO 为屏蔽层以保证良好的工作环境。当手指触摸在金属层上时，用户和触摸屏表面形成一个耦合电容，对于高频电流来说，电容是直接导体，于是手指从接触点吸走一个很小的电流。这个电流分别从触摸屏四角上的电极中流出，并且流经这四个电极的电流与手指到四角的距离成正比，控制器通过对这四个电流比例的精确计算，从而得出触摸点的位置并将位置信息送至单片机 ADC 端口。触摸屏驱动程序主要包括点坐标的测量及运算。触屏信号采集设计流程如图 11.41 所示。

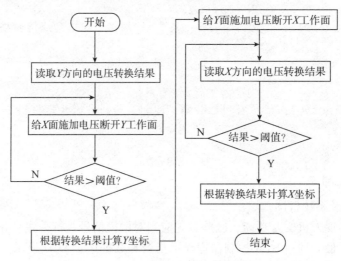

图 11.41　触屏信号采集设计流程

（3）LCD 显示

使用 LCD 前，必须对模块进行初始化。初始化程序的设计大概可以分为六个步骤：

1）显示器的开关状态设置；

2）光标的显示设置，包括形状选择、是否闪烁；

3）显示器的起始行、列地址的设置；

4）字符与汉字数据表（库）的建立（若自带字符汉字库则此步可省略）；

5）清除图形区的缓冲区和设定的文本区，准备写入数据；

6）将要显示的数据传输至 LCD。

ATK-4.3′TFLCD 模块采用 16 位 8080 总线接口，图 11.42 为 LCD 总线读写时序图。LCD 的显示流程大概是设置坐标、写 GRAM 指令、写 GRAM，但该步骤只是一个点的处理，要显示字符/数字，必须要多次使用这个步骤。所以需要设计一个函数来实现数字/字符的显示，之后调用该函数，就可以实现数字/字符的显示了。

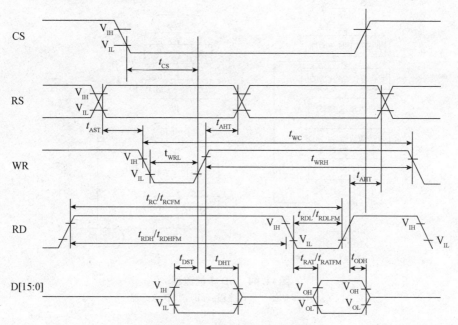

图 11.42　LCD 总线读写时序图

由图 11.42 可知，模块的写周期非常快，大约为 33 ms；读取速度较慢，读 RD 的速度约为 160 ms，读显存的速度约为 400 ms。

LCD 显示设计流程如图 11.43 所示。

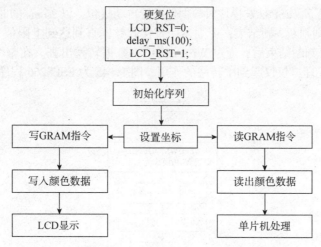

图 11.43　LCD 显示设计流程

(4) SD 卡

SD 卡的流程如图 11.44 所示。图 11.44(a) 为 SD 卡初始化设计流程。SD 卡初始化时，在发送 CMD 命令之前，在片选有效的情况下首先要发送至少 74 个时钟。SD 卡发送复位命令 CMD0 后，要发送版本查询命令 CMD8，返回状态一般分两种：若返回 0x01，则表示此 SD 卡接收 CMD8，即此 SD 卡支持版本 2；若返回 0x05，则表示此 SD 卡支持版本 1。LCD 屏显示内容时，需从 SD 卡内读取图片，SD 卡有两个可选的通信协议：SD 模式和 SPI 模式。SD 模式是 SD 卡标准的读写方式。读 SD 卡流程如图 11.44(b) 所示。

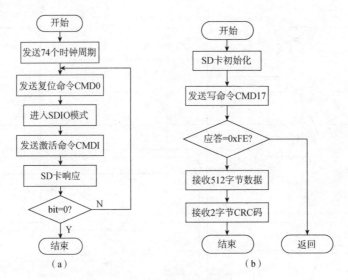

图 11.44　SD 卡的流程

(a)SD 卡初始化设计流程；(b)读 SD 卡流程

11.4.4　无线传输程序设计

本项目中，ESP8266 作为用户机，计算机作为服务器。触摸屏将触点采集信息通过 UART 发送至 ESP8266，ESP8266 无线通信模块通过透传模式将信息传输至计算机，由计算机界面显示点餐信息。

在串口透传模式下，ESP8266 模块对数据包进行自动打包，以 20 ms 的时间间隔作为判断依据，若大于 20 ms，则判断一帧结束；否则，一直接收数据直到达到上限值 2 KB，才判断一帧结束。ESP8266 模块判断结束后，通过 Wi-Fi 接口将数据转发出去。在整个过程中，ESP8266 不对数据进行任何处理，仅仅起到中转站的作用。图 11.45 为 ESP8266 程序设计流程。

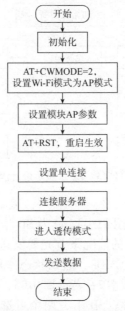

图 11.45　ESP8266 程序设计流程

ESP8266 模块初始化代码如下：

```
UART_Init();
delay_nms(4000);
//ESP8266 网络初始化
UART_Send_Str("AT+CWMODE=2\r\n"); //设置成AP模式
delay_nms(1000);
UART_Send_Str("AT+CWSAP=\"ESP8266\",\"0123456789\",11,4\
r\n"); //设置SSID和密码
delay_nms(1000);
UART_Send_Str("AT+RST\r\n"); //复位重启
delay_nms(4000);
UART_Send_Str("AT+CIPMUX=0\r\n"); //设置成单连接
delay_nms(1000);
UART_Send_Str("AT+CIPSTART=\"TCP\",\"192.168.4.2\",8080\
r\n"); //通过TCP与服务器建立连接，服务器IP地址为192.168.4.2，端口号
为8080
delay_nms(1000);
UART_Send_Str("AT+CIPMODE=1\r\n"); //进入透传模式
delay_nms(1000);
```

对于作为服务器的计算机，在 PyQt 中监视数据传输端口 8080，通过连接语句将从端口接收到的数据赋给对应的窗口部件；当从 ESP8266 接收到点餐结束的信息后，进入结账程序，显示餐费，并将餐费传输至触摸屏界面，供顾客付款。

11.4.5 蓝牙通信程序设计

本项目中，HC-05 蓝牙模块的配置基于 AT 指令，因此，需要在计算机上对蓝牙模块进行设置，使之进入 AT 命令模式。模块与计算机通过一条 USB 转串口线相连，在计算机端通过串口调试助手设置正确的波特率、校验位、停止位。AT 模式下波特率固定为 38 400。在模块上电之前，将 KEY 脚置高电平，然后对模块上电。此时 LED 慢闪，模块进入 AT 状态。进入 AT 模式后，接下来就是对主从机进行设置。蓝牙模块主从机配置流程如图 11.46 所示。

主从机设置完成后，蓝牙模块开始工作。桌面上的从机模块将 51 单片机采集到的按钮信号发送出去，主机模块接收到呼叫信息并将信息传输给 STM32 处理，启动电动机驱动程序。

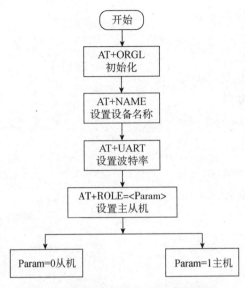

图 11.46　蓝牙模块主从机配置流程

11.5　餐厅服务机器人的调试

11.5.1　蓝牙通信模块调试

　　蓝牙通信模块可以实现两块单片机的通信，从而实现对机器人的遥控呼叫。如图 11.47(a) 所示，机器人位于初始位置接待客人。按下桌面上设置的按钮后，机器人开始巡线运动，如图 11.47(b) 所示。

(a)　　　　　　　　　　　　　　　　　　　(b)

图 11.47　蓝牙通信模块调试

(a)机器人位于初始位置；(b)接收到信号后开始移动

11.5.2　运动模块调试

　　图 11.48 为餐厅服务机器人整体运动调试。机器人接收到服务指令后沿白线巡线前进，在餐桌前设置一条停止白线，当底盘上安装的 1 号或 7 号灰度传感器检测到白线时，机器

人停止。停止后机器人旋转180°，将背面的触摸屏正对餐桌，方便客人点餐。

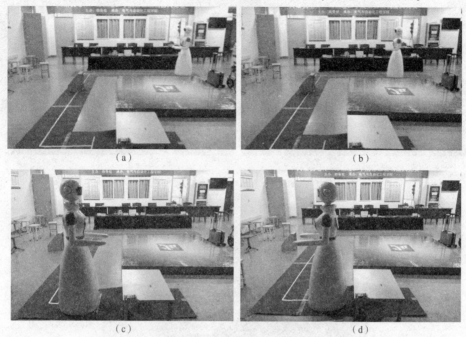

图 11.48 机器人整体运动调试

(a)机器人位于初始位置；(b)机器人巡线运动；(c)到达终点后停止前进；(d)机器人旋转180°

在巡线时，机器人易发生偏移轨道的情况，此时，根据偏移轨道情况的不同调整电动机速度，使机器人以不偏离轨道的状态前进。若遇弯道，则通过 PWM 产生方波调节两轮速度，实现转弯动作。图 11.49 为机器人偏离轨道时的调试。

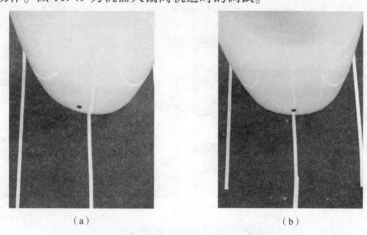

图 11.49 机器人偏离轨道时的调试

(a)机器人发生偏移；(b)自动调整回到直行状态

图 11.50 为机器人遇弯道时的调试，当灰度传感器检测到弯道时，处于大偏情形，根据程序中设置的调速方法进行调速，直至检测到直行路径。由图可见，机器人能够根据弯道状况调整电动机速度，平稳运动，最终正常前进。

（a）　　　　　　　　　　　　　　　　（b）

（c）

图 11.50　机器人遇弯道时的调试

（a）机器人遇到弯道；（b）开始调速；（c）调速完毕，回到直行状态

机器人前进过程中，红外避障传感器若检测到前方有障碍，则机器人立刻停止，障碍移除后再次前进，如图 11.51 所示。

（a）　　　　　　　　　　　　　　　　（b）

图 11.51　机器人避障调试

（a）遇障碍停止；（d）障碍移除后继续前进

11.5.3　显示模块调试

1. 机器人表情调试

本项目通过 32×16 点阵显示屏动态显示机器人的眨眼表情，如图 11.52 所示。

 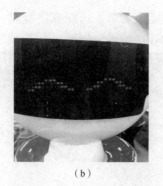 

（a） （b） （c）

图 11.52 机器人表情调试

（a）睁眼；（b）微闭；（c）闭眼

2. 餐桌号显示调试

本项目通过 51 单片机控制 16×16 点阵显示屏显示餐桌号 19，如图 11.53 所示。

3. 触摸屏与无线传输调试

显示模块初始界面是从 SD 卡中读取的图片，如图 11.54 所示。

图 11.53 餐桌号显示调试 **图 11.54 触摸屏初始界面**

如图 11.55 所示，延时 2 s 后触摸屏上出现与计算机连接的设置界面。输入主机 IP：192.168.4.2，计算机上状态显示变为绿色，表示连接成功，如图 11.56 所示。

图 11.55 触摸屏连接界面 **图 11.56 计算机连接成功界面**

如图 11.57 所示，触摸屏上显示菜单，选择麻婆豆腐、青椒土豆丝和番茄蛋汤三道菜（每道菜各 30 元），点餐结束后单击"结账"按钮，则"消费"栏显示三道菜总价：90 元。

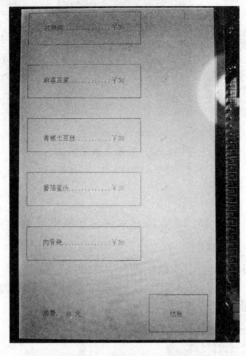

图 11.57　触摸屏点餐界面

单击"点餐结束"按钮后，在触摸屏上选择的三道菜显示在计算机点餐界面上，并进行金额结算，如图 11.58 所示。结算出金额后，将信息回传给 LCD 触摸屏，显示金额供顾客扫描二维码付账。

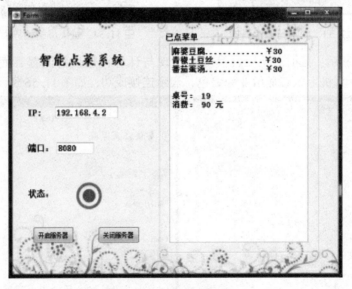

图 11.58　计算机点餐界面

第 12 章
人体动作识别机器人

目前，人体动作识别在计算机科学和语言技术方面是一个研究热点，旨在通过数学算法的方式让机器更好地理解人类的行为。人体动作识别使人和机器能够以一种新的方式进行交流，人可以通过肢体语言来指挥机器做自己想做的事情，如在嘈杂的车站、机器轰鸣的工厂等场所，通过手势、动作识别等人际交互技术能够产生比语音识别更加准确的信息。而且，随着微软 Kinect For Windows 的推出，也把人体动作识别推向了一个新的高度。本书就是利用 Kinect 的骨骼跟踪技术来获取在线的人体骨骼数据，提取它们的特征，然后和模板库中的动作进行动态匹配，进而识别出人体动作。

12.1　研究背景与意义

动作是人体部位在空间位移的一个连续运动序列，如"挥手"就是一个连续的过程。曾经有一位心理学家通过调查和研究发现：人类交流的方式中 55% 是通过表情和动作来表达的，38% 是通过语调和语速，只有 7% 才是通过语言的方式来表达的。所以，人们在人际交往的过程中，93% 的信息都不是通过语言的方式来传递的，其中大多数为肢体语言。人体动作识别的研究显得至关重要，未来将可能成为计算机视觉领域炙手可热的研究课题。目前，人体动作识别在很多领域有着深远的理论研究意义和很强的实用价值。

当前科技的进步带动了各种机器的不断更新壮大，不管是工作学习方面还是健身娱乐方面都呈现出很多人和机器打交道的场景。在这些情况下，如何让机器更好地理解人的行为动作显得尤为重要。在模式识别领域，像语音识别、人体动作手势识别及汉字输入识别等都迅速发展，这使得人和机器在自然语言层面上的交互成为可能。人机交互将在未来的几年里迅速发展，并且更加自由的人体触摸式和语音控制等新兴的交互技术将代替传统的键盘和鼠标。同时，生物识别传感器、皮肤显示器等有机用户界面也不断出现，甚至人类大脑都可以直接操作计算机，这些新兴的技术进一步冲撞了人类传统的生活方式，影响着人类未来的生活。现实生活中，计算机视觉技术的普遍应用越来越让人们感觉到人机交互的重要性，它连接着现实和虚拟两个世界。然而，人体动作识别也是这项技术中不可或缺的一部分，它能够使机器更好地理解人类的行为动作，进而和人类进行交流和互动。

12.2 人体动作识别机器人的总体方案设计

本项目的人体动作识别机器人主要由 Kinect 传感器和机器人本体构成。在 Kinect 传感器可识别的区域内，通过对人体骨骼点进行追踪，实现人体动作的识别，同时在 LabVIEW（Laboratory Virtual Instrument Engineering Workbench）软件实时显示人体的动作状态，并根据人体的不同动作向机器人发出动作指令，机器人根据接收到的指令，控制电动机和舵机完成相应动作。可以实现的功能有：举起左手时，机器人实现左转；举起右手时，机器人实现右转；将右手举过头顶时，机器人实现座椅模式；将右手移至头顶左边时，机器人实现病床模式。

12.2.1 人体动作识别机器人体系结构

本项目机器人的主要功能是：机器人根据识别到的使用者的手势执行相应命令。Kinect 作为新一代的体感设备，采用 3D 体感摄像头，利用即时动态捕捉、影像辨识等功能，实时捕捉使用者的动作作为输入信号，摆脱了传统输入设备的束缚。上位机利用 LabVIEW 处理数据，下位机执行命令。人体动作识别机器人的总体框图如图 12.1 所示。

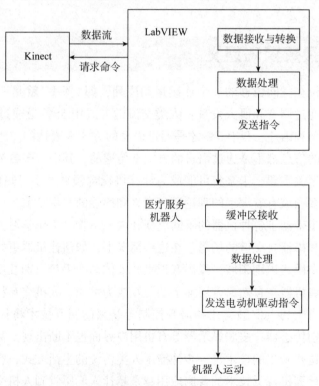

图 12.1 人体动作识别机器人的总体框图

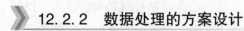

12.2.2　数据处理的方案设计

本项目基于 LabVIEW 软件来处理数据和发送指令。相比 C、C++等软件而言，LabVIEW 软件采用的是图形化编程语言，为用户提供了丰富的图形控件，摆脱了复杂枯燥的文本编程，可以实现高效直观的界面设计；LabVIEW 软件所包含的 VISA 函数包是实现上位机与微控制器串口通信的一大优势；同时它采用的数据流模型，可实现多线程的任务分配，可以提高程序的运算速度。因此，选取 LabVIEW 进行数据处理，具有性价比高、扩展性强、开发速度快、难度小等优势。

12.2.3　控制器的方案设计

本项目的控制器采用 STC12C5A60S2，具有速度快、功耗低、抗干扰能力强、开发设备要求低、开发时间短等特点，指令代码与传统 8051 完全兼容，但在同样的晶振条件下，处理速度是传统 8051 的 8～12 倍。控制器内部集成 MAX810 专用复位电路，2 路 PWM 波，8 路高速 10 位 A/D 转换，适用于电动机控制、强干扰的场合，可以实现机器人 PWM 波的产生。该控制器有双串口，能满足与上位机蓝牙通信的使用要求。

12.2.4　机械结构的方案设计

人体动作识别机器人下位机除了控制器以外，还包括电动机驱动控制、电源稳压和舵机控制。

1. 电动机驱动控制

本项目中机器人的四个轮子都有动力驱动，机器人的行驶效果会影响到整体运行，为了实现较高的性价比，设计中采用 L298 驱动芯片，该芯片输入电压范围宽泛。L298 驱动芯片内部原理类似于全桥驱动电路，集成度高，输出电压、电流稳定，控制简单，成本较低，配合一定的外围电路，即可实现双路电动机控制，包括实现每一路的电动机的启动、停止、正反转、调速等功能，且其内部具有过电流保护功能，当电动机卡死时可以保护电路、电动机，具有较高的安全性，完全满足本项目的需要。

2. 电源稳压

本项目中，下位机包括最小系统、舵机等使用的电源都为 DC 5 V，最小系统和舵机所需要的电源都采用 LM7805 三端固定式稳压集成电路，该集成电路共有三个接口，分别是输入端、GND 和输出端，输出电压为 DC 5 V，且较稳定。外围配以输入、输出滤波电容即可实现低成本、带保护、可靠的电源供电电路。

3. 舵机控制

本项目选取 MG996R 舵机作为机器人病床模式和座椅模式切换的机械驱动模块，其速度快、扭矩大。控制舵机转动所需要的控制信号为 20 ms 的周期信号，而且对于精度的要求比较高，5 mV 以上控制电压的变化就会引起舵机的抖动，因此选取合适的舵机控制方案比较重要。

本项目中，采取的方案是用控制器作为舵机的控制单元，产生 50 Hz（周期是 20 ms）脉冲信号并且通过改变脉冲宽度实现微秒级的变化，从而达到精准控制舵机转角的目的。控制器完成相应的计算之后，将计算结果角度转化为对应的 PWM 信号输出到舵机，控制器工作时，受到外部的干扰比较小，整个系统工作可靠。

12.2.5 人机交互的方案设计

本项目中涉及的人机交互主要是人通过一系列动作最终达到控制下位机动作的目的，在采取、捕捉、识别人体动作时，通过 Kinect 传感器完成。Kinect 具有外设简单的特点，仅仅通过 3D 摄像头，结合深度信息处理技术，就能实现被测物体的三维数据的计算，实现人体动作捕捉，完成动作识别。与普通摄像头相比，Kinect 体感空间定位精确，骨骼识别率高，识别速度迅速，在人机交互领域得到了广泛应用。

12.2.6 无线通信的方案设计

随着通信技术的发展，无线通信技术已涉及生活的方方面面。目前使用最为广泛的无线通信技术包含 2.4G 无线收发模块、蓝牙、Wi-Fi 等。本项目采用蓝牙实现通信功能。蓝牙是一种无线传输技术，被广泛地应用于我们的生活中，其数据速率快、有效射程较远，工作在 2.4 GHz 短距离无线电频段。

本项目中下位机控制器与 LabVIEW 之间的通信是基于无线蓝牙的串口模块 HC-05，如图 12.2 所示，该模块与控制器之间使用 TTL 逻辑电平进行信号的传输，通过 AT 指令集，可以更改蓝牙模块的基本参数，包括其波特率、主机的名称和配对密码。该蓝牙模块的标准 HCI 端口与单片机的串口、LabVIEW 的 VISA 接口相连都十分方便。本项目中，蓝牙从机与单片机的串口直接连接，蓝牙主机模块与计算机之间则使用 PL2303 USB 转串口模块，完成这些简单的硬件连接之后即可通过串口程序通信，不需要再用软件编程。

图 12.2 无线蓝牙 HC-05 模块

无线蓝牙 HC-05 模块具有以下性能特征：

1）正常工作电压低，为 3.3 V，且工作电压范围广，为 3.6～6 V；

2）可以直接连接各种单片机的串口，无须外接模块；

3）使用方便，配对成功以后即为全双工串口，无须底层协议，支持 8 位数据位、1 位停止位，并可设置包括奇偶校验的格式；

4）体积小巧(3.57 cm×1.52 cm)，工厂贴片生产，保证贴片质量；

5）穿透能力强，短距离内传输稳定；

6）无线收发系统性能高，主从机密钥相同时自动配对。

12.3 人体动作识别机器人的上位机设计

12.3.1 Kinect 传感器简介

本项目是利用 Kinect 传感器作为捕捉设备获取人体动作信息来开展动作识别的研究的。通过 Kinect 传感器采集人体动作数据信息，利用 LabVIEW 平台绘制人体实时动作 3D 图形并解析动作数据信息，将其与经验阈值反复比较，从而达到识别人体动作的效果。

Kinect 是美国微软公司在 2010 年 11 月 4 日正式推出的一款 XBOX360 体感外部设备。它实际上是一种 3D 体感摄像机(开发代号"Project Natal")，其利用即时动态捕捉、影像辨识、麦克风输入等功能，彻底颠覆了游戏的单一操作，依靠摄像头捕捉三维空间中玩家的运动，让游戏玩家可以摆脱传统的手握遥控器设备，直接通过自己的肢体控制游戏，使人机互动的理念彻底展现，让虚拟和真实的对接更加自然。

图 12.3 是 Kinect 设备的整体外观图。Kinect 主要由红外发射器、主摄像头、红外深度摄像头、可转动支架和矩阵麦克风组成。红外发射器与红外深度摄像头组合获取深度图像，发射器发射近红外光谱，如果照射到粗糙物体，光谱就会发生变化形成散斑，红外深度摄像头获取并分析红外光谱，创建人体或物体的深度图像；主摄像头又称 RGB 摄像头，可拍摄彩色图像；Kinect 设备的角度可通过可转动支架调整；矩阵麦克风可以采集声音和定位声源。因此，Kinect 设备不仅可以通过摄像头获取彩色图像，还可以发射红外线，从而对整个房间进行立体定位，并且借助红外线来识别人体的运动。除此之外，配合 XBOX360 上的一些高端软件，还可以对人体的 48 个部位进行实时追踪。

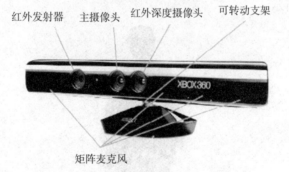

图 12.3 Kinect 设备的整体外观图

12.3.2 深度图像的获取

Kinect 的摄像头与其他摄像头一样，视野是有限的，如图 12.4 所示。

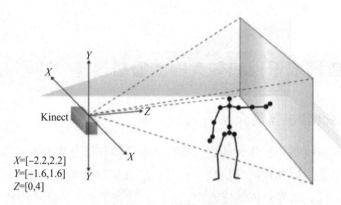

X=[−2.2,2.2]
Y=[−1.6,1.6]
Z=[0,4]

图 12.4　Kinect 的视野图

目前研究的手势识别系统主要分为基于 RGB 图像和基于深度图像，虽然基于 RGB 图像研究的时间比较长，方法众多，但仍然找不到一个很好的方法解决问题。与 RGB 图像相比，深度图像具有物体三维特征信息，即深度信息。由于深度图像不受物体表面的发射特性及光源照射方向的影响，因此识别手势更加准确稳定。深度图像也称为距离图像，从观察视角看去，深度图像中的每一个像素值表示 Kinect 的摄像头与场景中某一点的距离。

12.3.3　Kinect 识别人体关节的工作原理

1. 人体轮廓分割

Kinect 从深度数据流中识别人体轮廓时，融合了 RGB 信息和深度信息，以人体结构的特征和 Kinect 内置的运动检测等数据为依据，首先找到离 Kinect 较近区域内类似于"大"字的目标，然后扫描深度图像上的每一个像素点，判断这些像素点是否属于人体的某一部分，如果不属于则将其作为背景像素过滤掉，留下人体像素点，得到人体轮廓。从深度图像中识别出人体如图 12.5 所示。

图 12.5　从深度图像中识别出人体

2. 人体部位识别

从深度图像中识别出人体轮廓后，接着从轮廓中识别出人体各个部位，如头部、躯干、四肢等。Kinect 是通过骨架拟合的方式来识别的。

3. 关节定位

识别出人体部位后，需要从不同部位中识别出人体的各个关节点。Kinect 捕获的人体 20 个关节点的分布情况如图 12.6 所示，每个骨骼点都代表一个关节部位。

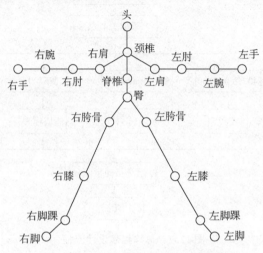

图 12.6　Kinect 捕获关节点的分布情况

如果把复杂的人体动作看成是每个肢体部位的运动组合，那么就可以将人体每个部位的运动看成是各个关节点运动的组合，这样就可以将烦琐的人体动作变得简单，便于分析。

12.3.4　LabVIEW 软件介绍

本项目上位机是采用 LabVIEW 软件来实现数据接收与处理的。LabVIEW 是一种用图标代替文本行创建应用程序的图形化编程语言，具有直观、高效、可读性好等特点，因此广泛应用于学术界、工业界和研究实验室。不同于传统文本编程语言由语句和指令的先后顺序决定程序执行顺序，LabVIEW 采用数据流的编程方式，程序的执行顺序由框图的数据流向决定。

LabVIEW 也是一个通用的编程系统，它带有一个可以完成任何编程任务的庞大函数库，其中包括数据采集、数据分析、串口控制、GPIB、数据存储及数据显示等。LabVIEW 提供很多外观与传统仪器(如示波器、万用表)类似的控件，可用来方便地创建用户界面。用户界面在 LabVIEW 中被称为前面板。前面板上的对象由图标和连线控制，这就称为图形化源代码，又称 G 代码。在某种程度上，LabVIEW 的图形化源代码类似于流程图，因此又被称作程序框图代码。

12.3.5 程序设计

数据处理程序包括初始化程序、动作判断程序、蓝牙串口通信程序。运用 LabVIEW 软件实现这些功能，使程序开发的难度变小和周期变短。总体程序设计流程如图 12.7 所示。

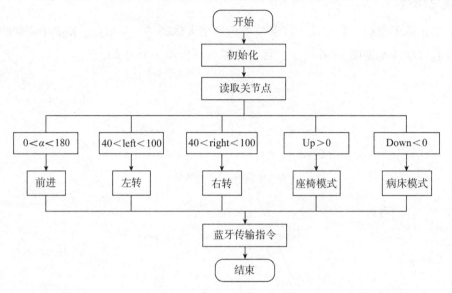

图 12.7 总体程序设计流程

1. 初始化程序

为了避免后面板内程序的繁杂，该部分已封装，后续的 Kinect 部分程序也都根据其用途进行了封装。图 12.8 为 Kinect 部分封装图标，自左至右依次为初始化（Initialise）、配置（Configure）、读取（Read）、关闭（Close）。Initialise VI 用于创建 Kinect 传感器的实例对象，错误终端与参数集簇都要连接到 Configure VI；Configure VI 用来对 Kinect 的数据流进行选择，分别用于获取人体彩色图像、深度图像与骨骼图像；Read VI 从 Kinect 设备获取数据流并将这些数据流存储在表格中以用于进一步的处理或显示，它被放置在一个 while 循环中，用来连续观察及处理从 Kinect 传感器获取的数据；Close VI 用于关闭所有在对 Kinect 传感器操作过程中产生的参数。

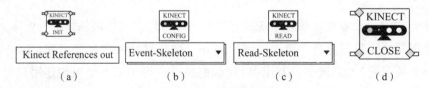

图 12.8 Kinect 部分封装图标

（a）初始化；（b）配置；（c）读取；（d）关闭

Initialise 3D Skeleton. VI 为骨骼的连接设置场景；Render 3D Skeleton. VI 利用 LabVIEW 软件中的 3D 图像控件来渲染用户的骨骼并在三维空间显示；Joint Coordinate. VI 用于读取关

节点的三维坐标，返回指定关节点的 x、y、z 的坐标值，其函数结构如图 12.9 所示。

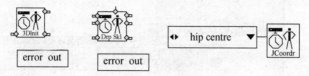

图 12.9　函数结构

2. 骨骼 3D 图的构建

首先，创建一个三维黑色场景界面，在界面中设置一个半径为 0.01 m 的红色中心点；其次，根据人体每个部位间的长度大小创建 19 根半径相同、长度不同的圆柱模拟人体骨架，并对每一根骨架依次进行编号；最后创建 20 个半径为 0.05 m 的圆模拟人体骨骼点，并对每一个骨骼点进行编号。通过骨骼三维坐标数组将原先创建完成的骨骼关节点与骨架进行空间平移翻转，并按照编号将其放置在构建好的三维场景中，随着骨骼数组的实时刷新，完成三维场景内人体骨骼的实时运动捕捉。程序如图 12.10 ~ 图 12.12 所示。

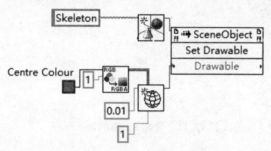

图 12.10　创建三维背景程序

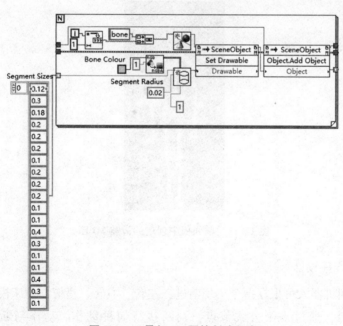

图 12.11　骨架 3D 图的创建程序

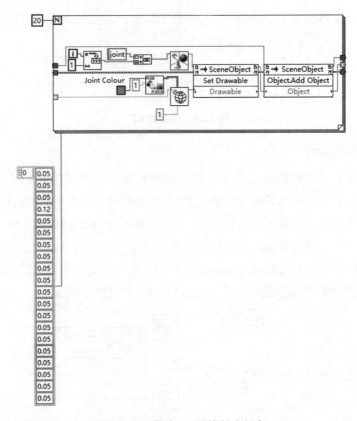

图 12.12　骨骼 3D 图的创建程序

前面板中创建的骨骼 3D 图如图 12.13 所示。

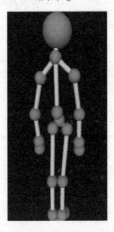

图 12.13　前面板中创建的骨骼 3D 图

3. 动作判断程序设计

人体动作识别机器人可根据指令实现前进、左转、右转、座椅、病床模式。读取人体骨骼点的三维坐标后，通过一个公式节点，判断执行何种动作。动作判断程序如图 12.14 所示。

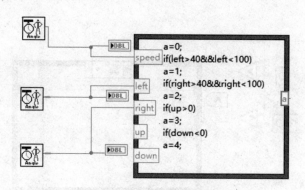

图 12.14 动作判断程序

1）读取左肩、左肘、左手腕的夹角 α 来控制机器人前进，其手势示意图如图 12.15 所示。

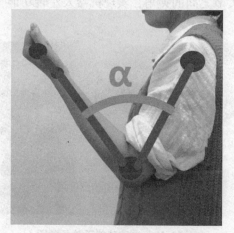

图 12.15 前进功能手势示意图

此时，条件结构中 a=0，则将速度控制在 0～180 之间，图 12.16 中"F"表示前进，将"F"与速度大小以字符串的形式输出，如"F069"，69 为前进的速度。

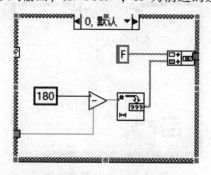

图 12.16 前进程序设计

另外，机器人前进的速度也可以通过左手的曲闭角度 α 来控制，具体过程如下：首先读取左肩、左肘、左手腕的夹角值，判断夹角值是否在 0°～180°之间，如果满足，则机器人前进速度是 180 与夹角的差值；如果不满足，则机器人前进速度为 180。程序如图 12.17

所示。

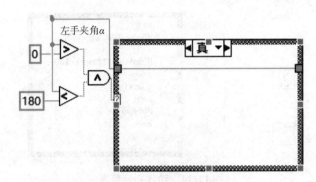

图 12.17　前进调速程序设计

2）读取肩膀和左手肘关节之间的夹角，实现机器人左转功能，其手势示意图如图 12.18 所示。

图 12.18　左转功能手势示意图

当夹角在 40°～100° 之间时，令 $a=1$，转弯时的默认速度为 40，图 12.19 中"L"表示左转。

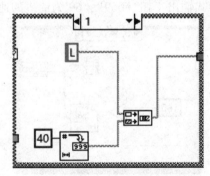

图 12.19　左转程序设计

3）读取肩膀和右手肘关节之间的夹角，实现机器人右转功能，其手势示意图如图 12.20 所示。

图 12.20 右转功能手势示意图

当夹角在 $40° \sim 100°$ 之间时，令 $a=2$，转弯时的默认速度为40，图 12.21 中"R"表示右转。

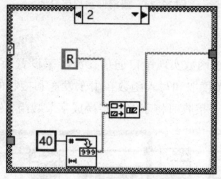

图 12.21 右转程序设计

4）读取右手和头部的三维坐标，利用索引数组将获取的三维坐标拆分成 x、y、z 三个数值，0、1、2 分别代表 x、y、z 的值，取 0 和 1 即只需比较 X 轴和 Y 轴上的距离。当右手举过头顶时，手部的 Y 轴距离大于头部，则令 $a=3$，此时为座椅模式，用"U"表示其手势示意，如图 12.22（a）所示；当右手举过头顶并放置在左边时，手部的 Y 轴距离大于头部，并且手部与头部间 X 轴距离的差值小于 0，则令 $a=4$，此时为病床模式，用"D"表示其手势示意，如图 12.22（b）所示。座椅仰躺程序设计如图 12.23 所示。

（a）　　　　　　　　　　　　　（b）

图 12.22 座椅模式与病床模式的手势示意图

（a）座椅模式；（b）病床模式

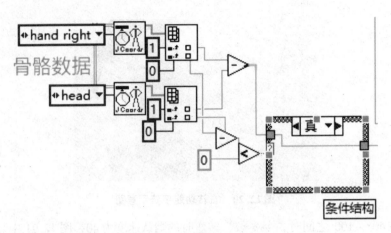

图 12.23　座椅仰躺程序设计

4. 蓝牙通信程序设计

LabVIEW 软件通过 VISA 函数实现串口通信，波特率设置为 9 600，与下位机相同。数据的读取与写入则使用 VISA 读取和写入函数，由于发送和接收的是字符串，因此发送时需要将字节数组转换成字符串，接收时将字符串转换成字节数组，如图 12.24 所示。

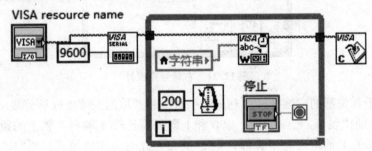

图 12.24　蓝牙通信程序设计

12.4　人体动作识别机器人的设计

12.4.1　机械结构设计

本项目机器人的机械结构设计如图 12.25 所示。

在一个基于四电动机搭建的移动平台上，固定有一张可活动座椅，座椅由角铝、铁皮组成，座椅包括坐垫、靠背、抬脚、扶手等部分，其中靠背和抬脚部分可通过舵机控制其状态。舵机分别装在靠背部分和抬脚部分顶端。在座椅内部，装有控制器、驱动模块、稳压模块及电池等。控制器接收上位机指令，控制机器人实现前、后运动，左、右转向，靠背放下、抬起，抬脚放下、抬起等功能。

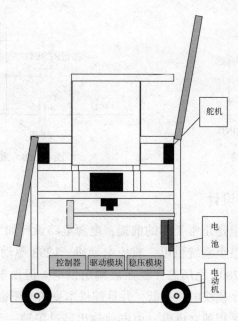

图 12.25　机械结构设计

12.4.2　控制器设计

本项目使用 STC12C5A60S2 控制器，是单时钟/机器周期控制器，是以 8051 为内核的新一代微控制器，与传统的 8051 内核控制器相比，速度更快、精度更高。它的工作电压为 3.5～5.5 V，较宽泛；内部存储空间丰富，自带 60 KB 用户存储空间、256 B RAM 和 1 024 B XRAM；带有双串口及 ISP 串口，串口资源比较丰富，用户可以方便、简单地给其下载程序；带有 36 个具有推挽输出能力的通用 I/O 端口，可连接与控制较多的外设模块及驱动；有 4 个 16 位定时器和 1 个独立的波特率发生器，可以满足一般的定时器需要，功能较同类型微控制器强大；采用 DIP-40 封装，方便、实用。控制器设计图如图 12.26 所示，晶振电路如图 12.27 所示，复位电路如图 12.28 所示。

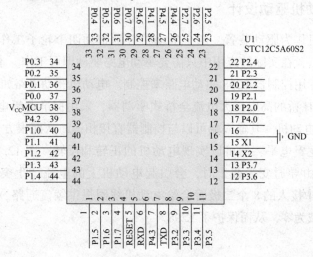

图 12.26　控制器设计图

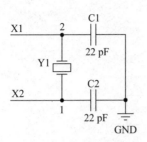

图 12.27　晶振电路

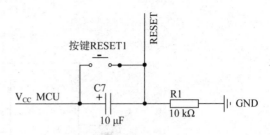

图 12.28　复位电路

12.4.3　电源电路设计

下位机各部分稳定供电是正常工作的前提，电源电路设计如图 12.29 和图 12.30 所示。采用额定 7.4 V 锂电池给整个系统供电，直流电动机、L298 驱动、舵机、控制器和蓝牙模块都需要 5 V 电源，经过 7805 稳压芯片稳压后输出供电。但由于舵机对电源要求比较高，为了防止舵机工作时把其余模块电压拉低，并且舵机本身的电压也会无规则波动，导致系统无法正常工作，因此舵机采用独立供电，由电池输出经过单独一路 7805 稳压之后供电，使系统稳定。经过测试，单独稳压电路输出的电压电流完全可以满足舵机的供电需要。

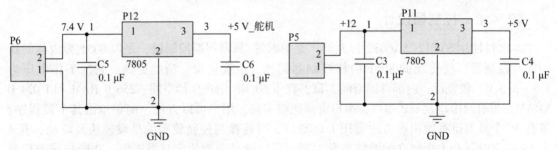

图 12.29　舵机电源电路　　　　　　　　**图 12.30　其他模块电源电路**

12.4.4　电动机驱动设计

本项目以电动机作为驱动装置，四个电动机分别带动四个轮子工作。电动机具有噪声小、控制简单等优点，在实际的应用中只需要驱动电路驱动即可工作。本项目中的电动机为直流电动机，使用专用控制器 L298 驱动电路来控制。电动机驱动电路如图 12.31 所示。

L298 内含两个 H 桥的高电压大电流全桥式驱动器，采用标准逻辑电平信号控制，可驱动 46 V/2 A 以下的电动机。其输入端可以与控制器直接相连，从而很方便地受控制器控制，只需改变输入端的逻辑电平，便可以实现电动机的正转和反转。图 12.31 所示电路中，当 L298 内部的晶体管由导通变为截止时，会引起电动机上的电流产生突变，严重时会击穿 L298 芯片。本项目中接入的 8 个二极管会给电动机线圈提供续流通路，使得电流按一定的变化率减小，直至减为零，从而保护了 L298。

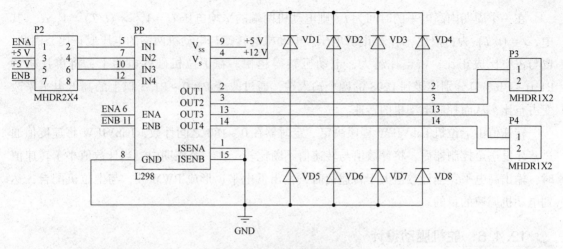

图 12.31　电动机驱动电路

电路的四个输出端 2、3 和 13、14 分别连接四个电动机，由于要保证左边两个轮子上的电动机状态相同，右边两个轮子上的电动机状态也相同，因此将左右两边的电动机分别并联；四个输入端 5、7、10、12 接到控制器的四个 I/O 端口，由 I/O 端口的高低电平控制电动机正反转，ENA、ENB 接控制使能端，控制电动机的停转。不同输入信号下电动机状态与机器人状态如表 12.1 所示。

表 12.1　不同输入信号下电动机状态与机器人运动状态

序号	5	7	10	12	电动机状态（左）	电动机状态（右）	机器人运动状态
1	1	0	1	0	正转	正转	前进
2	1	0	0	1	正转	反转	右转
3	0	1	1	0	反转	正转	左转

12.4.5　电动机调速设计

本项目采用 PWM 调速的方法对电动机调速，其流程如图 12.32 所示。

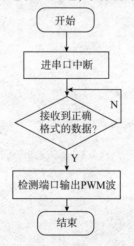

图 12.32　PWM 调速流程

在一个周期内高电平的时间为 t，则电动机两端的平均电压 $U = V_{CC} \times (t/T) = V_{CC}\alpha$，其中，$\alpha = (t/T)$ 为占空比，V_{CC} 是电源电压。电动机的转速与电动机两端的电压成正比，因此，也与占空比成正比，占空比越大，电动机转得越快。在下位机硬件电路上，将单片机的 P1.0 ~ P1.3 口分别连接到 L298 的四个输入端，通过改变 P1.0 ~ P1.3 口上的高低电平来改变占空比，从而控制电动机的转速。

转速值由上位机 LabVIEW 程序决定。定时器在 0 ~ 180 之间计数，LabVIEW 将速度值通过蓝牙发送至控制器后，将计数值与转速值不断比较。在一个周期内，当计数值小于转速值时，输出高电平；当计数值大于转速值时，输出低电平，形成 PWM 波，与上位机配合，达到电动机调速的目的。

12.4.6　舵机驱动设计

舵机是一种位置伺服的驱动器，适用于角度需要不断变化的控制系统。控制器对舵机转角的控制：在产生一个 20 ms 的周期信号的基础上，调整该 PWM 波的脉宽，即控制器模拟 PWM 信号的输出，调整占空比，利用占空比的变化改变舵机的转角。

初始化设置定时器定时时间为 10 μs，因此，理论上要产生 20 ms 的周期信号需要定时计数 2 000 次，但由于程序中其他语句的执行需要时间，因此实际值与理论值存在偏差。经测试，实际程序运行中计数范围为 1 530 时能产生一个 20 ms 的周期信号。计数过程中，当计数范围在 0 ~ 38 之间时，控制器端口设置为高电平，则高电平时间约为 0.5 ms，对应的舵机角度为 0°；同样地，计数范围在 0 ~ 191 之间时，控制器端口设置为高电平，则高电平时间约为 2.5 ms，对应的舵机角度为 180°。本项目中使用两个 MG996R 舵机，输出转角分别为 7° 和 10°，即可实现机器人的平躺和收起，此时舵机信号高电平时间对应的计数次数分别为 60 和 90 次。代码如下：

```
void timer0()interrupt 1
{
    TH0 =(65536-10)/256;
    TL0 =(65536-10)% 256;
    time++;
    timer2 ++;
    if(time>=180)
    time =0;
    if(timer2 >=1530)
    timer2 =0;
}
void duoji1()
{
```

```
    if((timer2<60)&&(timer2>0))
    d1 =1;
    else
    d1 =0;
}
void duoji0()
{
    if((timer2<90)&&(timer2>0))
    d1 =1;
    else
    d1 =0;
}
```

12.4.7 控制器串口的程序设计

控制器使用 UART 异步串行通信口实现通信功能，能同时进行数据的发送和接收，TXD 为数据发送引脚，RXD 为数据接收引脚。控制器可以通过特殊功能寄存器 SBUF 对串行接收或串行发送寄存器进行访问。串口通信电路如图 12.33 所示。

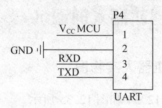

图 12.33 串口通信电路

在具体操作串行口之前，需要对控制器一些与串口有关的特殊功能寄存器进行初始化设置，主要是设置产生波特率的定时器 1、串行口控制和中断控制，代码如下：

```
TMOD =0X21;                //设定 T1 定时器工作方式 1
TH1 =0XFD;
TL1 =0XFD;                  //T1 定时器装初值
TR1 =1;                     //启动 T1 定时器
SM0 =0;
SM1 =1;                     //设定串口工作方式 1
REN =1;                     //允许串口接收
EA =1;                      //开总中断
ES =1;                      //开串口中断
```

初始化设置完成后，当有数据被写入 SBUF 寄存器后，接收中断标志位 RI 会被硬件置 1，进入串口中断服务程序后必须由软件清零，这样才能产生下一次中断；逐位读取 SBUF 中的数据，存入 sbuf 数组，直至四位数据全部读取完成。代码如下：

```
voiduart()interrupt 4 using 1
{
    ES=0;
    if(RI==1)
    {
        RI=0;
        sbuf[len]=SBUF;
        len++;
    }
    if(len==4)  len=0;
    ES=1;
}
```

12.5　人体动作识别机器人的调试

12.5.1　人体动作识别机器人实物图

本项目机器人的实物图如图 12.34 和图 12.35 所示。

图 12.34　实物图 1

图 12.35　实物图 2

12.5.2　骨骼成像测试

当有人形物体出现在 Kinect 视野范围内时，Kinect 将会对其进行扫描，利用红外摄像头组对人物进行深度信息采集，利用算法计算出骨骼图像。对于 Kinect 一代而言，其前方 1.2~3.5 m 为深度传感精确识别范围。Kinect 的水平可视角为 57°，垂直可视角为 43°。由于人物的运动可能会超出 Kinect 的可视范围，此时输出的骨骼图将会发生偏折，因此为了保证骨骼图的实时反映，在开始操作前建议进行骨骼成像测试。通过调整水平高度及镜头俯仰角来使 Kincet 获得最佳的成像效果。Kinect 采集到的人体骨骼图如图 12.36 和图 12.37 所示。

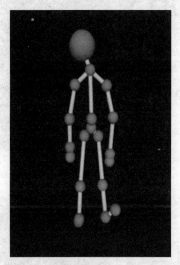

图 12.36　头部右脚超出最佳识别范围

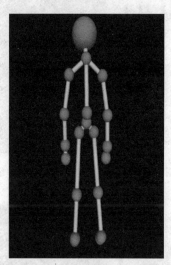

图 12.37　人物完全出现在最佳识别范围内

由于 Kinect 的工作依托于红外摄像头组，因此当光线超过正常光照范围后，呈现的骨骼图也会出现偏折甚至错乱。为了尽量避免、减轻骨骼图成像错乱的问题，本项目在 Kinect 程序初始化阶段就为其加入了骨骼平滑算法，该算法将会互相约束骨骼点的间距，使骨架呈现得比较完整。

虽然红外成像导致 Kinect 无法暴露在强光下工作，但也正是如此才使其有了黑暗环境下的动作捕捉能力，不会被室内昏暗的光线所影响。现有的医疗康复场所一般不装设强光灯，而是采用比较柔和的灯光进行照明，所以比较适合这样的场所使用。

12.5.3　动作识别测试

本项目设计方案为通过 Kinect 扫描人体动作数据从而对轮椅进行控制，一共分为三种手势，区分左右手共计五条指令。

1. 左手前臂向上曲折

当左臂下垂并将手指紧贴裤缝中线时，Kinect 获取到左肩与左手腕关于左手肘的夹角为 180°，图 12.38 为此时的理想状态，此时下位机轮椅的速度应保持为零。当其间夹角逐渐变小时，给下位机的速度指令也开始不断增大。图 12.39 为左臂上抬一定角度时，下位机承受自身重力及地面摩擦力后开始呈现较为明显的运动。图 12.40 为左臂上抬至 90°处，图 12.41 为将左臂上抬至不能曲折的最大角度，因为穿着衣服阻碍了手臂正常的曲折，当穿着无袖衣服时，左臂曲折夹角可小至 10°。

Kinect 扫描到左肩与左手腕关于左手肘的夹角数据为 α，此时给予下位机的前进速度指令为 $\beta = 180° - \alpha$。

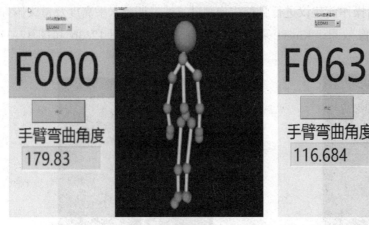
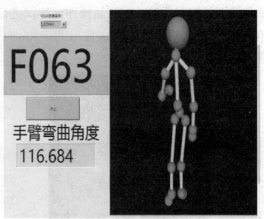

图 12.38　左臂下垂中指紧贴裤中缝　　　　图 12.39　左臂上抬一定角度

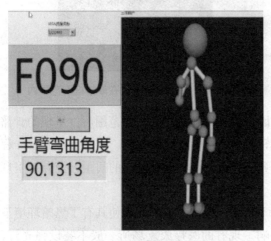
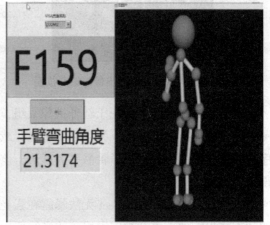

图 12.40　左臂上抬至 90°处　　　　图 12.41　左臂上抬至最大角度

2. 左右手臂前平举

手臂向前平举时，即可操纵下位机轮椅进行转向。通过 Kinect 扫描获取手肘与脊椎关于肩中心点的角度，通过角度判断来控制下位机转向。当该夹角在 40°~100°之间时，给下位机发送转向指令，轮椅收到指令即开始转向。上位机未停止发送指令，轮椅将持续保持转向动作。手臂抬起时，不可能一下子达到预置阈值，在到达阈值之前，为下位机发送的指令为前进速度指令，但是由于轮椅自重和人员自重，轮椅保持在原地不动。因为轮椅左右两组电动机需要一组正转一组反转，需要克服的阻力较大，所以为了保证轮椅能够正常地转向，将转向速度值固定为40，而不像前进一样可以进行无极调速。左臂前平举操纵轮椅左转，右臂前平举操纵轮椅右转。

图12.42和图12.43展示的是左臂上抬以控制轮椅左转。

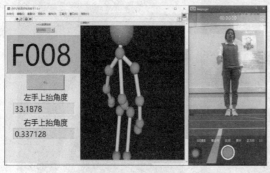

图12.42　左臂上抬未达到预置阈值　　　　**图12.43　左臂上抬达到预置阈值**

3. 右手上举过头顶

为了能够更好地服务病人、减轻医护人员的工作负担，本项目设计了轮椅与病床自动转换装置，仅需一个简单的手势指令便可使其进行自由转换。为了展示实验效果，状态切换没有加入过渡过程，当轮椅接收到指令后，轮椅靠背及腿部托板在舵机的带动下直接翻转。如图12.44所示，当右手上举过头顶右侧时，轮椅靠背上抬及腿部托板下垂；如图12.45所示，当右手上举过头顶左侧时，轮椅靠背下垂及腿部托板上抬。

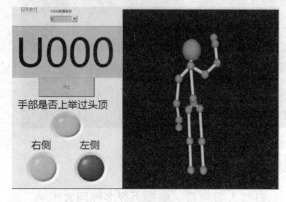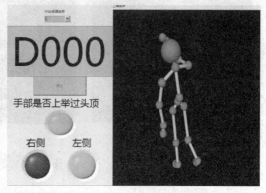

图12.44　右手上举至头顶右侧　　　　**图12.45　右手上举至头顶左侧**

12.5.4　机器人动作测试

本项目中LabVIEW经过动作判断程序后，将指令通过蓝牙传输给机器人，机器人根据指令做出相应动作。

1. 前进动作

保持上臂不动，当左手向上抬时，机器人沿着直线缓缓移动，随着左肩与左手腕关于左手肘的夹角越来越大，机器人前进的速度也会随之加快，即可以通过控制夹角大小改变机器人前进速度。前进过程如图 12.46 所示。

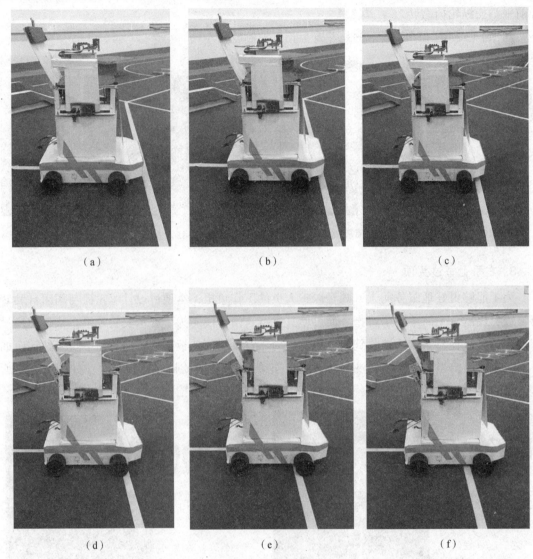

图 12.46　机器人前进过程

当左手慢慢上抬时，由于此时夹角较小，且机器人有自重、摩擦力等多种因素影响，电动机无法带动如此重的负载，故此时机器人无法前进。当夹角大于 40° 时，机器人可以前进。

2. 左转和右转

手臂向前平举时，即可通过控制电动机旋转方向，操纵机器人左转和右转。将左手臂抬起向前平举，机器人上左侧两个电动机反转，右侧两个电动机正转，机器人完成左转。机器人左转过程如图 12.47 所示。

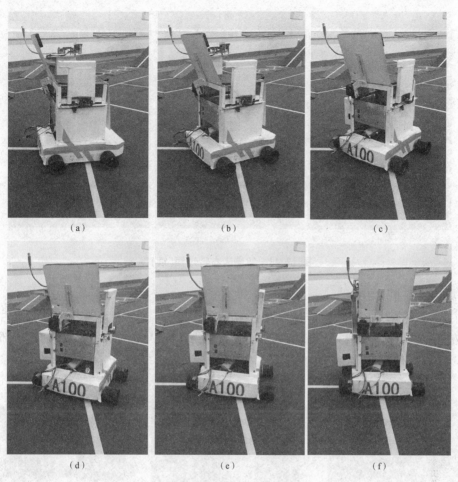

（a）　　　　　　　　　　（b）　　　　　　　　　　（c）

（d）　　　　　　　　　　（e）　　　　　　　　　　（f）

图 12.47　机器人左转过程

　　将右手臂抬起向前平举时，机器人上左侧两个电动机正转，右侧两个电动机反转，机器人完成右转。机器人右转过程如图 12.48 所示。

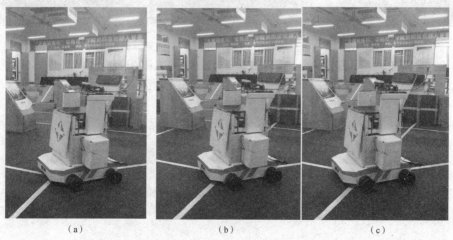

（a）　　　　　　　　　　（b）　　　　　　　　　　（c）

图 12.48　机器人右转过程

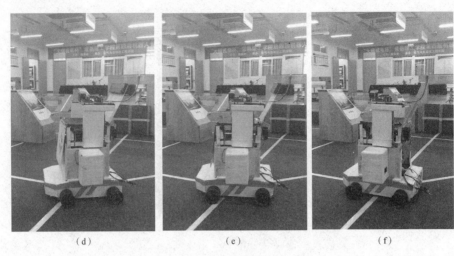

(d)　　　　　　　　　　(e)　　　　　　　　　　(f)

图 12.48　机器人右转过程(续)

3. 座椅模式和病床模式

当右手上举过头顶右侧时，轮椅靠背上抬、腿部托板下垂，此为座椅模式；当右手上举过头顶左侧时，轮椅靠背下垂、腿部托板上抬，此为病床模式。两种模式可通过手部动作随意切换，切换过程如图 12.49 所示。

(a)　　　　　　　　　　(b)　　　　　　　　　　(c)

图 12.49　机器人座椅模式和病床模式切换过程

(a)病床模式；(b)切换中；(c)座椅模式

第13章
五子棋对弈机器人

随着人们对高品质生活的追求，娱乐机器人也顺应着时代发展的潮流，在机器人大家庭中崭露头角。现阶段我国的娱乐机器人产业正处于起步阶段，娱乐机器人的研究与设计还停留在实验室研发阶段，而对于棋类机器人的研发更是少之又少，制造一种能满足大众、性价比高的五子棋对弈机器人显得非常有必要。

13.1 研究背景与意义

现阶段，电脑游戏和手机游戏等电子世界的娱乐形式正威胁着传统游戏，这严重影响了老年群体和青少年群体。虽然老年人的照看和医疗服务等问题被人们所关注，但如何提高他们的生活质量却被人们遗忘。大多数老年人身体不便，对于电子世界的娱乐形式又很陌生，而子女忙于生计无暇顾及，常年待在家又很难找到合适的娱乐形式，这严重影响了老年人的生活质量。同时，电子游戏也在不断地诱惑着青少年群体，长期面对着手机或电脑严重影响了青少年的身心健康。

我国的娱乐机器人研发起步晚、种类少，目前市场上有遥控汽车、遥控飞机、语音对讲机器人、舞蹈机器人等，这些机器人智能程度低，达不到益智的效果，虽然可以满足一部分青少年的娱乐需求，但其价格昂贵，不能实现大众化消费，并且对于大部分老年人生活质量的改善无济于事。随着娱乐机器人市场的迅猛发展，国家研究机构和各类企业对娱乐机器人项目的投资比重也持续加大，而未来的娱乐机器人也将朝着灵巧化、智能化方向发展，多传感器、人机交互、图像处理、人工智能等技术将扮演着重要角色。

将传统的五子棋游戏与现代的机器人技术相结合，研制出一种五子棋对弈机器人，不仅可以解决老年群体的娱乐问题，也会受到青少年群体的青睐。在众多游戏中，棋类游戏不仅可以益智，而且富含哲理，有助于修身养性。而五子棋游戏相比其他棋类游戏，其规则简单易学，具有很强的娱乐性，并且具有现代娱乐"短、快"的特征，因此一直受到人们的喜爱。

在此背景下，设计一种性价比高、人机交互能力强、能模拟真实人机对弈环境的五子棋对弈机器人具有一定的社会意义。它不仅可以帮助老年人陶冶情操，也可以帮助青少年提高生活趣味，培养思考能力。

1. 国内外研究现状分析

目前国外对于五子棋对弈机器人的研究很少，而国内对于五子棋对弈机器人的研究也不是很多。由于五子棋对弈机器人涉及的知识内容多，软件算法复杂，制作难度大，很多研究人员都着力研究基于计算机或手机的博弈软件，这种博弈软件能让爱好者在身边没有弈友的情况下与计算机进行博弈，但是这种软件本身缺乏观赏性，并不具备对弈的真实环境，而且长时间对着计算机会让人产生视觉疲劳，甚至产生厌倦感。

近年一些企业也陆续推出一些五子棋对弈机器人，但基本是基于工业机械臂所设计，存在成本高、体积大等缺点。在上海举办的 2014CIROS 中国国际机器人展中，新时达公司研制的"五子棋机器人"成为当时全场最受欢迎的机器人，受到了广大观众的欢迎。可见，娱乐机器人顺应着科技发展的潮流，也迎合了人们对高品质生活的追求。图 13.1 为 2014CIROS 上展示的五子棋机器人。

图 13.1 2014CIROS 上展示的五子棋机器人

2. 项目研究内容

1）完成五子棋对弈机器人的图像采集与识别分析。本项目使用 CMOS 摄像头采集棋盘图像信息，相比高质量的 CCD 摄像头，具有分辨率低、噪声大等缺点，加上外界环境的光线对摄像头有干扰，因此，对原始图像的滤波、整形处理十分重要，以免影响棋盘的轮廓识别和棋子的定位。

2）博弈算法是人机对弈的关键程序，涉及人工智能（AI，Artificial Intelligence）领域。目前对于五子棋的 AI 算法的研究有很多，从中学习优秀的算法设计经验，争取在已有的 AI 算法基础上有所突破，研究适合本项目的五子棋博弈算法。

3）机器人的动作执行机构包括移动平台、末端执行器等，设计难度高、工作量大。研究一种性价比高、控制简单、快速精准的执行机构，是实现取子、移动、下子的前提条件。

13.2 五子棋对弈机器人的总体方案设计

13.2.1 五子棋游戏介绍

1. 五子棋的棋盘

本项目中采用自制的五子棋专用棋盘,五子棋棋盘由横纵各 15 条等距离、垂直交叉的平行线构成,在棋盘上,横纵线交叉形成 225 个交叉点,作为对弈时的落子点。棋盘的底色选用通常使用的黄色,格线为黑色,整个棋盘为标准的正方形,邻近两个交叉点的距离要略大于棋子的直径。

棋盘上的纵线从右到左用英文大写字母 A ~ O 顺序标记,横线从上到下用阿拉伯数字 1 ~ 15 顺序标记,如图 13.2 所示。由于每条纵线都对应着一个英文大写字母,每条横线也都对应着一个阿拉伯数字,所以,棋盘上的每一个交叉点都可用英文大写字母和阿拉伯数字的组合来表示出来。在表示各个点时,英文字母在前,阿拉伯数字在后。如正中间的天元位置为"H8",不可写为"8H"。

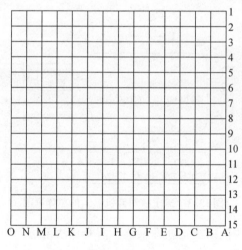

图 13.2 棋盘

2. 五子棋游戏规则

五子棋游戏有很多规则,如禁手规则、无禁手规则、RIF 正式规则等。相对而言,有禁手的游戏规则多用于专业比赛,而无禁手的游戏规则更适用于大众。作为一款面向大众的娱乐机器人,本项目以无禁手规则作为五子棋对弈机器人的游戏规则。游戏规则如下。

黑白双方依次落子,由玩家自由选择棋子颜色和下棋顺序,若先由机器人开始下棋,则机器人在天元位置(H8)放第一颗棋子,如果由玩家先开始下棋,玩家可以下在棋盘的任意格点上,机器人无条件接受。接下来双方交替下子,在游戏过程中双方可以选择放弃下子机会,若任一方先在棋盘上形成竖向、横向或斜向的连续五个(含五个以上)棋子,则获胜。

下棋过程中不可以悔棋。

13.2.2 五子棋对弈机器人体系结构与设计框图

本项目以 LabVIEW 软件作为数据运算中心，通过 USB 摄像头采集棋盘的图像信息，经过图像处理得到对方落子信息，然后调用五子棋博弈算法，分析棋盘局势，评估空点价值，得出最优的走棋路线，然后通过无线蓝牙模块传送信息给控制器。控制器采用 STM32 单片机，主要完成人机交互及控制执行机构完成一系列的动作，通过光电编码器实现移动平台落子的定位，通过电动机驱动控制移动方向和速度，通过电磁铁模块完成取棋子和放棋子等动作，通过语音模块实现人机交互，通过 OLED 显示模块实时显示机器人状态和各种数据，通过配合 LED 与蜂鸣器等完成提示功能。五子棋对弈机器人每完成一步下棋动作后，控制器通过蓝牙模块将各种参数与当前状态反馈给上位机。五子棋对弈机器人的总体框图如图13.3 所示。

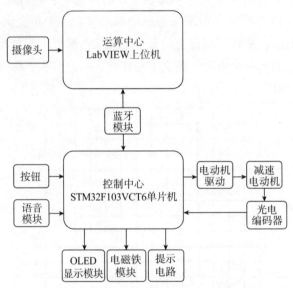

图 13.3　五子棋对弈机器人的总体框图

五子棋对弈机器人主要包括视觉处理系统、博弈算法系统、动作执行机构三个部分，其体系结构如图 13.4 所示。

1. 视觉处理系统

在对弈过程中，五子棋对弈机器人的视觉处理系统是机器人的"眼睛"，是获取棋盘信息的唯一方式，必须能够实时识别棋盘的网格线，区分双方棋子的颜色，并且可以自动消除光线的影响、图像中的噪声、人手的干扰等。该系统拟采用市面上普通的 USB 摄像头，在此基础上利用 LabVIEW 软件编写图像处理算法实现棋盘和棋子的识别功能。

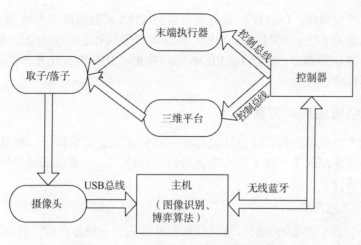

图13.4 五子棋对弈机器人的体系结构

2. 博弈算法系统

博弈算法充当机器人的"大脑"，博弈算法的优劣直接影响机器人的棋艺水平。在众多的棋类游戏中，五子棋的游戏规则相对比较简单，因此关于五子棋博弈算法的研究多于其他棋类游戏。在学习众多他人优秀的研究经验后，编者研究一种适合该机器人的博弈算法，使机器人拥有高超的棋艺，真正实现人机对弈。

3. 动作执行机构

动作执行机构相当于机器人的"四肢"，该机构包括三维框架平台结构及末端执行器。在机器人技术快速发展的今天，无论是采用三维平台结构还是仿人机械臂结构都不存在技术难点。但三维移动平台作为机器人的执行机构，相比工业机械臂，具有成本低、控制简单等优点，使用光电编码器作为其反馈单元，同样能实现精确定位。电磁铁模块充当末端执行器，完成取子与落子的动作。

13.2.3 控制器的方案设计

本系统的控制器采用STM32F103VCT6，具有丰富的I/O端口和外设资源，以及多种标准和先进的通信接口。该控制器拥有256 KB的闪存，最高工作频率达到72 MHz，可以进行快速的数据运算，满足机器人处理数据的要求。其丰富的I/O引脚可以外挂更多的资源。控制器带有2个高级定时器、2个基本定时器和4个通用定时器，可以满足机器人PWM波的产生、编码器的使用及定时功能的应用。该芯片具有5个串口，能同时满足蓝牙通信和语音模块的使用要求，JTAG仿真可以在线调试和下载代码，方便机器人的调试。由此可以看出，采用STM32芯片，能充分利用其资源，满足五子棋对弈机器人设计的要求。

13.2.4 数据处理的方案设计

数据处理是五子棋对弈机器人的核心，需要同时满足视觉处理的可实现性和博弈算法运算快速性。本项目基于LabVIEW技术来实现视觉处理和博弈算法的数据处理。

LabVIEW软件采用直观的图形化编程语言，可以实现高效的界面设计，提高程序的可读性；其内置的"视觉与运动"函数包，为视觉的开发与处理提供了成熟的技术支持，也大大缩短了程序的开发周期；LabVIEW 软件所包含的 VISA 函数包能方便地为上位机程序提供与控制器串口通信的方法；同时，LabVIEW 可以实现多线程的任务分配，提高程序的运算速度。相对 C++ 等软件而言，选择 LabVIEW 处理数据，具有性价比高、扩展性强、开发周期短、难度小等优势。

13.2.5 机械结构的方案设计

本项目机器人的机械机构设计也是关键的一部分，主要完成取子、移动、落子等动作，分为两部分：一是完成取子、落子的末端执行器的设计；二是搭载末端执行器，实现快速、精确移动的平台设计。

1. 末端执行器的方案设计

能实现取子、落子动作的方法，常见的有两种方式，一种是夹取，另一种是吸取。

(1) 夹取方式

夹取方式的实现主要是通过仿人手的机械结构完成取子、下子动作。这种方式的优点是无须使用特制的棋子，并且视觉效果非常好；缺点是对于机械结构设计与加工的要求非常高，在夹取棋子时，抓手与棋子间相对位置要求也很高，在对棋的控制上也很复杂。

(2) 吸取方式

吸取方式的实现主要是通过电磁铁或者吸盘完成取子、下子动作。前者实现的过程是：电磁铁下表面靠近棋子，电磁铁得电，吸取棋子；电磁铁靠近棋盘表面后断电，棋子在自身重力的作用下掉落，完成下子。该方法的优点是机械结构相对简单，只通过继电器电路即可控制，成本较低；缺点是需要定制棋子，棋子为磁性金属材料，并且其自身重力要大于电磁铁断电后的残余磁力。后者实现的过程是：取棋子时，吸盘罩住棋子，气泵抽气，吸取棋子；放棋子时，气泵充气，棋子自行脱离吸盘。该方法的优点是对棋子材质没有要求，只要大小合适吸盘即可；缺点是噪声大、成本高。

综合考虑以上两种方案的优缺点，本项目采用电磁铁吸取的方式作为末端执行器。棋子选用一角硬币（第五版人民币）大小般的铁质材料制作，质量适中，并选用直流吸盘式微型电磁铁 ELE-P30/22-10，额定电压 12 V，采用高纯度电工纯铁表面镀镍，断电后无剩磁，吸力 100 N，实物图如图 13.5 所示。

图 13.5 微型电磁铁实物图

2. 移动平台的方案设计

移动平台的设计有多自由度结构的工业机械臂和三维框架结构两种方案可供选择，这两种方案各有其优缺点。

（1）工业机械臂

工业机械臂设计精巧，其多自由度（一般大于 3 自由度）的关节能模拟人的手臂在三维空间里完成各种复杂的动作。工业机械臂大多采用轻便、坚固的铝框式结构，每个自由度由固定铝架、直流电动机及一个编码器组成，结构模型如图 13.6 所示。其优点是移动迅速、定位精准、噪声小；缺点是体积大、成本高、控制难度大，要通过空间几何计算得到每个关节的转角值。

图 13.6 工业机械臂结构模型

（2）三维框架结构

三维框架结构利用固定的框架结构可以实现在 X、Y 和 Z 方向的运动，并且通过三个方向的组合可以在一定三维空间里运动到任意位置。在 X、Y 轴的每个方向也需要一个直流减速电动机和一个编码器，而在 Z 轴方向则用步进伸缩电动机控制。通过软件对直流减速电动机和编码器的编程，也可以实现快速、精确的移动定位，具有成本低、体积小、控制简单等优点。

本项目从实际情况出发，由于工业机械臂的成本高，因此排除了该方案，选择使用三维框架移动平台方案。

13.2.6 人机交互方案设计

作为娱乐机器人家族中的一员，五子棋对弈机器人应具备良好的人机交互系统。本项目的人机交互分为单向传递和双向交互，单项传递包括机器人对玩家的信息指示和玩家对机器人的命令下达，这些信息或指令只进行单向传输，没有反馈信息，在设计中体现在按钮、LED、蜂鸣器、OLED 显示屏等地方。双向交互则可以实时交互信息，机器人或者玩家可以得到反馈信息，设计中体现在语音模块的使用中。

当玩家下棋结束后，需要给机器人一个完成下棋动作的指示，这个动作通过一个弹性按钮实现。在机器人执行每一个动作的同时，低功耗的 OLED 显示屏用于显示机器人的重要性能参数及直观的提示信息，同时配合 LED 和蜂鸣器进行提示。本项目同时采用了语音模块，实现人机双向交互，这不仅提高了用户体验，还增强了游戏的娱乐效果。语音模块集成了语音识别和语音播报功能，采用串口方式与控制器通信，使用简便，同时也简化了设计的难度，提高了系统的可靠性。

13.2.7 无线通信方案设计

本项目中控制器与 LabVIEW 之间的通信选用无线蓝牙 HC-06 模块，该模块使用 TTL 逻辑电平进行信号传输，蓝牙模块的基本参数可以通过 AT 指令集更改，可更改的参数包含波特率、密码和名称(只针对主机)。其带有的标准 HCI 端口与单片机的串口和 LabVIEW 的 VISA 接口相连都十分方便,蓝牙主机与单片机的串口直接连接,蓝牙从机与计算机之间则需要使用 USB 转串口模块,本项目中使用 PL2303 模块,只需硬件连接,无须软件编程。

13.3 五子棋对弈机器人的硬件设计

13.3.1 机械结构的设计

本项目机器人机械机构的设计主要是关于三维框架结构的设计。三维框架结构如图 13.7 所示。

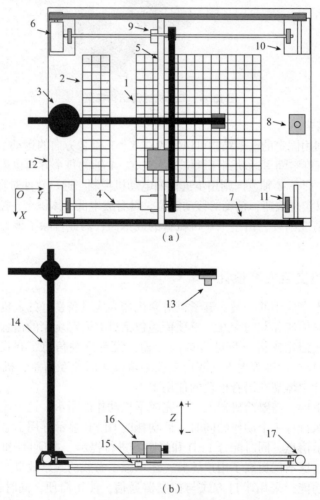

(a)

(b)

1—棋盘;2—棋子存放区域;3—摄像头支架座;4—纵向导轨;5—横向导轨;6—直流减速电动机;
7—同步带;8—按钮;9—滑块;10—支架;11—轴承;12—底座;13—USB 摄像头;
14—摄像头支架;15—末端执行器;16—步进伸缩电动机;17—同步带轮。

图 13.7 三维框架结构

(a)俯视图;(b)侧视图

底座(12)为 50 cm×70 cm 的矩形，底座的四个角分别用 1.5 cm 厚的木质支架(10)垫高，支架上安装四个轴承(11)，轴承用来固定 Y 轴方向的两根平行的圆柱形纵向导轨(4)，导轨上分别有一个滑块(9)，两个滑块上安装有 X 轴方向的横向导轨(5)，横向导轨的两端分别连在纵向导轨外侧的两个同步带(7)上，每个同步带分别通过两个同步带轮(17)一端固定在支架上，另一端连接直流减速电动机(6)，两侧的滑块在直流减速电动机的同步带动下可以使搭载其上的横向导轨在 Y 轴方向上运动。横向导轨上也有一个滑块，滑块上安装有步进伸缩电动机(16)，滑块同样可以在直流减速电动机、同步带和同步带轮的带动下使步进伸缩电动机在 X 轴方向自由运动；步进伸缩电动机上安装有末端执行器(15)，步进伸缩电动机在驱动电路的控制下可以使末端执行器在 Z 轴方向上运动。

底板的颜色为黄色，其上还有一张 15×15 的棋盘(1)，在机器人的一侧还有一块棋子存放区域(2)，以便机器人取子下棋。在玩家的一侧有一个弹性按钮，当玩家下棋结束后可以通过按下按钮来告知机器人。棋盘的正上方 1 m 左右有一个 USB 摄像头(13)，固定在专门的摄像头支架(14)上，通过对摄像头支架的调节，可以改变 USB 摄像头的高度和角度等位置坐标。摄像头支架则通过摄像头支架座(3)来固定。

每一个直流减速电动机尾部都装有一个编码器电路构成伺服结构。通过 X 轴和 Y 轴方向上编码器的位置反馈，控制器可以很好地控制末端执行器在 XY 平面范围内的精确移动。Z 轴方向上的步进伸缩电动机可以带动末端执行器在 Z 轴方向上运动，原始状态下末端执行器处于 Z 轴运动上限位置，取子时先运动到靠近棋子上方，取子结束后再回到上限位置，这样在移动的过程中就避免了末端执行器上的棋子与棋盘上其他棋子发生碰撞。本项目中三维框架结构灵活性强，棋子定位快速准确，且性价比高。

13.3.2　末端执行器的设计

末端执行器主要由电磁铁及其控制电路组成，通过电磁铁的得电和失电，可以实现取子和下子的动作。电磁铁采用 12 V 供电，控制电路采用 5 V 供电。控制电路如图 13.8 所示，当控制器给其高电平时，LED 点亮，继电器线圈得电，其动触点和动合触点吸合，电磁铁得电；当控制器给其低电平时，LED 熄灭，继电器线圈失电，其动触点和动断触点吸合，电磁铁失电。

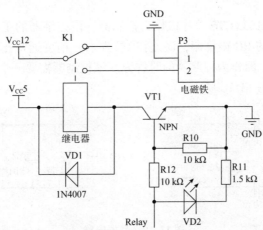

图 13.8　电磁铁模块控制电路

13.3.3　系统电源的设计

稳定的电源供应是维持系统可靠运行的前提，在本项目中需要用到 4 种电源参数，分别为+12 V、+8 V、+5 V 和+3.3 V。本项目由直流稳压源提供一路 8 V 恒定电压和一路 12 V 恒定电压，额定电流可达 5 A。12 V 电压提供给直流电动机和电磁铁模块使用，8 V 电压提供给步进电动机使用，再由稳压模块稳定输出 5 V 电压和 3.3 V 电压。5 V 电压提供给逻辑芯片、光电编码器、单片机最小系统等使用，3.3 V 电压提供给单片机芯片、蓝牙模块、语音模块和 OLED 显示屏等使用。LM2596 稳压电路如图 13.9 所示。

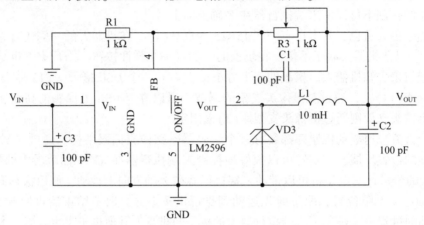

图 13.9　LM2596 稳压电路

该电路为 LM2596 DC/DC 可调稳压电路，在输入电压大于输出电压 1.5 V 的前提下，输入电压范围为 3.2~46 V，通过调节滑动变阻器 R3 可以在 1.25~35 V 范围内连续输出电压，最大输出电流为 3 A，输出电压波纹小于 30 mV。在本项目中输入 8 V 电压，使其稳定输出 5 V 电压。

13.3.4　控制器最小系统的设计

1. 晶振电路的设计

本项目采用 STM32F103VCT6 单片机作为控制器，该控制器的工作只需简单的外部电路支持，其内置的 8 MHz 的 RC 振荡器，误差在 1% 左右，精度通常比用外部晶振差很多，因此本项目采用外部晶振电路作为控制器的时钟源。该控制器需要一个低频时钟源，一个高频时钟源，其晶振电路如图 13.10 所示。

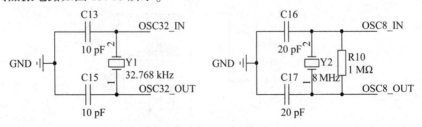

图 13.10　晶振电路

2. 电源电路的设计

控制器的工作电压范围为 2 ~ 3.6 V。在启动时，若电压高于 2 V，微控制器自动进行上电复位；在运行时，若电压低于 2 V，微控制器自动进行掉电复位。本项目采用 3.3 V 标准电压供电，使用 AMS1117 芯片进行 3.3 V 的稳压，输出电压给单片机及其他模块供电。控制器电源电路如图 13.11 所示。

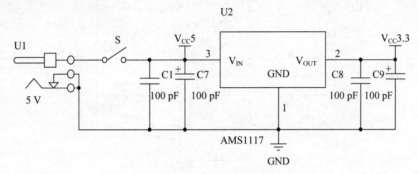

图 13.11 控制器电源电路

3. 下载电路的设计

控制器内嵌了串行单线 JTGA 调试口，可实现串行单线调试接口和 JTGA 接口的连接。相比串口下载程序，JTGA 接口可以进行在线调试，下载速度也很快。JTGA 电路如图 13.12 所示。

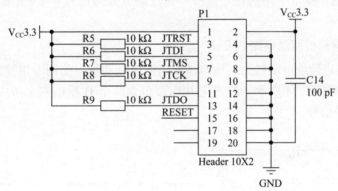

图 13.12 JTGA 电路

13.3.5 电动机驱动电路的设计

本项目中使用直流减速电动机作为三维框架平台的动力装置。在三维框架的 X 轴方向上使用一个直流减速电动机，Y 轴方向上使用两个直流减速电动机，分别带动相应的同步带工作，在 Z 轴方向上使用步进伸缩电动机带动末端执行器工作。电动机具有噪声小、控制简单等优点，在实际的应用中只需要驱动电路驱动即可工作。

1. 直流减速电动机驱动电路的设计

在直流减速电动机驱动电路中使用两片 IR2104S 半桥驱动芯片组成一路全桥电路。全桥电路和逻辑电路相结合，能很好地控制直流电动机的运行。直流减速电动机驱动电路如图 13.13 所示。

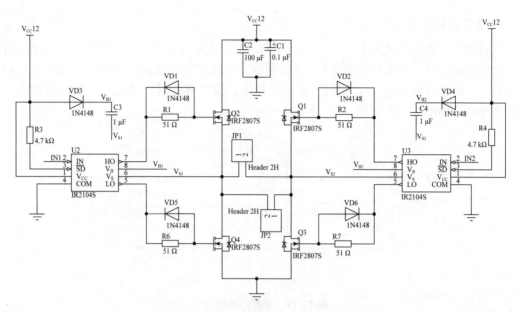

图 13.13　直流减速电动机驱动电路

图 13.13 中 IN1 与 IN2 为两个方向信号控制端，V_{B1} 与 V_{B2} 为两个 PWM 信号控制端，分别接入 IR2104S 芯片的输入端。IR2104S 芯片的低位和高位为一对互补信号，避免同侧的两个 MOS 管同时导通，保证电路的稳定运行。通过调节方向信号和 PWM 信号来控制电动机的运行状态。

2. 步进伸缩电动机驱动电路的设计

本项目中的步进伸缩电动机为二相四线步进伸缩电动机，使用专用控制器 L298 驱动电路来控制，电路如图 13.14 所示。L298 芯片内部包含两个 H 桥的双全桥式驱动器，可接收标准 TTL 逻辑电平信号。

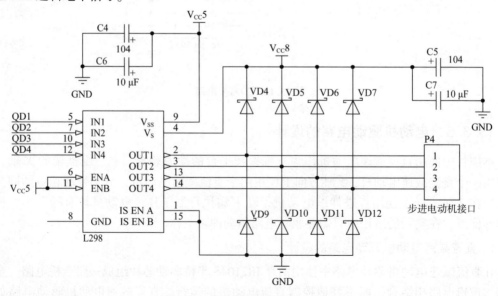

图 13.14　步进伸缩电动机驱动电路

图 13.14 中 8 个二极管的作用：当 L298 内部的晶体管由导通变为截止时，电动机上的电流会突变，使 L298 芯片击穿。而接入二极管会给电动机线圈提供续流通路，续流将倒灌回电源。此时电源电压反向加在电动机上，迫使电流按一定的变化率减小，直至为零。

电路中四个输入端接到控制器的四个 I/O 端口，按表 13.1 中的时序，由状态 1 至状态 8 依次给脉冲信号，电动机将会正转；若由状态 8 至状态 1 依次给脉冲信号，电动机将反转。

表 13.1　二相四线步进电动机控制时序

序号	状态 1	状态 2	状态 3	状态 4	状态 5	状态 6	状态 7	状态 8
A+	1	1	0	0	0	0	0	1
A-	0	0	0	1	1	1	0	0
B+	0	1	1	1	0	0	0	0
B-	0	0	0	0	0	1	1	1

13.3.6　增量式编码器电路设计

增量式编码器电路由光电传感器、电阻、施密特触发反相器和码盘组成。电动机尾部的码盘通过光电传感器，有遮挡的时候输出高电平，无遮挡的时候输出低电平。周期性输出的高低电平经过施密特触发反相器整形变为计数脉冲，再由微控制器采集，计算出电动机的位移。编码器电路如图 13.15 所示。

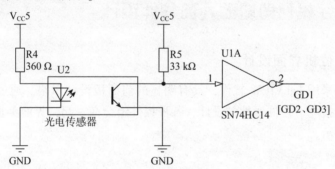

图 13.15　编码器电路

13.3.7　人机交互电路的设计

人机交互电路包括 LED 提示电路、蜂鸣器提示电路、语音模块接口电路和 OLED 显示屏接口电路，如图 13.16 所示。语音模块连接微控制器的串口 2。OLED 显示屏连接微控制器的 PE2 ~ PE5 接口。LED 提示电路采用微控制器 I/O 的低电平点亮，分别为红灯和绿灯，当机器人下棋时红灯亮，玩家下棋时绿灯亮。

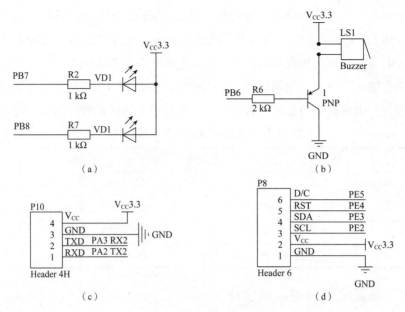

图 13.16　人机交互电路

(a) LED 提示电路；(b) 蜂鸣器提示电路；(c) 语音模块接口电路；(d) OLED 显示屏接口电路

13.4　五子棋对弈机器人的软件设计

13.4.1　上位机界面设计

本项目上位机采用 LabVIEW 软件，具有明显的前面板设计风格。通过位置的安排、大小的调整、颜色的搭配、控件属性的设计，各种控件组合在一起，界面美观且实用。上位机界面如图 13.17 所示。

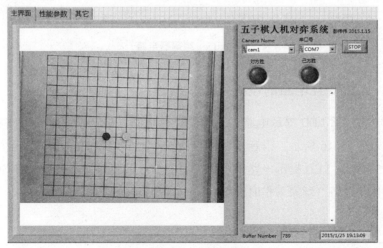

图 13.17　上位机界面

13.4.2 图像采集程序设计

本项目采用 USB 摄像头作为图像采集传感器，USB 摄像头通过支架安装在棋盘的正上方。图像采集程序如图 13.18 所示，通过 NI Vision 函数模板中的子 VI 可以实现图像实时采集功能。采集到的原始棋盘图像为 640×480 像素大小的 16 位真彩色图像，实时显示在前面板上，如图 13.19 所示。

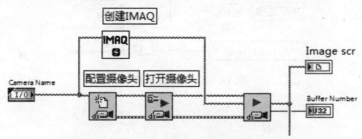

图 13.18 图像采集程序

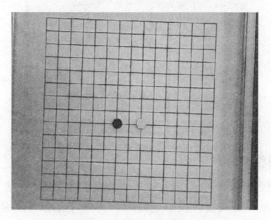

图 13.19 采集到的原始棋盘图像

13.4.3 图像处理的程序设计

图像处理程序主要包括灰度转换、滤波处理、边沿检测、旋转矫正和缩放，以及棋子识别。这些程序主要通过 LabVIEW 编程实现，减小了程序开发的难度，缩短了程序开发的周期。图像识别处理流程如图 13.20 所示。

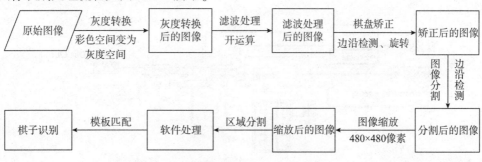

图 13.20 图像识别处理流程

1. 图像灰度转换的程序设计

摄像头采集到的原始图像为 16 位的彩色图像，主要用于在主界面上实时显示。为了提高图像处理算法运行的速度，需要把彩色图像转换成 8 位的灰度图像。程序如图 13.21 所示，转换后的灰度图像如图 13.22 所示。

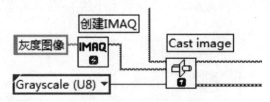

图 13.21　灰度转换程序

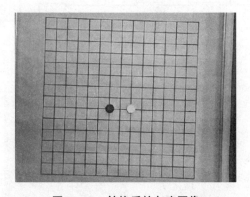

图 13.22　转换后的灰度图像

2. 图像滤波处理的程序设计

由于棋盘上存在一些污垢或者摄像头存在感光颗粒噪声等影响，LabVIEW 软件采集到的图像上存在一定的噪声，经灰度转换后这些噪声仍然存在，可能会影响对图像的下一步处理，因此需要对图像进行滤波处理。

本项目中对灰度图像采用开运算消噪处理滤波，即先对目标图像进行腐蚀（Erode）处理，消除图像上小于棋盘边框或棋子结构像素的点，再利用膨胀（Dilate）处理的方法对其进行恢复。经过开运算处理后的灰度图像，完整地保留了棋盘框架结构等符合结构元素的几何性质的部分，其他的噪声像素被消除。这对于后续的边沿提取十分有利。本项目设计中腐蚀和膨胀的算子大小都取 3×3，程序如图 13.23 所示。腐蚀后的图像如图 13.24 所示，膨胀后的图像如图 13.25 所示。

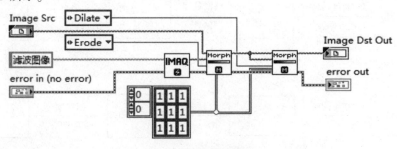

图 13.23　滤波处理程序

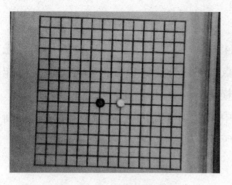
图 13.24 腐蚀后的图像

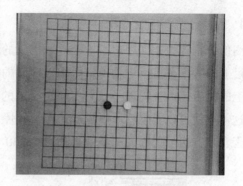
图 13.25 膨胀后的图像

3. 图像旋转处理的程序设计

由于摄像头的摆放只保证了与棋盘面的相对水平和通过界面能完整地看到棋盘，并不能保证采集到的图像是正放的，且事实证明采集到的图像大多存在一定角度的旋转，因此需要对图像进行旋转。

如图 13.26 所示，首先使用 IMAQ Find Edge 函数对图像进行从左到右的边沿检测，搜索的宽度为 3，采用双线性固定(Bilinear Fixed)插值方法定位边缘位置。边沿检测的图像如图 13.27 所示。找到左侧边沿后可以得出该边沿与水平线的角度值，然后调用 IMAQ Rotate 函数将图像旋转到正确位置，矫正后有空白的地方用像素值为 148 的颜色填补，矫正后的图像如图 13.28 所示。

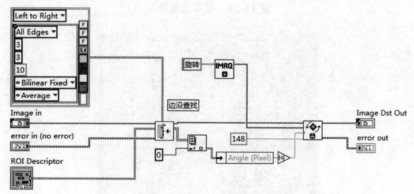
图 13.26 旋转处理程序

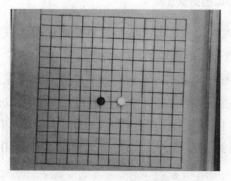
图 13.27 边沿检测的图像

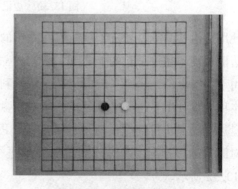
图 13.28 矫正后的图像

4. 图像分割和缩放处理的程序设计

图像分割首先要利用边沿检测提取棋盘的 4 个边沿，程序如图 13.29 所示，首先检测左侧边沿上的若干个点，比较确定两个最标准的点，然后计算其横坐标的平均值，并作为左侧边缘上的横坐标点；同理，计算右侧边沿上的横坐标点和上下两侧边沿的纵坐标点。这样，利用这 4 点就可以得出整个棋盘的边沿。程序中可以通过直线与水平线的角度值判断提取边沿是否合理，边沿提取的图像效果如图 13.30 所示。

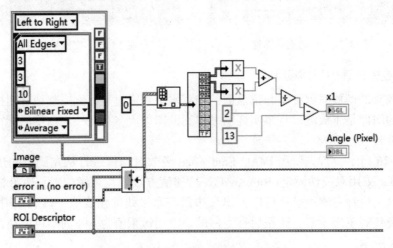

图 13.29　提取边沿程序

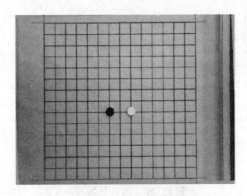

图 13.30　边沿提取的图像效果

使用边沿检测能增加抗干扰能力，下棋的时候人的手臂会遮挡住棋盘的边沿，只要被遮挡的边沿长度不超过总长的 1/2，这种算法就能很好地提取出图像的边沿。

由于边沿上的棋子有一定的半径，所以利用边沿检测得到的坐标不能直接对图像进行分割。本项目设计中经过反复的测试，确定棋盘边沿外扩 13 个像素点后进行分割可以保证落在棋盘边缘的棋子得到完整显示和识别。如图 13.31 所示，使用函数 IMAQ Extract Tetragon 函数对图像进行分割，并对分割后的图像进行缩放，缩放后的图像大小为 480×480 像素，如图 13.32 所示。

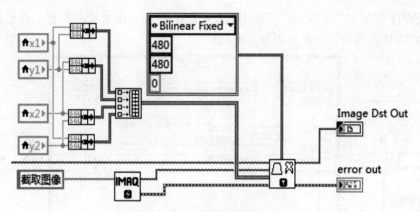

图 13.31 棋盘缩放的程序

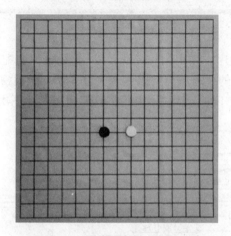

图 13.32 棋盘分割缩放后的图像

5. 棋子识别程序设计

本项目使用模板匹配的方式识别棋子，首先在程序的初始化过程中会有取模板的步骤，其界面如图 13.33 所示，使用鼠标手动选取棋子模板。

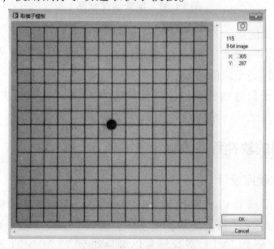

图 13.33 取模板界面

取模板程序如图 13.34 所示，使用 IMAQ Construct ROI 函数选取模板，然后通过 IMAQ Extract2 函数将模板截取，再保存到指定的路径。

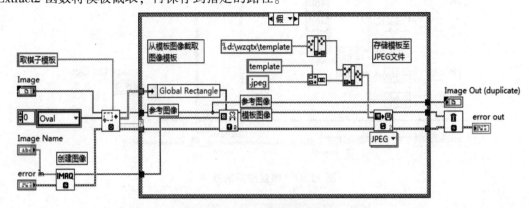

图 13.34　取模板程序

图 13.35 为模板匹配程序。其中，Minimum Score 参数为匹配度设置值，其取值范围是 0～1 000，分值越高，匹配的要求越高，难度越大。这个参数通常根据经验取值。当检测到棋子后，将其中心坐标确定下来，然后用掩膜将其遮盖以避免下次重复检测。

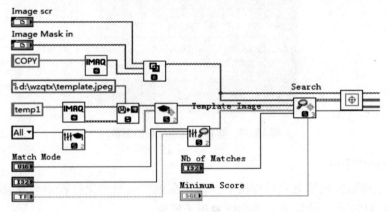

图 13.35　模板匹配程序

使用模板匹配有两个优点：

1）光照对摄像头的影响较大，但通过模板匹配的方式在不同的光线环境下采集不同的模板，可以一定程度上解决光线的影响；

2）由于棋盘上的棋子只有两种颜色，因此模板匹配不仅可以解决棋子颜色的识别问题，还可以通过调节模板的匹配度，来提高棋子的识别率。

13.4.4　控制器的软件程序设计

1. 系统时钟初始化程序设计

本项目的控制器采用基于 Cortex-M3 内核的增强型 STM32 单片机，时钟频率可以达到 72 MHz。STM32 单片机的时钟非常复杂，有 HIS、HSE、LSI、LES、PLL 这 5 个时钟源。通常使外接 8 MHz 的 HSE 经 PLLMUL 寄存器 9 倍频后得到 72 MHz 的 PLLCLK，然后由开关 S 将 PLLCLK 切换成系统时钟 SYSCLK。SYSCLK 通过 AHB 分频器分频后，再由 APB1 和

APB2 预分频器分频提供给外设使用，其中 APB1 输出两路：一路给基本定时器和基本定时器使用，另一路 PLCK1(最大 36 MHz)给 APB1 外设使用；APB2 输出一路给高级定时器使用，另一路 PLCK2(最大 72 MHz)给 APB2 外设使用。图 13.36 为系统时钟初始化流程。

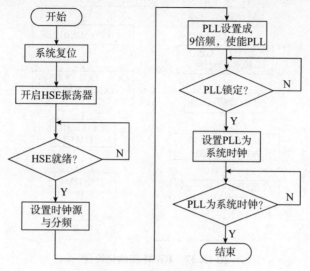

图 13.36　系统时钟初始化流程

2. 语音模块的程序设计

本项目中语音模块使用串口与控制器通信，波特率为 9 600。控制器通过发送 ASR 指令来控制语音模块，指令由 ASCII 码组成，如表 13.2 所示。例如，当需要播放语音文件 001 时，则只需发送 70 6C 61 79 2C 30 30 31 2C 24 即可。控制器将需要使用到的对话场景分别打包成子函数，在不同的场景调用不同的子函数，大大简便了程序的设计。

表 13.2　语音模块 ASR 指令

指令	范例
添加关键词指令	00, ni hao, 001, $
播放语音文件指令	play, 001, $
波特率设置指令	Baud, 9600, $
擦除所有关键词指令	Erase $
重启模块指令	Reset $
麦克风设置指令	mic_vol, 078, vag, 08, bnv, 1, $

语音模块外扩 SD 卡，将录制好的语音存放在 SD 卡中，然后设置"添加关键词指令"将要识别的语音和要播放的语音文件连接起来。为了提高语音模块的识别率，本项目使用"即需即写，事后擦除"的方法，即需要时写入关键词指令，待识别后擦除该关键词指令。在不需要语音识别的时候就可以关闭识别系统，彻底消除误识别现象。

3. 电动机控制程序设计

五子棋对弈机器人需要使用 3 个直流减速电动机，每一个直流减速电动机都需要使用一路 PWM 信号控制。本项目使用的微控制器的定时器 1 输出 4 路 PWM 调速信号，只需要对定时器 1 相关寄存器进行简单的配置。为了减小直流减速电动机的噪声，PWM 波的频率设置为 10 kHz。由于定时器 1 的 PWM 输出引脚被其他资源占用，因此需要对其进行重映射。图 13.37 为 PWM 初始化流程。

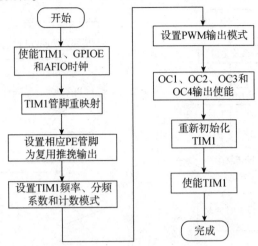

图 13.37　PWM 初始化流程

4. 增量式编码器的程序设计

本项目使用 12 线的增量式编码器构成电动机的反馈电路，实现移动过程中的定位。该编码器本身精度不高，分辨率仅为 1/12。但编码器的码盘安装在直流减速电动机的尾部，直流减速电动机的减速比为 64∶1，所以利用直流电动机的减速比可以将编码器的分辨率提高到 1/768，足够本项目机器人使用。

编码器输出的数字脉冲，经过控制器的计数器计数，再通过编码器的分辨率和同步带轮的直径 D 计算出实际位移距离 L。计算公式如下：

$$L = (DN\pi)/768 \tag{13.1}$$

控制器使用外部时钟源模式 2 计脉冲数，计数器在外部触发 ETR 的每个上升沿计数。计数器使用外部触发滤波，对 ETRP 信号的采样频率 $f_{SAMPLING} = f_{DTS}/32$，滤波器带宽 $N = 8$。外部时钟模式 2 的时序图如图 13.38 所示。

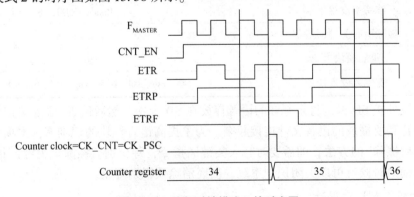

图 13.38　外部时钟模式 2 的时序图

5. 棋子移动路线规划

本项目中每个棋格都为正方形，其边长为 x，原点位置与第一个棋子存放位置相距 1 个 x 的距离，棋盘与棋子存放区域相距 3 个 x 的距离。在对弈的过程中，机器人会记录已下的棋子数和剩余的棋子数，并在上位机上和 OLED 屏上显示。

如图 13.39 所示，假设机器人要将(F，-4)坐标上的第 6 颗棋子下在坐标为(J，4)的位置上(下子位置在放子位置的左边)，则机器人从原点位置开始，沿路径 a_1 向 X 正方向移动 $5x$ 的距离到棋子存放区域的(F，-4)坐标处取第 6 颗棋子，Y 方向不移动；然后沿路径 b_1 向 X 正方向移动 $4x$ 的距离，向 Y 正方向移动 $9x$ 的距离到(J，4)坐标处完成下子动作后，再沿路径 c_1 向 X 负方向移动 $9x$ 的距离，向 Y 负方向移动 $9x$ 的距离回到原点位置。假设机器人要将(H，-2)坐标上的第 37 颗棋子下在坐标为(E，5)的位置上(下子位置在放子位置的右边)，则机器人从原点位置开始，沿路径 a_2 向 X 正方向移动 $7x$ 的距离，向 Y 正方向移动 $2x$ 的距离到棋子存放区域的(H，-2)坐标处取第 37 颗棋子，然后沿路径 b_2 向 X 负方向移动 $3x$ 的距离，向 Y 正方向移动 $8x$ 的距离到(E，5)坐标处完成下子动作后，再沿路径 c_2 向 X 负方向移动 $4x$ 的距离，向 Y 负方向移动 $10x$ 的距离回到原点位置。

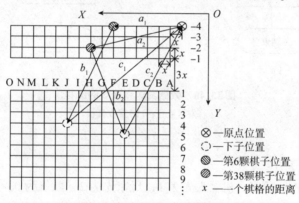

图 13.39　棋子移动路径图

13.4.5　无线通信的程序设计

LabVIEW 上位机与控制器采用串行异步通信方式通信，通过蓝牙实现无线连接。本项目使用数据包传输方式，发送方以 5 Hz 的频率循环发送数据包，直至收到应答信号为止，接收方接收数据，进行校验，校验成功后发送应答信号给发送方。数据发送和接收的流程如图 13.40 所示。

1. 数据包定义

数据包格式如表 13.3 所示。

表 13.3　数据包格式

字头	参数 1	参数 2	参数 3	校验和
0XFF 0XFE	Parameter 1	Parameter 2	Parameter 3	Check Sum

1)字头：连续发送两个字节 0XFF 0XFE，表示数据包达到。

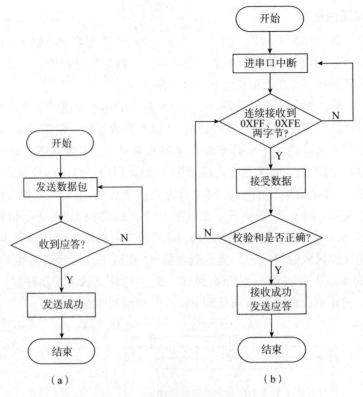

图 13.40　数据发送和接收的流程

(a)发送流程；(b)接收流程

2)参数。

①控制器作为发送方：

参数 1：下棋的先后顺序，机器人先为 1，玩家先为 2，默认为 0；

参数 2：机器人的下棋状态，机器人完成下棋为 1，默认为 0；

参数 3：玩家的下棋状态，玩家完成下棋为 1，默认为 0。

②上位机作为发送方：

参数 1：机器人下子的 X 坐标，默认为 0；

参数 2：机器人下子的 Y 坐标，默认为 0；

参数 3：胜负判断，机器人胜为 1，玩家胜为 2，和局为 3，默认为 0。

3)校验和。校验和的计算方式如下：

$$Check\ Sum = \sim (Parameter1 + Parameter2 + Parameter3)$$

若括号内的计算值超过 255，则取最低字节后取反。"~"表示取反。

2. 通信程序的实现

(1)控制器串口程序的实现

控制器使用 USART1 实现通信功能，USART1 的初始化程序设计打包成子函数的形式，有两个参数，一个是 USART1 的时钟，另一个是串口的波特率。由于 USART1 的时钟挂在 PLCK2D 的时钟上，在单片机初始化设置中为 72 MHz，本项目中使用的波特率为 19 200。

数据发送时，首先对状态寄存器 USART1_SR 中发送完成位 TC 写"0"清除，然后将数据赋值给数据寄存器 USART1_DR，当一帧数据发送完成后，TC 位由硬件置位，所以需要不断地查询发送完成位 TC，直到发送完成。

数据的接收使用中断方式。当有数据从移位寄存器中转移到 USART1_DR 寄存器时，状态寄存器 USART1_SR 中的 RXNE 将被置位。然后判断前两个字节是否为数据包的字头，如果不是，则等待下一包数据；如果是，则存储参数和校验字节，再交给其他程序处理是否数据有效。数据发送和接收代码如下：

```
void Uart1_PutChar(u8 ch)
{
    USART1->DR=ch;                        //发送数据
    while((USART1->SR&0X40)==0);          //等待发送结束
}
void USART1_IRQHandler(void)             //判断2个字节，接收4个字节
{
    if(USART1->SR&(1<<5))                 //接收到数据
    {
        res1=USART1->DR;                  //读数据
        if(USART_RX==1)                   //接收数据
        {
            USART_RX_BUF[USART_RX_STA&0X03]=res1;  //存储数据
            USART_RX_STA++;               //计数位加1
            if(USART_RX_STA>=4){
                USART_RX_STA=0;           //计数位清0
                USART_RX=0;               //接收标志符清0
            }
        }
        if(res1==0xff)                    //判断第一个字节为0XFF
        {
            res1=USART1->DR;              //读数据
            if(res1==0xfe)                //判断第一个字节为0XFE
            USART_RX=1;                   //接收标志符置1
        }
    }
}
```

（2）LabVIEW 串口程序的实现

LabVIEW 软件通过 VISA 函数实现串口通信，程序中需要对 VISA 进行初始化设置，主

要是对串口和缓冲区的配置。VISA 初始化配置程序如图 13.41 所示。

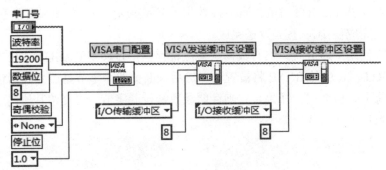

图 13.41　VISA 初始化配置程序

数据的读取与写入则使用 VISA 读取和写入函数，由于发送和接收的是字符串，因此发送时需要将字节数组转换成字符串，接收时将字符串转换成字节数组。VISA 读取与写入程序如图 13.42 所示。

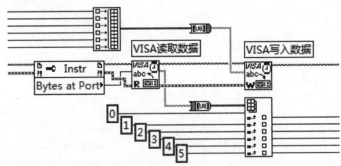

图 13.42　VISA 读取与写入程序

13.5　五子棋博弈算法设计

五子棋博弈算法的好坏决定了五子棋对弈机器人的棋艺水平。五子棋博弈算法的主要设计思路就是对棋局的棋势进行分析，判断自己与对手的棋型，进而根据棋型对棋盘上的空点进行相应的估分，本着对自己更有利的原则，选择进攻或是防守，在分值最高的点下子。主要用到的算法函数有模型搜索函数、棋型判断函数、估值函数和胜负判断函数，算法系统函数分类及关系如图 13.43 所示。

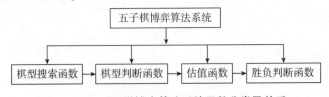

图 13.43　五子棋博弈算法系统函数分类及关系

13.5.1 棋盘信息的表示

为了将棋盘上的信息高效地传递给五子棋博弈算法，本项目使用二维数组来储存棋盘的信息。首先我们以 15×15 的二维数组为整个棋盘建立一张用来记录棋子信息的表格（其中 15×15 是棋盘的大小），用"0"表示当前该格点无棋子，"1"表示当前该格点有对方棋子，"2"表示当前该格点有己方棋子。这个二维数组就是以后算法信息的来源和分析的基础。

13.5.2 棋型的分类

不同的算法有不同的棋型定义方法，为了更好地简化五子棋博弈算法程序的编写，本项目对五子棋的棋型进行了系统的分类，具体棋型如表 13.4 所示。

表 13.4 棋型分类表

棋型	棋型描述	举例
空	从空位出发沿任意方向搜索，连续有 2 个空位	略
边界冲	从空位出发沿任意方向搜索，直接出边界	
边界空冲	从空位出发沿任意方向搜索，经过 1 个空位后出边界	
活	从空位出发沿任意方向搜索，某一方形成 4 个、3 个或 2 个相同颜色的棋子相连，或者只有 1 个棋子，并且其两端为空位	
冲	从空位出发沿任意方向搜索，某一方形成 4 个、3 个或 2 个相同颜色的棋子相连，或只有 1 个棋子，并且有一端有对方棋子或者边界，另一端为空位	
空活	从空位出发沿任意方向搜索，经过 1 个空位后，遇到活棋型	
空冲	从空位出发沿任意方向搜索，经过 1 个空位后，遇到冲棋型	
五子	某一方形成五个（或五个以上）相同颜色的棋子相连	略

注：(1) 举例图形中，⊗代表需要估分的空位，○代表白子，●代表黑子；

(2) 此分类只是针对棋型，不包括具体棋型中的不同棋子情况。

13.5.3 棋型搜索与判断函数的设计

棋型搜索的方法有很多，各种新的搜索方法也层出不穷。根据对博弈算法要求的高低，可以选择不同广度和深度进行搜索。由于本项目以娱乐为主，对博弈算法的要求不高，以及机器人所使用的计算机性能上的局限，所以选用普通的遍历搜索方式。

本项目中机器人将对整个棋盘上的空点进行遍历式分析，棋型的搜索主要以待分析的空点为中心，对空心点的 8 个方向依次进行搜索，右方向 1 为起始方向，搜索顺序如图 13.44 所示。

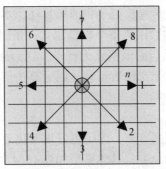

图 13.44　搜索顺序示意图

在搜索的同时，需要向每个方向进行移动，移动方向与搜索方向 n 一致，每次移动距离为 1 个格点，若首次移动时连续遇到两个空点或者边界则停止该方向上的搜索；若首次遇到黑子或白子后，再次遇到与上次颜色相反的棋子、空点或边界，则该方向上的搜索结束。每次棋子移动后记录该点上的棋子类型。移动函数流程如图 13.45 所示。(i, j) 为搜索点坐标，n 为搜索方向值。

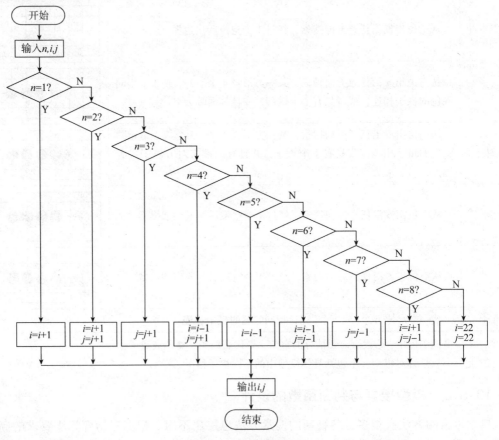

图 13.45　移动函数流程

如上所述，在 8 个方向上搜索所记录的是不完整的棋型。将两个搜索方向相反的记录组合为一组棋型，可以得到四组完整的棋型信息，然后参考表 13.4 进行棋型分类。

13.5.4　估值函数

在对弈过程中，机器人判断下一步应该在哪个空位上下子，首先需要对棋盘上每一个空位进行估值，根据不同空位上分值的大小，选择合适的位置下子。本项目接下来将研究如何合理地估值。

通常使用的估值函数实现方法有以下两种。

1）模板估值法。模板估值法首先将各种棋型做成对应的模板，并确定好分值，然后将棋盘上的棋局拆解成多种模板的组合，再根据这些模板对棋局进行估分。这是一种棋类 AI 程序设计中较为笨拙却很有效的估值方法，其最大的好处在于实战效果好，因为它需要做大量的训练，根据实际效果来不断地摸索调整模板的估值，但训练会耗费很长时间。

2）加权估值法。加权估值函数的设计通常需要考虑双方当前攻击力差值 A_1、潜在攻击力差值 A_2、棋子的紧密度差值 A_3 和棋子的位置价值 A_4 等，最终的估值为：

$$F(n) = \sum_{i=1}^{n} (Q_i A_i) \tag{13.2}$$

其中，Q_i 为各因素的权值，其取值可以根据复杂的逻辑分析推理得出。

这种方法的好处在于其权值的确定不需做大量的训练，但缺点是考虑的因素越多，分析的难度越大。

本项目在加权估值法的基础上结合了模板估值和加权估值两种方法的优点，对加权估值加以改进，使其更适合本项目的设计。首先我们建立一个三维数组 value[2][4][4] 来为每一种棋型确定分值，然后对空位周围的 4 个棋型状态进行分类和模板匹配，将自己的棋型分值相加为 A_1，对手的棋型分值相加为 A_2，然后通过加权求和，实现对不同组合的复杂棋型进行估值，估值函数如下：

$$F = Q_1 A_1 + Q_2 A_2 \tag{13.3}$$

其中，Q_1 为进攻权值，Q_2 为防守权值，不同类型的棋型对应有不同的权值。

该估值函数将模板估值和加权估值相结合，只有进攻和防守两个权值，当对手的分值超过自己的估分则采取防守策略，当自己的分值超过对手的分值则采取进攻策略。通过分析可以预先确定大概权值和棋型分值，再经过简单的几次训练就可以找到合适的权值和棋型分值。估值函数既能考虑到自己的进攻，又能考虑到对对手的防守，并且估值的准确程度可以达到五子棋初级水平。各类棋型评分规则表如表 13.5 所示。

表 13.5　各类棋型评分规则表

棋型	棋子数				棋型	棋子数			
	1 个	2 个	3 个	4 个		1 个	2 个	3 个	4 个
己活	40	400	300	10 000	对活	30	300	2 500	5 000
己冲	6	10	600	10 000	对冲	2	8	300	8 000

棋型	棋子数				棋型	棋子数			
	1 个	2 个	3 个	4 个		1 个	2 个	3 个	4 个
己空活	20	120	200	0	对空活	26	160	0	0
己空冲	6	10	500	0	对空冲	4	20	300	0

下面取博弈过程中具有代表性的几个步骤作示范,其中机器人选取白色棋子,玩家选取黑色棋子。假设由机器人先开始下棋,机器人则选择 H8(天元位置)下第一颗白子,然后玩家在 I9 下第一颗黑子,经过几步后棋型如图 13.46 所示。接下来由机器人下第六颗棋子,调用五子棋 AI 算法对棋局进行分析(只选取这些棋子周边紧邻的几个紧要空位作分析,图 13.46 中◯表示空位),分析结果如表 13.6 所示。

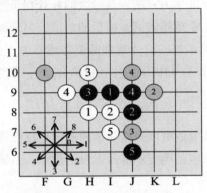

图 13.46　棋型分析示意图

表 13.6　空位估分汇总表

方向(n)	空位							
	1		2		3		4	
	棋型	分值	棋型	分值	棋型	分值	棋型	分值
1	己空活 1	20	空	0	空	0	空	0
2	己冲 3	600	空	0	空	0	空	0
3	空	0	空	0	对活 1	30	对活 2	300
4	空	0	对冲 1	2	空	0	对冲 1	2
5	空	0	对冲 3	300	己活 1	40	己空活 1	20
6	空	0	空	0	对空活 1	26	空	0
7	空	0	空	0	对活 2	300	空	0
8	空	0	空	0	空	0	空	0
总分值	—	630	—	312	—	2 256	—	337

由表 13.6 的分析结果可知,棋盘上其他空位分值均没有空位 3 的分值高,故选择空位 3 下第六颗棋子进行防守。事实证明,空位 3 为机器人最好的走棋路线。第六步落子图如图

13.47 所示。

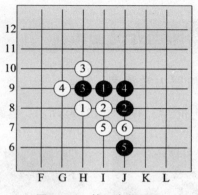

图 13.47　第六步落子图

13.5.5　胜负判断

在每次下完棋后都需要进行胜负判断，胜负判断也需要用到搜索函数，不同于棋型判断，胜负判断只需要对每个方向上相同颜色棋子进行统计，大于或等于 5 颗棋子则就已分胜负。胜负判断流程如图 13.48 所示。

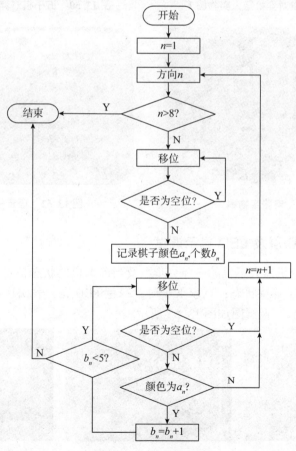

图 13.48　胜负判断流程

13.6 五子棋对弈机器人的调试

13.6.1 五子棋对弈机器人实物图

五子棋对弈机器人实物图如图 13.49、图 13.50 所示，电路实物图如图 13.51 所示，语音模块实物图如图 13.52 所示。

图 13.49 五子棋对弈机器人实物图 1

图 13.50 五子棋对弈机器人实物图 2

图 13.51 电路实物图

图 13.52 语音模块实物图

13.6.2 OLED 屏及 LED 显示调试

OLED 屏主要显示机器人下棋的坐标、步数及当前下棋的状态信息。机器人下子时红色 LED 亮，表明玩家处于等待状态；玩家下子时，绿色 LED 亮，表明玩家处于下子状态。调试结果与预设结果一致，调试图如图 13.53 所示。

图 13.53 OLED 屏及 LED 显示调试图

13.6.3　末端执行器调试

末端执行器由电磁铁和步进伸缩电动机组成，通过驱动电路调节步进伸缩电动机的行程，取子时，电磁铁表面足够地接近棋子；下子时，电磁铁及棋子足够地靠近棋盘表面。取子如图 13.54 所示，下子如图 13.55 所示。

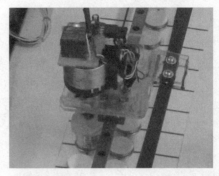

图 13.54　末端执行器取子

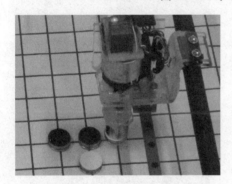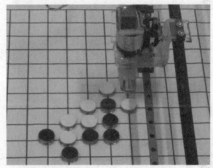

图 13.55　末端执行器下子

13.6.4　图像处理的稳定性调试

图像处理的稳定性直接影响了棋盘的检测和棋子的识别，本项目采用的边沿检测算法成功地解决了下子时手臂对棋盘的影响，调试图如图 13.56 所示。

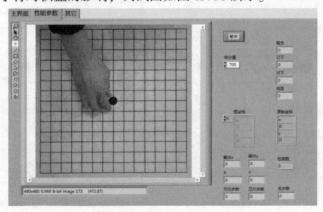

图 13.56　图像处理的稳定性调试图

13.6.5 五子棋博弈算法的调试

机器人选取白色棋子，玩家选取黑色棋子，由于下棋步数较多，因此只选取了完整棋局的一部分作演示。本次棋局由机器人先下棋，下棋坐标为 H8，经过若干步后结果如图13.57(a)所示。后由机器人下子，然后玩家下子，每走一对棋子截取一次图片。

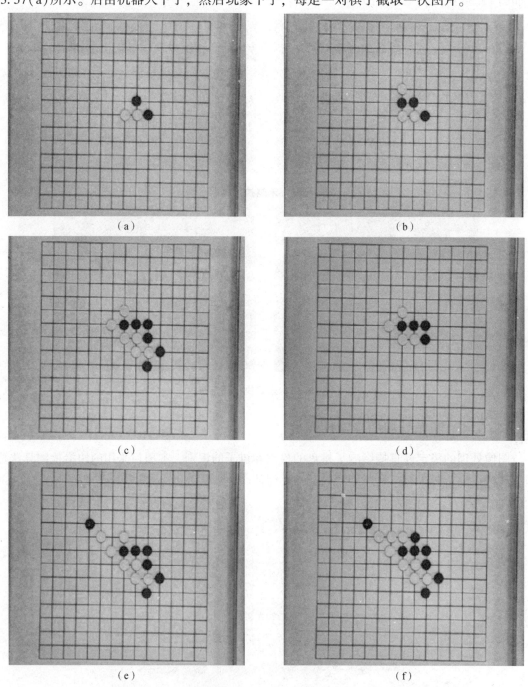

（a）　　　　　　　　　（b）

（c）　　　　　　　　　（d）

（e）　　　　　　　　　（f）

图 13.57　博弈算法调试图

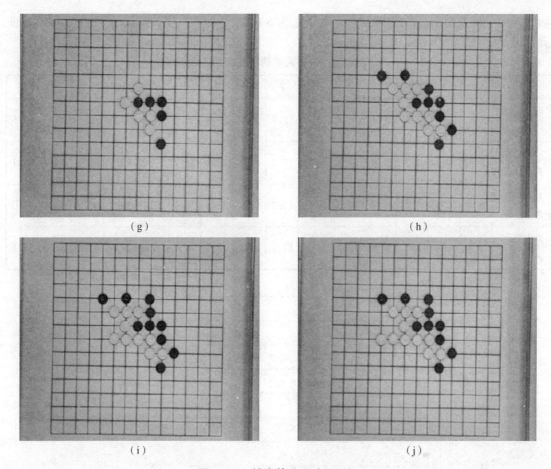

（g）　　　　　　　　　　　　　　　（h）

（i）　　　　　　　　　　　　　　　（j）

图 13.57　博弈算法调试图(续)

由图 13.57(b)可知，机器人落子在 H6 位置，选择防守策略；图 13.57(c)中机器人落子在 I7 位置，既进行了防守也选择进攻；图 13.57(d)中机器人落子在 G9 位置，选择进攻策略；图 13.57(e)中落子在 F9 位置，选择防守策略；图 13.57(f)～图 13.57(i)中机器人分别落子在 J6、I6、I8 和 J8 位置，选择了连续进攻的策略。由于玩家的疏漏，机器人经过多次进攻后最终取得了胜利，如图 13.57(j)所示。

由上述机器人的走棋路线分析可知，该五子棋博弈算法可以准确地判断棋局的局势，并能合理地选择进攻和防守，基本满足棋艺水平要求。

13.6.6　三维框架平台水平移动调试

由于本项目采用光电编码器电路作为移动距离的反馈单元，而光电编码器的精度不是太高，因此下棋坐标会存在一定的误差。当移动平台移动距离出现误差时，在 X 轴方向会出现定位误差，而在 Y 轴方向，如果两侧导轨移动误差过大，会出现卡死现象。

首先，在左右两侧安装两个限位开关，每当 Y 轴方向电动机归位时触碰限位开关，然后控制器的计数器清零消除累积误差。调试两侧电动机驱动的 PWM 占空比使两侧电动机速度相近，这样可以减小这种误差，三维框架结构在水平方向移动调试结果如表 13.7 所示，其折线统计图如图 13.58 和图 13.59 所示。由测试结果可知，在 15 个格点以内，该机器人 X

轴方向最大误差为 4 mm，Y 轴方向最大误差为 5 mm，Y 轴左右误差最大为 1 mm，移动精度满足设计要求。

表 13.7　机器人移动精度调试结果

格点	1	2	3	4	5	6	7	8	9	10	11	12	13	14	15
理论距离 /cm	2.5	5.0	7.5	10.0	12.5	15.0	17.5	20.0	22.5	25.0	27.5	30.0	32.5	35.0	37.5
X 实际距离/cm	2.4	4.9	7.3	9.8	12.3	14.7	17.2	19.7	22.2	24.7	27.2	29.7	32.2	34.7	37.1
Y 左实际距离/cm	2.4	4.9	7.4	9.8	12.3	14.7	17.2	19.7	22.2	24.7	27.1	29.7	32.1	34.7	37.0
Y 右实际距离/cm	2.4	4.9	7.4	9.8	12.3	14.8	17.2	19.8	22.3	24.7	27.2	29.7	32.2	34.7	37.1

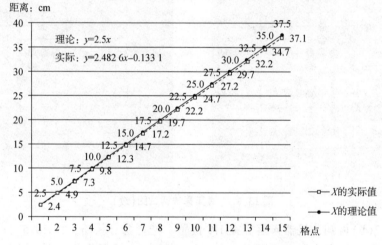

图 13.58　X 轴方向移动精度调试折线图

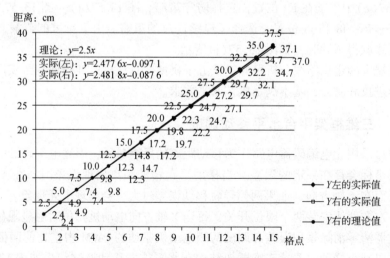

图 13.59　Y 轴方向移动精度调试折线图

参 考 文 献

[1]喻金钱，喻斌. STM32 系列 ARM Cortex-M3 核微控制器开发与应用[M]. 北京：清华大学出版社，2011.

[2]刘波文. ARM Cortex-M3 应用开发实例详解[M]. 北京：电子工业出版社，2011.

[3]康华光. 电子技术基础 数字部分[M]. 5 版. 北京：高等教育出版社，2006.

[4]崔锦泰，陈关荣. 卡尔曼滤波及其实时应用[M]. 4 版. 北京：清华大学出版社，2013.

[5]谭浩强. C 程序设计[M]. 3 版. 北京：清华大学出版社，2005.

[6]廖义奎. Cortex-M3 之 STM32 嵌入式系统设计[M]. 北京：中国电力出版社，2012.

[7]郭天祥. 51 单片机 C 语言教程：入门、提高、开发、拓展全攻略[M]. 北京：电子工业出版社，2009.

[8]王巧芝，王彩霞. Altium Designer 电路设计标准教程[M]. 北京：中国铁道出版社，2013.

[9]杨乐，平涛，赵勇，等. LabVIEW 高级程序设计[M]. 北京：清华大学出版社，2003.

[10]刘隆吉，李世光，高正中，等. 移动机器人寻线控制系统设计[J]. 煤矿机械，2009，30(7)：125.

[11]吴斌华，黄卫华，程磊，等. 基于路径识别的智能车系统设计[J]. 电子技术应用，2007，3：80-82.

[12]张华，李祖枢，吴健，等. 竞赛机器人中的巡线技术及其实现[J]. 重庆大学学报(自然科学版)，2005，28(10)：75-78.

[13]沈惠平. 服务机器人的现状及其发展趋势[J]. 常州大学学报，2010，22(02)：73-78.

[14]余运昌，李绣峰，邓锦炽，等. 自主移动服务机器人现状与关键技术研究综述[J]. 机电产品开发与创新，2007，20(6)：41-42+55.

[15]赵其杰. 服务机器人多通道人机交互感知反馈工作机制及关键技术[J]. 上海大学学报，2006，10(3)：281.

[16]王一治，常德功. Mecanum 四轮全方位系统的运动性能分析及结构形式优选[J]. 机械工程学报，2009，45(05)：307-310+316.

[17]李静，郝卫东. 基于 AVR 单片机的新型巡线机器人系统设计与实现[J]. 计算机系统应用，2008，(09)：125-127.

[18]翁卓，熊承义，李丹婷. 基于光电传感器的智能车控制系统设计[J]. 计算机测量与控制，2010，18(08)：1789-1791.

[19]李菊叶. 小型机器人避障的设计与实现[J]. 北华大学学报(自然科学版)，2012，13(02)：245-248.

[20]蒋华龙. 基于单片机的轮式机器人设计[D]. 成都：电子科技大学，2009.

[21]陈广飞，周丹，张茜. 达芬奇手术机器人系统在医疗中的应用[J]. 机器人技术与应

用，2011，(04)：11-13.

[22]王泽平. 基于 Arduino 的 3D 打印机控制系统硬件设计[J]. 内燃机与配件，2019，(19)：76-77.

[23]李江全，刘恩博，胡蓉，等. LabVIEW 虚拟仪器数据采集与串口通信测控应用实战[M]. 北京：人民邮电出版社，2010.

[24]李光明，孙英爽，党晓娟. 基于 LabVIEW 和 Arduino 的远程系统设计[J]. 电子设计工程，2015，23(22)：150-152.

[25]毛敏. 基于 Arduino 和 LabVIEW 的远程智能农业监测系统[J]. 微型电脑应用，2019，35(06)：35-37+46.

[26]张皓洋. 基于 Arduino 的下肢康复训练系统[J]. 科技传播，2019，11(14)：142-144.

[27]郝嘉俊，王亚刚，马江涛. 基于 LabVIEW 的手术机器人虚拟仿真平台设计[J]. 电子科技，2019，32(02)：14-19+31.

[28]李宪华，张雷刚，郭帅，等. 一种开放式机械臂 3D 虚拟仿真平台快速构建方法[J]. 机械科学与技术，2018，37(04)：599-606.

[29]白江华，ANDRES LA ROSA. 一个由步进电动机驱动的 3 支点扫描探针显微镜基座(英文)[J]. Journal of Measurement Science and Instrumentation，2017，8(03)：271-276.

[30]苏日力格，刘旭，徐哲，等. 机器人手术在关节外科中的应用进展[J]. 转化医学电子杂志，2017，4(12)：77-80.

[31]查晔军，蒋协远，花克涵. 三维导航机器人进行肘关节旋转中心轴定位的操作技术要点[J]. 骨科临床与研究杂志，2019，4(04)：253-25.

[32]侯宪伦，葛兆斌，李向东，等. 井下探险救援机器人的设计[J]. 煤矿机械. 2009，30(8)：18-20.

[33]李允旺. 摇杆式履带悬架的构型推衍及其在煤矿救灾机器人上的应用[J]. 机器人，2010，32(1)：25-33.

[34]梅国栋，刘璐，文虎. 关于我国矿山应急救援体系的探讨[J]. 矿业安全与环保，2006，33(2)：79-81.

[35]GAO X S，LI K J，GAO J Y. A Mobile Robot Platform with Double Angle-Changeable Tracks[J]. Advanced Robotics，2009，23：1085-1102.

[36]段勇，徐心和. 基于模糊神经网络的强化学习及其在机器人导航中的应用[J]. 控制与决策，2007，(05)：525-529+534.

[37]董晓坡，王旭本. 救援机器人的发展及其在灾害救援中的应用[J]. 防灾减灾工程学报，2007，(01)：112-126.

[38]陈鹏，王达. 城市居民住宅小区消防安全突出问题及其解决对策[J]. 中国公共安全(学术版)，2011，(01)：65-68.

[39]刘狮，肖南峰. 智能安防与家庭服务机器人的设计与实现[J]. 微计算机信息，2006，(05)：212-214+74.

[40]谢卫华，宋蛰存. 家庭智能防火防盗系统[J]. 自动化仪表，2010，31(06)：70-72.

[41]杨杰. 基于短信息平台的可燃气体报警系统[J]. 西安邮电学院学报，2009，14(03)：65-68.

[42] 赵荣阳，杨祥，张远翼. 基于 AT89C51 单片机的家庭智能控制系统[J]. 桂林工学院学报，2008，(01)：140-143.

[43] 仲玉芳，吕安平，吴明光. 基于 GSM 短消息的家居智能报警和遥控系统的设计[J]. 低压电器，2008，(06)：16-20.

[44] 仵博，刘兴东，吴敏. 基于 GSM 的通用远程报警控制器的研制[J]. 计算机工程与应用，2007，(08)：92-94.

[45] 郭成，谈士力，翁盛隆. 微型爬墙机器人研究的关键技术[J]，制造业自动化，2004，24(3)：24-27.

[46] IKEDA K, NOZAKI T, SHIMADA S. Development of a self-contained wall-climbing robot [J]. Journal of Mechanical Engineering Laboratory，2010，5：40-43.

[47] 衡进. 小型负压吸盘式机器人的研制[D]. 北京：北京航空航天大学，2005.

[48] 张守慧. 小型双体负压机器人软硬件设计[D]. 济南：山东大学，2008.

[49] 洪家平. LD3320 的嵌入式语音识别系统的应用[J]. 单片机与嵌入式系统应用，2012，2(12)，47-49.

[50] 苏鹏，周风余，陈磊. 基于 STM32 的嵌入式语音识别模块设计[J]. 单片机与嵌入式系统应用，2011，2(11)，42-45.

[51] 苏宝林. 基于 AVR 单片机的语音识别系统设计[J]. 现代电子技术，2012，11(35)，136-138.

[52] 石礼纲，王浩南，侯书今，等. 智能寻迹小车在智能家居系统中的应用[J]. 电子技术与软件工程，2017，(07)：252-253.

[53] 胡媛媛. 基于红外光电传感器的智能寻迹小车设计[J]. 电子设计工程，2011，7(19)，141-143.

[54] 陆芳，刘俊. 卡尔曼滤波在陀螺仪随机漂移中的应用[J]. 微计算机信息，2007，(23)：12-16.

[55] 张志强. 基于 STM32 的双轮平衡车[J]. 电子设计工程，2011，(13)：19-25.

[56] 邹凌，孙玉强. 基于卡尔曼滤波器的 PID 控制仿真研究[J]. 微计算机信息，2007，(16)：1-20.

[57] 刘彪. 室外监控机器人的微小型组合导航系统设计[D]. 哈尔滨：哈尔滨工程大学，2012.

[58] 张迪. 智能车中摄像头的图像畸变矫正[J]. 浙江理工大学学报，2012，10(2)：34-37.

[59] 李俊，王军辉，谭秋林，等. 基于 MC9S12XS128 控制器的智能车图像处理技术研究[J]. 化工自动化及仪表，2012，11(08)：28-30.

[60] 李钢，王飞. STM32 直接驱动 RGB 接口的 TFT 数字彩屏设计[J]. 单片机与嵌入式系统应用，2011，11(08)：28-30.

[61] 胡振旺，陈益民，李林. 基于 STM32 的家庭服务机器人系统设计[J]. 电子产品世界，2015，(09)：55-57.

[62] 嵇鹏程，沈惠平. 服务机器人的现状及其发展趋势[J]. 常州大学学报(自然科学版)，2010，(02)：73-78.

[63]朱敏. 室内定位技术分析[J]. 现代计算机(专业版), 2008, (02): 79-81.

[64]谭等泰. 智能餐厅服务机器人系统的设计与实现[J]. 甘肃科技, 2016, (08): 14-16.

[65]唐炜, 夏凡, 孙娣, 等. 基于 W77E58 单片机的液晶触摸屏人机界面设计[J]. 自动化与仪表, 2012, (09): 56-60.

[66]刘妍琳. 基于 STM32 巡线机器人软件系统的研究与分析[J]. 电子技术与软件工程, 2016, (01): 117-119.

[67]李红波, 丁林建, 冉光勇. 基于 Kinect 深度图像的人体识别分析[J]. 数字通信, 2012, 19(4): 20-34.

[68]张毅, 张烁, 罗元, 等. 基于 Kinect 深度图像信息的手势轨迹识别及应用[J]. 计算机应用研究. 2012, 21(9): 20-45.

[69]罗元, 张毅. 基于 Kinect 传感器的智能轮椅手势控制系统的设计与实现[J]. 机器人, 2012, 34(1): 110-114.

[70]陈一民, 张云华. 基于手势识别的机器人人机交互技术研究[J]. 机器人, 2009, 31(4): 351-356.

[71]王晓华, 李才顺, 胡敏, 等. 服务机器人手势识别系统研究[J]. 电子测量与仪器学报, 2013, 27(04): 305-311.

[72]王松林. 基于 Kinect 的手势识别与机器人控制技术研究[M]. 北京: 北京交通大学出版社, 2014.

[73]邓瑞, 周玲玲, 应忍冬. 基于 Kinect 深度信息的手势提取与识别研究[J]. 计算机应用研究, 2013, 30(4): 1263-1265.

[74]苑玮琦, 董茜, 桑海峰. 基于方向梯度极值的手形轮廓跟踪算法[J]. 光学精密工程, 2010, 18(7): 1675-1682.

[75]黄露丹, 严利民. 基于 Kinect 深度数据的人物检测[J]. 计算机技术与发展, 2013, 26(4): 48-79.

[76]余涛, 叶金永, 邵菲杰, 等. Kinect 核心技术之骨架追踪技术[J]. 数字技术与应用, 2012, 17(10): 110-138.

[77]方菲, 李龙澍. 五子棋博弈平台的设计与应用[J]. 电脑知识与科技(软件设计开发), 2014, 10(10): 2292-2296.

[78]曹峥. 应用于实验教学的五子棋人机对弈系统[J]. 软件工程师, 2014, 17(8): 3-6.

[79]张小川, 候鑫磊, 涂飞. 博弈机器人的行为规划[J]. 重庆理工大学学报(自然科学), 2014, 28(4): 99-103.

[80]张佳佳. 五子棋对战平台的设计与实现[J]. 电脑知识与技术, 2012, 22(8): 5409-5411.

[81]邢森. 五子棋智能博弈的研究与设计[J]. 电脑知识与科技(人工智能及识别技术), 2010, 6(13): 3497-3498.

[82]冯元华, 王思华, 柳宁, 等. 机器视觉技术在博弈智能机器人设计中的应用[J]. 计算机工程与设计, 2009, 30(14): 3371-3379.

[83]吕艳辉, 宫瑞敏. 计算机博弈中估值算法与博弈训练的研究[J]. 计算机工程, 2012, 38(11): 163-166.